动物疾病智能卡诊断丛书

鸡病智能卡诊断与防治

张信 杨兵 周蛟 编著

金盾出版社

内 容 提 要

本书为动物疾病智能卡诊断丛书的一个分册。内容包括:鸡病智能诊断卡使用说明,32 组鸡病症状诊断智能卡,60 种鸡病防治方法,智能卡诊断疾病的基础理论概要,以及鸡病症状的判定标准。应用"智能诊断卡诊断家畜家禽疾病,张信教授等业已做了历时 33 年的研究工作。本书可根据病鸡的主要临床症状,对病名做出初步诊断,帮助广大养鸡户和部分基层动物医生解决"遇到症状想不全病名,想起几个病名又不知如何鉴别"的困难,是鸡病防治人员必备的工具书之一。

图书在版编目(CIP)数据

鸡病智能卡诊断与防治/张信,杨兵,周蛟编著 . -- 北京 : 金盾出版社,2012.3
(动物疾病智能卡诊断丛书/张信主编)
ISBN 978-7-5082-7011-1

Ⅰ.①鸡…　Ⅱ.①张…②杨…③周…　Ⅲ.①鸡病—诊疗
Ⅳ.①S858.31

中国版本图书馆 CIP 数据核字(2011)第 111541 号

金盾出版社出版、总发行
北京太平路 5 号(地铁万寿路站往南)
邮政编码:100036　电话:68214039　83219215
传真:68276683　网址:www.jdcbs.cn
封面印刷:北京精美彩色印务有限公司
正文印刷:北京万博诚印刷有限公司
装订:北京万博诚印刷有限公司
各地新华书店经销
开本:850×1168 1/32　印张:11.25　字数:281 千字
2012 年 3 月第 1 版第 1 次印刷
印数:1~8000 册　定价:22.00 元

前　言

　　凭症状判断疾病叫初诊。但遇到症状想不全病名，想起几个病名也不知如何鉴别，这是每位临床医生共同遇到的两个难题。1978 年遇到一本新书《电子计算机在医学上的应用》，为解决"两难"提供了新思路。我们自 1978 年立题电脑诊疗系统至今已经 33 年了，取得如下成果：获联合国 TIPS 发明创新科技之星奖 1 项；获军队、天津市科技进步奖二等奖各 1 项，推广奖二等奖 1 项，获国家专利 3 项，研制两台电脑诊断仪，有了 10 点发现，求证了 1 个诊病原理，出版 10 本书，研制人和动、植物万余病的电脑软盘，最后创立了数学诊断学，简称数诊学。数学诊断疾病方法实用条件很灵活，有电脑的可用诊断软件，没有电脑的用书的智能卡。

　　数学无处不在，科学必用数学　数学从量、关系和结构方面表示事物；"事物"二字，就把宇宙间全部的"事"和"物"都概括了。信息论产生之后，又把事物分为"物质、能量、信息"；人们都理解"物质、能量"都含有数学（其信息在电脑中也用 0 和 1 处理），即所有的"信息"都必须用电脑的 0 和 1 处理。有了 0 和 1，就引进了数学。所以，宇宙间全部事物，都要用数学和 0，1 处理。

　　数学是唯一被大家公认的真理体系。科学家的任务就是寻找自然现象背后的数学规律。数学的进入，意味该门科学趋于成熟；任何一门科学，只有当它数学化之后，才能称得上是真正的科学。"所谓科学原理，就是要把规律用数学的形式表达出来，最后要能上计算机去算。"（钱学森《智慧的钥匙》30 页）因此，数学在自然科学和社会科学的各个部类和门类的科学之上。

　　由上推导证明，数学无处不在，科学必用数学。医学诊断是科学,必须用数学。不用数学,充其量,仅仅是经验总结。

现代科学是数学诊断学的基石　现代科学日新月异。其中的电脑、数据库、人工智能、三论、五种数学等是建立数学诊断学的基石。电脑是信息处理机;数据库是处理诊病知识的根本原理,不用数据库原理处理诊病知识,再丰富的诊病知识,也只是一堆材料,对诊断起不了多大作用;三论(信息论、系统论、控制论)是现代科学原理的核心;五种数学(初等数学、模糊数学、离散数学、布尔代数、计量医学)是处理诊病知识的重要工具,把症状的文字资料和经验数值化,将病名和症状等信息制成分值;人工智能是现代科学的热门话题;马克思主义哲学是所有能称得上科学的灵魂。

没有以上知识的学习和运用,就不会也不敢处理人类积累的宝贵的诊病知识;没有这些知识,尤其是数学和哲学作后盾,就不会也不敢拿出来让老百姓去使用。

检验真理的标准是实践　医学是诊断与治疗疾病的学问。诊断是前提,诊断不正确,治疗就无从谈起。

利用病症矩阵智能卡诊断疾病的特点:简易快速,准确可靠,减少误诊,减少漏诊,1症始诊,多症逼"是"。

这一特点,年轻人,尤其是新毕业的硕士博士们和计算机专业的大学生,不会怀疑。相信教给他们几字用法,就会用电脑诊病;教给16字用法,就能用诊断卡诊病。较难理解的是缺乏电脑知识的中老年人,因为他们还认为必须先学习每种病的全部知识,才可以诊病。

伽利略说:"按照给定的方法与步骤,在同等实验条件下能得出同样结果的才能称之为科学。"我们认为这句话是鉴别真伪的试金石。一位患者就那么几项共识的症状。不应当外行不会,内行结论不一。

也许,有的朋友为我们担心。其实不必。因为我们只将人类积累的诊病知识,用现代科学原理把疾病与症状制成了具有经纬结构的矩阵表而已。打个比方,就相当于地球仪上的经纬线,在有经纬线的地球仪上,找地名不会出错。

几个具体问题

1. 关于数学诊断学定义 用患者提供的 1 或 2 主症选"病组诊卡",用卡收集症状,再对症状做加法运算,得出初诊病名,为"辅检"提供根据。

2. 关于方法与内容 数学诊病是一种方法,用什么内容我们选定原中国首席兽医官贾幼陵主编国内 17 位权威参编的《简明禽病防治技术手册》。希望大家用该书测试方法的可行性。为此,我们以贾书 34 种鸡病为正文,又补充了 8 种新病,和保留一、二版的 18 种老病,请您稍加注意。

3. 关于疾病和症状 在诊断卡中,疾病的病名必须使用"简称","详称"请见防治;症状分类必须用"缩略语","平时书面用语"请见附录 1。原因就是要在极少的空间,容纳下更多的内容。否则,难以保证疾病全和症状全。中国方块文字的优越性就表现在这里。比如,汉字"体温"只占 4 个字节,"高"占 2 个字节;而英文的体温"temperature"要占 11 个字节,高"high"要占 4 个字节。用英文很难表达矩阵上的那么多种疾病和症状。

4. 关于初诊 动物疾病的诊断包括临床症状观察、病理学诊断和实验室诊断,由症状观察入手,最后做出病原鉴定,得到确诊,才能有的放矢地进行防治。

对于动物医生而言,症状观察非常重要、必不可缺。症状观察给出初诊,缩小搜索范围,集中到可能性较大的少数几种疾病,以便做进一步检验,完成诊断,给出确诊。症状观察和初诊做得越好,诊断就越省事省力、效率高而成本低。所以,动物医生的水平并非只决定于其试验室检验和病原鉴定的技术高下,而首选要看他根据临床症状进行初诊的本领和经验。

对于农民和基层动物医生而言，他们希望根据症状观察就能识别一般常见病害，至于初见病害或罕见病害，也希望根据症状能得出初诊结果，即可疑为哪几种疾病。他们没有条件，往往也没有必要，去进行试验室工作。通常他们通过症状观察做出初诊，然后咨询技术人员。

所以，症状初诊，不论对生产者还是研究者，都是必要的和重要的，都需要充分发挥其作用。

5. 关于辅检 科技日新月异，也表现在医疗器械上。但"辅检"是验证初诊的，而不是为了建立初诊。所以，我们定位数诊学是为"辅检"提供根据的。

6. 关于防治和药物 新药与日俱增，我们编委开会决定，在疾病防治上要写出"新、特、全"。但不写剂量。因为农民或基层技术人员都是到药店买药的，肯定会遵从厂家的用量用法。

最后，应当申明，数学诊断学属于笔者首创。但由于水平所限，可能有不妥之处，有待进一步完善。因此，希望广大读者和有关学者给以批评指正！

张　信

2012 年 1 月

目　　录

第一章　鸡病诊断智能卡使用说明

一、鸡病智能诊断卡的构成

智能诊断卡结构:上表头为病名,左为症状,右为分值,病名下为 ZPDS(各病总判点数)。为了简化表头,表中的病名没有写出全称。读者可按病名序号从第三章中找到病名的全称。表中所有症状分别按头冠眼、呼吸、消化、运动等分成"类"或"细类",并编有统一的序号;在上表头有"统"字,下方数值表达的意思是这种症状在几种疾病中出现;有的智能诊断卡(以下简称诊断卡或智卡)在表头"类"下有"资格"二字,是指该卡标题所对应的主要症状,有该症状可以选取该卡来进行诊断。表右病名下每一数值为一个分值,表示在此病中的重要程度。每一种病表现几种症状,其下就有几个分值,1 个值处为 1 个判点。该病有几种症状就有几个判点。

二、本书所用符号及其含义

见表 1-1。

表 1-1　本书所用符号及其含义

符　号	含　义	符　号	含　义	符　号	含　义
V	或	↑	升　高	Hb	血红蛋白
∧	和	↓	下　降	h	小时
T	体　温	→	变　成	pH	酸碱度
P	脉　搏	d	天	mg	毫克
R	呼　吸	ZPDS	总判点数	PDS	判点数

三、智能诊断卡的使用方法

本书智能诊断卡用法可归结为 16 个字:取卡,问诊,打点,统点,找大,逆诊,辅检,综判。

(一)取 卡

要以鸡群的主要症状取卡,如病鸡闭目∨呆滞,就取 1 组闭目∨呆滞卡;如鸡突死,就取 28 组突死卡。

(二)问 诊

建议您从所选智卡的第一项症状询问到最后一项症状,边问边检查。问诊时要求从头至尾问一遍症状,是针对该卡内的全部疾病和全部症状,这比空泛地要求"全面检查"要具体而有针对性。电脑诊疗系统和智卡,都是以症状为依据,这是能快速诊断和减少误诊的根本原因。

(三)打 点

所问症状,病鸡有,就在该症状上划个钩或星做标记。

(四)统点(算点)

统计各病的判点数,就是纵向统计病鸡症状在智卡中各病下出现的次数。统计时沿病名向下搜索,卡中各病要分别统计。数出病鸡症状在每种病中出现的次数,该数为判点数。

(五)找 大

哪种病的判点数最多,且比第二种病的判点数大于 2 时,就可初步诊断为哪种病。如果第一与第二种病的判点数接近,二者的差数为 0 或 1 时,请做逆诊。

(六)逆 诊

智卡具有正向推理和逆向推理的功能。医患初次接触的诊断活动,是正向推理(由症状推病名);有了病名,再问该病名的未打点的症状,就属于逆向推理,一起病例只有经过正逆双向推理才能使诊断更接近正确。这符合人工智能的双向推理过程。

(七)辅　检

就是对一诊病名,开出"辅检"单,请化验室化验和仪器设备室做物理检查。

(八)综合判断

有了初诊病名,再加上"辅检"的结果,就可以做综合判定了。

第二章　鸡病诊断

一、症状卡

1组　闭目∨呆滞

序	类	症　状	统	16 大肠杆菌	21 禽结核病	29 鸡蛔虫病	34 黄曲霉毒	41 CO中毒	42 组织滴虫	52 嗉囊阻塞	55 腺胃炎
		ZPDS		30	25	23	28	21	29	9	19
11	精神	闭目∨呆滞	8	5	5	5	5	5	5	5	10
1	精神	神经瘫∨神经症状∨脑病	1	5							
2	精神	昏睡∨嗜睡∨打瞌睡	2				5	5			
5	精神	缩颈	1		5						
7	精神	扎堆∨挤堆	1	5							
8	精神	不振	3	5	5	5					
9	精神	沉郁	3					5	5	5	
12	精神	委顿∨迟钝∨淡漠	1				5				
15	体温	畏寒	1								10
18	鼻	喷嚏	1								5
19	鼻	甩鼻∨堵	1								5
31	头冠	萎缩∨皱缩∨变硬∨干缩	1		5						
33	头冠	黑紫∨黑∨绀	1						5		
35	头冠	贫血∨白∨青∨褪色	1			5					
42	头颈	麻痹∨软∨无力∨下垂	1						5		
46	头颈	缩颈缩头∨向下挛缩	1						5		
47	头颈	S状∨后仰观星∨角弓反张	2				5	5			
62	头髯	苍白∨贫血	1		5						

续 1 组

序	类	症　状	统	16 大肠杆菌	21 禽结核病	29 鸡蛔虫病	34 黄曲霉毒	41 CO中毒	42 组织滴虫	52 嗉囊阻塞	55 腺胃炎
64	头髻	绀(紫)∨黑紫∨发黑	1						5		
69	头色	蓝紫∨黑∨青	1						5		
76	头肿		1	5							
77	头姿	垂头	1						5		
79	头姿	头卷翅下	1						15		
84	眼	炎∨眼球炎	1	5							
86	眼	闭∨半闭∨难睁	2		5						
87	眼凹		1						5		
101	眼	结膜炎∨充血∨潮红∨红	1	5							
103	眼泪	流泪∨湿润	1								10
108	眼	失明　障碍	1								10
112	眼肿		1								10
116	叫	声凄鸣	1					5			
123	呼咳		1								5
126	呼吸	喘∨张口∨困难∨喘鸣声	2					10			5
127	呼吸	极难	1					10			
129	呼吸	啰音∨音异常	1								10
137	消肠	小肠壁伤∨蛔虫堵∨破	1			35					
138	消肠	炎	2	5		5					
145	消粪	含黏液									
146	消粪	含泡沫	1					5			
147	消粪	含血∨血粪	2			5			5		
149	消粪	白∨灰白∨黄白∨淡黄	2	5							
153	消粪	绿∨(淡∨黄∨青)绿	2					5			
154	消粪	质:便秘-下痢交替	1			5					
156	消粪	水样	1					5			
157	消粪	泻∨稀∨下痢	5	5	5	5		5			
169	消肛	周脏污∨粪封	1	5							
192	消-饮	减少∨废饮	1								5
194	消-食	食欲不振	5	5	5			5	5		
195	消-食	食欲废	4	5		5			5	5	

续 1 组

序	类	症状	统	16 大肠杆菌	21 禽结核病	29 鸡蛔虫病	34 黄曲霉毒	41 CO中毒	42 组织滴虫	52 嗉囊阻塞	55 腺胃炎
198	消	嗉囊充硬料∨积食∨硬	1							25	
201	消	嗉囊大∨肿大	1							25	
208	毛	松乱∨蓬松∨逆立∨无光	6	5	5	5	5	5	5		
209	毛	稀落∨脱羽∨脱落	2					5	5		
210	毛	脏污∨脏乱	1				5				
213	毛	生长∨发育不良	1								10
229	皮色	发绀∨蓝紫	1					25			
231	皮色	贫血∨苍白	1				5				
243	运—步	高跷∨涉水	1						10		
244	运—步	踉跄∨摇晃∨失调∨踉跄	2				5	5			
245	运—翅	下垂∨轻瘫∨麻痹∨松∨无力	5		5	5	5			5	5
251	运—翅	强直	1					10			
254	运—动	跛行∨运障∨瘸	1		5						
257	运—动	不愿走	1		5						
258	运—动	迟缓	1				5				
261	运—动	痉抽∨惊厥	1						5		
263	运—动	盲目前冲(倒地)	1						5		
265	运—动	行走无力	1				5				
280	运—脚	后伸	1				5				
282	运—脚	痉挛∨抽搐∨强直	1						10		
292	关节	炎肿痛	1	5							
322	运趾	爪;弯卷难伸	1						10		
326	运—走	∨站不能	1							5	
328	运—足	垫肿	1	5							
330	蛋	卵黄囊炎	1	5							
331	蛋孵	孵化率下降∨受精率下降	2	5	5						
339	蛋壳	畸形(含小∨轻)	1				5				
347	蛋数	减少∨下降	4	5	5	5	5				
348	蛋数	少∨停∨下降	3	5	5		5				
366	死因	痉抽∨挣扎死	1						5		
367	死因	衰竭	1								5

序	类	症 状	统	16 大肠杆菌	21 禽结核病	29 鸡蛔虫病	34 黄曲霉毒	41 CO中毒	42 组织滴虫	52 嗉囊阻塞	55 腺胃炎
368	死因	虚弱V消瘦V衰弱死	1							5	
382	鸡	体重下降(40%~70%)	1								10
383	鸡	体重增长缓慢	1								10
384	身	发育不良V受阻V慢	2			5	5				
387	身	脱水	1						5		
388	身	虚弱衰竭V衰弱V无力	1				5				
391	身-背	拱	2			5	5				
396	身-腹	大	1	5							
402	身瘦	病后期-极瘦	1								10
404	身瘦	体重减V体积小V渐瘦	4			15	10	5			5
407	身-卧	喜卧V不愿站V伏卧	1					5			
415	心-血	贫血	2			15	5				
420	病程	4~8天	1				5				
422	病程	慢;1月至1年以上	2			5			5		
424	传速	快V迅速V传染强	1								10
425	传源	病禽V带毒菌禽	1			5					
428	传源	蚯蚓是宿主	1			5					
429	传源	水料具垫设备人蝇衣	1			5					
431	促因	(潮V雨)暗热V通风差	1			5					
432	促因	(卫生V消毒V管理)差	3	5		5	5				
434	促因	长期饲喂霉料	1				5				
435	促因	密度大V冷拥挤	2	5		5					
438	促因	营养(差V缺)	1				5				
457	病鸡	雏鸡V肉用仔鸡	2					5	5		
458	病鸡	各龄	2						3	5	
460	病鸡	青年鸡V青年母鸡	1						5		
474	病龄	2~3周龄	1	5							
475	病龄	3~4周龄(1月龄)	1				5				
476	病龄	4~8周(1~2月龄)	1				5				
481	病龄	成鸡V产蛋母鸡	2	5	5						
482	病龄	各 龄	2	5	5						

续1组

序	类	症状	统	16 大肠杆菌	21 禽结核病	29 鸡蛔虫病	34 黄曲霉毒	41 CO中毒	42 组织滴虫	52 嗉囊阻塞	55 腺胃炎
490	病率	高(61%~90%)	1	5							
492	病名	苍白鸡.吸收不良.僵鸡征	1								10
493	病名	传染性矮小征	1								10
504	病势	突死	1	5							
506	病势	突病∨急∨暴发∨流行∨烈	2						5	5	
507	病势	急	1	5							
509	病势	慢性∨缓和∨症状轻	2	5	5						
510	病势	慢性群发	1						5		
513	病势	散发	1							5	
603	料肉	比升高∨饲料转化率低	1				15				
608	殖	器官病∨死胚	1	5							
609	殖	生产性能下降	1			5					

2组　精神委顿∨迟钝∨淡漠

序	类	症状	统	6 鸡传脑炎	8 马立克病	15 禽沙菌病	18 传鼻	23 曲霉菌病	34 黄曲霉毒
		ZPDS		32	44	23	35	37	34
12	精神	委顿∨迟钝∨淡漠	6	5	5	5	5	5	5
1	精神	神经∨神经症状∨脑病	1					5	
2	精神	昏睡∨嗜睡∨打瞌睡	1						5
4	精神	盲目前冲(倒地)	1	5					
5	精神	缩颈	1				5		
8	精神	不振	1		5				
9	精神	沉郁	1					5	
11	精神	闭目∨呆滞	1						5
18	鼻	喷嚏	1				5		
23	鼻涕	稀薄∨黏稠∨脓性∨痰性	1				5		
27	头	甩摆∨甩鼻∨甩头	1				5		
33	头冠	黑紫∨黑∨绀	2			5		5	
37	头冠	紫红	1			5			
39	头下	颌∨下颌(肿∨下颌波动感)	1				5		
42	头颈	麻痹∨软∨无力∨下垂	1		5				

续 2 组

序	类	症 状	统	6 鸡传脑炎	8 马立克病	15 禽沙菌病	18 传鼻	23 曲霉菌病	34 黄曲霉毒
44	头颈	毛囊肿V瘤毛血污V切面黄	1		5				
47	头颈	S状V后仰观星V角弓反张	2					5	5
49	头颈	震颤-阵发性音叉式	1	5					
51	头面	苍白	1		5				
56	头面	肿胀	1				5		
60	头髯	水肿	1				5		
64	头髯	绀(紫)V黑紫V发黑	2			5		5	
67	头髯	紫红	1			5			
84	眼	炎V眼球炎	2				5	5	
89	眼虹膜	缩小	1		5				
94	眼睑	肿胀	1				5		
95	眼角	中央溃疡	1					5	
101	眼	结膜炎V充血V潮红V红	2				5	5	
102	眼	晶体混浊V浅蓝褪色	1	5					
104	眼泪	多(黏V酪V脓V浆)性	1				5		
105	眼球	鱼眼V珍珠眼	1		5				
106	眼球	增大V眼突出	2	5				5	
107	眼球	后代眼球大	1	5					
108	眼	失明障碍	2	5	5				
110	眼	瞬膜下黄酪样小球状物	1					5	
111	眼	瞳孔边缘不整	1		5				
114	叫	排粪时发出尖叫	1			5			
116	叫	声凄鸣	1						5
118	呼肺	炎∧小结节	1					5	
126	呼吸	喘V张口V困难V喘鸣声	2			5		5	
135	气管	炎∧小结节	1					15	
146	消粪	含泡沫	1						5
153	消粪	绿V(淡V黄V青)绿	2			5			5
156	消粪	水样	1						5
157	消粪	泻V稀V下痢	2					5	5
169	消肛	周脏污V粪封	1			5			
194	消—食	食欲不振	3				5	5	5
195	消—食	食欲废	1			5			

续 2 组

序	类	症 状	统	6 鸡传脑炎	8 马立克病	15 禽沙菌病	18 传鼻	23 曲霉菌病	34 黄曲霉毒
199	消	嗉囊充满液∨挤流稠食糜	1		5				
204	消	嗉囊松弛下垂	1		5				
208	毛	松乱∨蓬松∨逆立∨无光	2		5				5
210	毛	脏污∨脏乱	1						5
228	皮膜	紫∨绀∨青	1					5	
229	皮色	发绀∨蓝紫	1					5	
231	皮色	贫血∨苍白	1						5
244	运—步	踉跄∨摇晃∨失调∨踉跄	3	15				5	
245	运—翅	下垂∨轻瘫∨麻痹∨松∨无力	2		5				5
248	运—翅	毛囊:瘤破皮毛血污	1		5				
249	运—翅	毛囊:瘤切面淡黄色	1		5				
250	运—翅	毛囊:肿胀∨豆大瘤	1		5				
253	运—翅	震颤—阵发性音叉式	1	5					
254	运—动	跛行∨运障∨瘸	1		5				
257	运—动	不愿走	1	5					
258	运—动	迟缓	1		5				
264	运—动	速度失控	1	5					
265	运—动	行走无力	1		5				
280	运—脚	后伸	1						5
294	运—静	侧卧	1	5					
295	运—静	蹲坐∨伏坐	2	5	5				
296	运—静	瘫伏∨轻瘫∨瘫∨突瘫	1		5				
297	运—静	卧地不起(多伏卧)	1					5	
303	运—腿	(不全∨突然)麻痹	1		5				
312	运—腿	毛囊瘤切面淡黄∨皮血污	1		5				
313	运—腿	毛囊肿胀∨豆大瘤	1		5				
315	运—腿	劈叉—前后伸	1		5				
319	运—腿	震颤—阵发性音叉式	1	5					
331	蛋孵	孵化率下降∨受精率下降	1			5			
332	蛋孵	死胚∨出壳(难∨弱∨死)	1			5			
339	蛋壳	畸形(含小∨轻)	2	5					5
347	蛋数	减少∨下降	3	5		5			5
348	蛋数	少∨停∨下降	2				5		5

序	类	症状	统	6 鸡传脑炎	8 马立克病	15 禽沙菌病	18 传鼻	23 曲霉菌病	34 黄曲霉毒
351	蛋数	逐渐V病3~4周恢复	1	5					
384	身	发育不良V受阻V慢	2					5	5
388	身	虚弱衰竭V衰弱V无力	3	5		5			5
391	身一背	拱	1						5
392	身一背	瘤破血污皮毛	1		5				
393	身一背	毛囊肿V豆大瘤	1		5				
404	身瘦	体重减V体积小V渐瘦	3			5		5	5
415	心一血	贫血	1		5				
416	心一血	贫血感染者后代贫血	1		5				
420	病程	4~8天	1						5
425	传源	病禽V带毒菌禽	1				5		
426	传源	飞沫和尘埃	1				5		
429	传源	水料具垫设备人蝇衣	2	5				5	
430	传源	羽毛皮屑传	1		5				
431	促因	(潮V雨)暗热V通风差	2				5	5	
434	促因	长期饲喂霉料	2					5	5
435	促因	密度大V冷拥挤	1				5		
437	促因	突然(变天V变料)	1				5		
442	感途	垂直一经蛋	2	5		5			
443	感途	多种途径	2	5		5			
444	感途	呼吸道	3			5	5	5	
448	感途	水平	1	5					
450	感途	消化道	4	5		5	5	5	
466	病季	春	2				5	5	
467	病季	夏V热季	2				5	5	
468	病季	秋	1				5		
469	病季	冬V冷季V寒季	1				5		
470	病季	四季	2	5			5		
471	病龄	1~3日龄V新生雏	1	5					
473	病龄	1~2周龄	1		5				
474	病龄	2~3周龄	2	5			5		
475	病龄	3~4周龄(1月龄)	2				5		5
476	病龄	4~8周(1~2月龄)	2				5		5

续 2 组

序	类	症状	统	6 鸡传脑炎	8 马立克病	15 禽沙菌病	18 传鼻	23 曲霉菌病	34 黄曲霉毒
477	病龄	8～12 周(2～3 月龄)	1				5		
478	病龄	12～16 周(3～4 月龄)	1				5		
479	病龄	16 周(4 月龄)	1				5		
481	病龄	成鸡∨产蛋母鸡	1				5		
482	病龄	各龄	2	5			5		
487	病率	低(<10%)	1		5				
488	病率	较低(11%～30%)	2	5	5				
489	病率	高∨(31%～60%)	1		5				
503	病势	出现症后 2～3 小时死	1					5	
504	病势	突死	2		5	5			
506	病势	突病∨急∨暴发∨流行∨烈	1					5	
507	病势	急	2			5		5	
509	病势	慢性∨缓和∨症状轻	2			5		5	
517	死率	<10%	2		5			5	
518	死率	11%～30%	2		5			5	
519	死率	31%～50%	2		5			5	
520	死率	51%～70%	3	5	5				5
521	死率	71%～90%	2		5				5
522	死率	90%～100%	1		5				
524	死情	倒地角弓反张而死	1						
544	死因	践踏死	1	5					
551	病性	急性呼吸道病	1				5		
553	病性	淋巴瘤	1		15				
566	易感	生长鸡∨成年鸡	1			5			
567	易感	体质壮实	1	5					
569	易感	幼禽	1					5	
570	病因	长期喂发霉料	1						5
572	病因	黄曲霉毒素中毒	1						5
586	病症	明显	1	5					
592	免疫	应答力下降∨失败	1						15
599	潜期	潜伏期:3～4 周	1		5				
600	潜期	潜伏期:4～30 周	1		5				
603	料肉比	耗料升高∨饲料转化率低	1						15

序	类	症状	统	3 传支	4 传喉	17 禽巴氏杆	18 传鼻	25 毛滴虫病	26 支原体病	38 食盐中毒	53 痛风	55 腺胃炎
		ZPDS		26	42	26	14	11	34	30	25	19
18	鼻	喷嚏	4	15			5				5	5
19	鼻	甩鼻∨堵	2								5	5
20	鼻窦	黏膜病灶似口腔的	1					5				
21	鼻窦	炎肿	1						5			
22	鼻腔	肿胀	1						5			
23	鼻涕	稀薄∨黏稠∨脓性∨褒性	5	15	5	5	5			5		
24	鼻周	粘饲料∨垫草	1						5			
5	精神	缩颈	1				5					
7	精神	扎堆∨挤堆	1		5							
8	精神	不振	1							5		
9	精神	沉郁	3		5	5				5		
11	精神	闭目∨呆滞	1									10
12	精神	委顿∨迟钝∨淡漠	1				5					
14	体温	怕冷扎堆	1	5								
15	体温	畏寒	1									10
17	体温	升高43℃~44℃	2	5		5						
27	头	甩摆∨甩鼻∨甩头	2	5			5					
29	头冠	干酪样坏死脱落	1			5						
30	头冠	水肿	1			5						
31	头冠	萎缩∨皱缩∨变硬∨干缩	2						5			
33	头冠	黑紫∨黑∨绀	2		5	5						
35	头冠	贫血∨白∨青∨褪色	3			5				5	5	
39	头下	颌∨下颌(肿∨波动感)	1					5				
40	头喉	肿胀∨糜烂∨出血	1		5							
55	头面	见血迹	1		5							
56	头面	肿胀	1					5				
58	头髯	干酪样坏死脱落	1			5						
59	头髯	热痛	1			5						
60	头髯	水肿	2			5	5					
61	头髯	皱缩∨萎缩∨变硬	1			5						
62	头髯	苍白∨贫血	1			5						
64	头髯	绀(紫)∨黑紫∨发黑	1			5						

序	类	症状	统	3 传支	4 传喉	17 禽巴氏杆	18 传鼻	25 毛滴虫病	26 支原体病	38 食盐中毒	53 痛风	55 腺胃炎
68	头胫	质肉垂皮结节性肿胀	1								5	
72	头咽	喉:黏液灰黄带血V干酪物	1		5							
74	头咽	喉:黏膜病灶似口腔的	1					5				
81	眼	眶下窦肿胀	2		5				5			
82	眼	充血V潮红	1		5							
83	眼	出血	1		5							
84	眼	炎V眼球炎	3		5		5		5			
93	眼睑	粘连	1		5							
94	眼睑	肿胀	2		5		5					
100	眼	结膜水肿	1		5							
101	眼	结膜炎V充血V潮红V红	3		5		5		5			
103	眼泪	流泪V湿润	1									10
104	眼泪	多(黏V酪V脓V浆)性	3	5	5		5					
106	眼球	增大V眼突出	1						5			
108	眼	失明 障碍	3		5					5		10
112	眼肿		1									10
121	呼咳	痉挛性V剧烈	1		15							
122	呼咳	受惊吓明显	1		15							
123	呼咳		5	15					5		5	5
125	呼痰	带血V黏液	1		15							
126	呼吸	喘V张口V困难V喘鸣声	7	5	13			5	5	10	5	5
127	呼吸	极难	1							10		
129	呼吸	啰音V音异常	4	15	5				5			10
131	呼吸	道:浆性卡他性炎	1	15								
132	呼吸	道:症轻V障碍	3	5	5				5			
133	呼吸	快V急促	2				5				5	
136	气管	肿胀糜烂出血	1		5							
141	消吃	含食盐多病	1							15		
144	消粪	含胆汁V尿酸盐多	1								5	
147	消粪	含血V血粪	1							5		
149	消粪	白V灰白V黄白V淡黄	1	5								
151	消粪	灰黄	1				5					
153	消粪	绿V(淡V黄V青)绿	2		5		5					

续3组

序	类	症 状	统	3 传支	4 传喉	17 禽巴氏杆	18 传鼻	25 毛滴虫病	26 支原体病	38 食盐中毒	53 痛风	55 腺胃炎
155	消粪	质:石灰渣样	1								15	
156	消粪	水样	1	5								
157	消粪	泻V稀V下痢	3		5	5				5		
165	消肛	毛上黏附多量白色尿酸盐	1								5	
170	口	流涎V黏沫	2					5		5		
176	口	排带血黏液	1		5							
178	口喉	见血迹	1		5							
183	口膜	灰白结节V黄硬假膜	1					5				
185	口膜	溃疡坏死	1					15				
186	口膜	灶周有1窄充血带	1					5				
187	口膜	针尖大干酪灶V连片	1					5				
191	消一饮	口渴V喜饮V增强V狂饮	2	5						5		
192	消一饮	减少V废饮	2						5			5
194	消一食	食欲不振	4		5			5	5	5		
195	消一食	食欲废	2	5						5		
196	消一食	食欲因失明不能采食	1						5			
199	消	嗉囊充满液V挤流稠饲料	1							10		
201	消	嗉囊大V肿大	1							10		
205	消	吞咽困难	1					5				
207	尿中	尿酸盐增多	1								5	
208	毛	松乱V蓬松V逆立V无光	3	5				5	5			
209	毛	稀落V脱羽V脱落	1							5		
213	毛	生长V发育不良	1									10
216	毛	见血迹	1		5							
231	皮色	贫血V苍白	1								5	
244	运一步	蹒跚V摇晃V失调V踉跄	1							5		
247	运一翅	关节肿胀疼痛	1								15	
254	运一动	跛行V运障V瘸	2			5			5			
256	运一动	不愿站	1							5		
257	运一动	不愿走	1							5		
258	运一动	迟缓	1								10	
261	运一动	痉挛V惊厥	1							5		
263	运一动	盲目前冲(倒地)	1							5		

续 3 组

序	类	症状	统	3 传支	4 传喉	17 禽巴氏杆	18 传鼻	25 毛滴虫病	26 支原体病	38 食盐中毒	53 痛风	55 腺胃炎
265	运一动	行走无力	1								10	
268	运一动	转圈V伏地转	1							5		
283	运一脚	麻痹	1							5		
285	关节	跗关节肿胀V波动感	1						5			
286	关节	跗胫关节V波动	1								10	
288	关节	滑膜炎持续数年	1						5			
289	关节	囊骨V周尿酸盐	1								5	
291	关节	切开见豆腐渣样物	1			5						
292	关节	炎肿痛	2			5					5	
293	关节	跖趾炎V波动V溃V紫黑痂	1						5			
305	运一腿	蹲坐V独肢站立	1								10	
311	运一腿	麻痹	1							5		
321	运趾	爪:干瘪V干燥	1								10	
326	运一走	V站不能	2							5	5	
327	运一走	V站不能V不稳夜现	1								5	
331	蛋孵	孵化率下降V受精率下降	1						5			
339	蛋壳	畸形(含小V轻)	2	5	5							
343	蛋液	稀薄如水	1	5								
347	蛋数	减少V下降	4	5	5	5			5			
348	蛋数	少V停V下降	3		5	5	5					
349	蛋数	康复鸡产蛋难恢复	1	5								
362	死时	突死V突然倒地V迅速	1								5	
367	死因	衰竭	1							5		
368	死因	虚弱V消瘦V衰弱死	1							5		
380	鸡	淘汰增加	1						5			
382	鸡	体重下降(40%～70%)	1									10
383	鸡	体重增长缓慢	1									10
384	身	发育不良V受阻V慢	1						5			
386	身	僵	1							5		
387	身	脱水	1						5			
388	身	虚弱衰竭V衰弱V无力	2							5	15	
391	身一背	拱	1	5								
402	身瘦	病后期一极瘦	1									10

序	类	症 状	统	3 传支	4 传喉	17 禽巴氏杆	18 传鼻	25 毛滴虫病	26 支原体病	38 食盐中毒	53 痛风	55 腺胃炎
404	身瘦	体重减∨体积小∨渐瘦	3		5				5			5
405	身瘦	迅速	1		5							
407	身一卧	喜卧∨不愿站∨伏卧	1							5		
411	身一胸	囊肿	1						5			
417	心一血	墙∨草∨笼等见血迹	1		5							
490	病率	高(61%~90%)	1					5				
492	病名	僵鸡征	1									10
493	病名	传染性矮小征	1									10
501	病势	一旦发病全群连绵不断	1						5			
502	病势	隐性感染	1						5			
504	病势	突死	1			5						
506	病势	突病急∨暴发∨流行∨烈	2	5						5		
507	病势	急	2	5	5							
508	病势	急性期后→缓慢恢复期	1						5			
509	病势	慢性∨缓和∨症状轻	2		5				5			
511	病势	传速快∨传染强	2	5	5							
515	死龄	雏尤其 40 日龄病死多	1	5								
540	死因	饿死	1					5				
541	死因	喉头假膜堵塞死	1						5			
543	死因	继发并发症∨管理差死	1		5							
545	死因	衰竭衰弱死	3		5			5	5			
583	预后	康复∧瘦小∨不长∨不齐	1									10
584	病症	6~9 天在全群展现	1							5		
588	免疫	获得坚强免疫力	1		5							
605	诊	确诊剖检-尿酸盐沉积	1								35	

4 组 冠黑紫V黑V组

序	类	症状	统	1 新城疫	2 禽流感	4 传喉	14 鸡脚头征	15 禽沙门菌病	17 禽巴氏杆菌病	23 曲霉菌病	30 肉鸡腹水	33 马杜拉霉素	36 螺旋体病	37 传精膜炎	39 有机磷中毒	42 组织滴虫病	43 缘虫菊	48 维B₂缺乏症	59 中暑
				38	37	38	19	19	31	29	27	34	20	29	29	28	34	33	22
33	头冠	黑紫V黑V针（ZPDS）	16	13	5	5	5	5	5	5	5	5	5	5	5	5	5	5	5
1	精神	神经紊乱V神经症状V脑病	2	5								5							
2	精神	昏睡V精眠V打瞌睡	5	5	5							5	5					5	
3	精神	乱飞乱跑V翻滚	1		5														
4	精神	盲目前冲（倒地）	2	5	5														
6	精神	兴奋V不安	1		5														
8	精神	不振	4		5	5						5					5		
9	精神	沉郁	10	5	5	5	5	5	5	5	5			5			5		
10	精神	全群沉郁	1								5								
11	精神	闭目V呆滞	1							5									
12	精神	委顿V迟钝V淡漠	2					5							5	5			
13	体温	降低（即<40.5℃）	1																10
16	体温	先升高后降低	1										5						
17	体温	升高 43℃~44℃	3					5	5										15
23	鼻游	稀薄V粘稠V脓性V皮性	2						5					5					
27	头	甩壳V甩鼻V甩头	1			5													
28	头冠	发育不良	1				5												10
29	头冠	干酪样坏死脱落	1							5									

续4组

序	类	症状	续	1 新城疫	2 禽流感	4 传喉	14 鸡肿头症	15 禽沙门菌病	17 禽巴氏杆菌病	23 曲霉菌病	30 肉鸡腹水症	33 马立克立奇病	36 螺旋体病	37 传染性脑脊髓炎	39 有机磷中毒	42 组织滴虫病	43 绦虫病	48 维生素B2缺乏症	59 中暑
30	头冠	水肿	1																
31	头冠	萎缩V皱缩V变硬V干缩	3																
35	头冠	贫血V白V青V褐色	9								5			10	5		5	5	5
36	头冠	先充血后发绀	3				5		5		5		5	5					10
37	头冠	紫红	3	5				5			5			5			5		
39	头下	颌V下颌(腮V波动感)	1				5												
40	头喉	肿胀V糜烂V出血	1			5													
42	头颈	麻痹V软V无力V下垂	1													5			
46	头颈	缩颈缩头V向下弯曲	1										5			5			
47	头颈	S状V后仰观星V角弓反张	5	5	5		5			5		5				5		15	
48	头颈	扎毛V羽毛逆立	1																
52	头面	发绀	1									5							
53	头面	红V出血	1				5												
55	头面	见血迹	1			5	5												
56	头面	肿胀	2		5		5												
57	头皮	黑色	1						5										
58	头皮	干酪样坏死脱落	1						5										
59	头颈	热痛	1						5										
60	头颈	水肿	1																

· 19 ·

续 4 组

序	类	症 状	统	1 新城疫	2 禽流感	4 传喉	14 鸡肿头综合征	15 禽沙门菌	17 禽巴氏杆菌	23 曲霉菌	30 肉鸡腹水	33 马杜拉霉素中毒	36 螺旋体病	37 传染性脑膜炎	39 有机磷中毒	42 组织滴虫病	43 绦虫	48 维生素B_2缺乏症	59 中暑
61	头羽	羽缩V萎缩V变硬	3																10
62	头羽	苍白V贫血	8						5	5	5	5	5	5	5		5	5	5
64	头羽	钳(痉)V黑紫V发黑	14	5	5	5			5	5	5	5	5	5	5		5	5	
65	头羽	黄色	1				5				5			5	5			5	
66	头羽	先充血后发绀	1	5															
67	头羽	紫红	3					5								5			
69	头色	蓝紫V黑V青	1			5													
72	头咽	喉粘滚滚灰黄带血V干酪物	1			5													
76	头肿	肿头	2		5		5												
77	头姿	垂头	1												5				
78	头姿	扭头V仰头	1		5														
79	头姿	头卷翅下	1							5						5	5		
84	眼	炎V眼球炎	2			5										15			
86	眼	闭V半闭V难睁	3	5			5									5			
87	眼凹	肿胀	1				5												
94	眼睑	肿胀	2			5										5			
95	眼角	中央溃疡	1							5			5						
97	眼	结膜色-白V贫血	2														5		
98	眼	结膜色-黄	1														10		

· 20 ·

续4组

序	类	症 状	统	1 新城疫	2 禽流感	4 传喉	14 鸡肿头综合征	15 禽沙门菌病	17 禽巴氏杆菌病	23 曲霉菌病	30 肉鸡腹水症	33 马杜拉霉素中毒	36 螺旋体病	37 传精膜炎	39 有机磷中毒	42 组织滴虫病	43 绦虫病	48 维B_2缺乏症	59 中暑
99	眼	结膜色—紫V绀V青	1												5				
100	眼	结膜水肿	2		5	5													
101	眼	结膜炎V充血V潮红V红	2			5				5									
103	眼泪	流泪V湿润	1			5													
104	眼泪	多(脓V酪V脓V浆)性	3		5	5	5												
106	眼球	增大V眼突出	1							5									
110	眼	瞬膜 下黄藓样小球状物	1							5									
113	叫	尖叫	1									5							
114	叫	排粪时发出尖叫	1					5											
115	叫	声怪	1	5															
118	呼肺	炎八小结节	1							5									
121	呼咳	痉挛性V剧烈	1			15													
123	呼咳	带血V黏液	2			5	5												
125	呼痰	带血V黏液	1			15													
126	呼吸	嘴V张口V困难V嘴鸣声	9	5	5	15	5	5	5	5	5				5				
128	呼吸	喉呼鸣声	1																5
129	呼吸	啰音V音异常	4	5	5	5													10
132	呼吸	道:症怪V障碍	2	5		5													
133	呼吸	快V急促	3		5						5								15

续 4 组

序	类	症状	统	1 新城疫	2 禽流感	4 传喉	14 鸡肿头综合征	15 禽沙门菌病	17 禽巴氏杆菌病	23 曲霉菌病	30 肉鸡腹水病	33 马杜拉霉菌中毒	36 螺旋体病	37 传染性鼻炎	39 有机磷中毒	42 组织滴虫	43 绦虫病	48 维生素 B_2 缺乏症	59 中暑
135	气管	炎八小结节	1																
136	气管	肿胀囊烂出血	1															10	
140	消吮	含霉药	1		5					15									
143	消吮	科:单纯V缺维	1															10	
144	消粪	含胆汁V尿酸盐多	2																
145	消粪	含黏液	3	5	5												10		
147	消粪	含血V血粪	4	5	5											5	5		
149	消粪	白V灰白V黄白V浓黄	2											5		5			
151	消粪	灰黄	1						5										
153	消粪	绿V浓V黄V青V绿	8	5	5	5			5	5			5	5		5			
157	消粪	泻V稀V黄V下痢	12	5	5	5		5	5	5	5	5	5	5		5			
164	消肛	肛挂虫	1														25		
169	消肛	周脏污V粪封	1																
170	口	流涎V黏沫	2						5						5				
174	口	空喉一颗颖	1												5				
180	口嗉	嗉食不难喃	1	9															
191	消—饮	口渴V喜饮V增强V狂饮	5	5								5	5				5		15
192	消—饮	减少V废饮	2	5	5														
193	消—饮	重的不饮	1																15

续 4 组

序	类	症　状	数	1 新城疫	2 禽流感	4 传喉	14 鸡肿头症	15 黄沙菌菌	17 黄巴氏杆菌	23 曲霉菌菌	30 肉毒废水	33 马杜拉放毒	36 螺旋体菌	37 传喉膜炎	39 有机磷中毒	42 组织滴虫病	43 鳌虫菌	48 维B_2缺乏症	59 中毒
194	消一食	食欲不振	8									5	5	5	5	5	5		
195	消一食	食欲废	7	5	5	5		5		5		5	5	5	5	5	5	5	
197	消一食	食欲正常V增温	2																
199	消	嗉囊充满液V稀淡调饲料	1																10
200	消	嗉囊充酸(浙压)臭液	1	5															
202	消	嗉囊积食V便V充硬饲料	1	5	5														
208	毛	松乱V蓬松V逆立V无光	8						5		5	5	5	5		5	5		
209	毛	稀落V脱羽V脱落	4								5	5	5	5		5	5		
210	毛	脏污V脏乱	1															10	
213	毛	生长V发育不良	1															10	
225	皮膜	黄V黄褐	1														10		
226	皮膜	贫血V苍白	2										5				5		
228	皮膜	紫V褂V青	2							5					5				
229	皮色	发绀V蓝紫色	2							5	5								
238	皮性	炎场烂胸V结节	1											5					
240	皮性	脚V湿V渗液	1											10					
243	运一步	高跷V商跷V涉水	1													10			
244	运一步	嘴喙V播壳V失调V限跑	7	5	5					5	5				5		5	5	10
245	运一题	下垂V轻瘫V麻痹V松V无力	4							5	5					5	5	5	

续 4 组

序	类	症状	续	1 新城疫	2 禽流感	4 传喉	14 鸡肿头症	15 禽沙门菌病	17 禽巴氏杆菌病	23 曲霉菌病	30 肉鸡腹水症	33 马杜拉霉素中毒	36 螺旋体病	37 传染性腺炎	39 有机磷中毒	42 组织滴虫病	43 绦虫病	48 维生素B_2缺乏症	59 中暑
252	运-瘫	抬起∨直伸∨人用力扭起很难	1																10
254	运-动	跛行∨运摩∨瘸	4						5				5	5				5	
256	运-动	不愿站	2											5				5	
257	运-动	不愿走	2											5				5	
258	运-动	迟缓	1									5							
259	运-动	飞节支地	2												5			5	
263	运-动	盲目前冲(倒地)	1												5				
265	运-动	行走无力	1									5							
266	运-动	用附胫膝走	2												5			5	
268	运-动	转圈∨伏地转	3	5	5							5							
274	运-肌	瘫∨痉挛	1												10				
279	运-肌	萎缩(骨凸)	1										5						
283	运-脚	麻痹	3												5				
287	关节	关节不能动	1						5					10					
291	关节	切开见豆腐渣样物	1						5										
292	关节	炙肿痛	2									5		5					
294	运-静	侧卧	1									5						10	
296	运-静	瘫状∨轻瘫∨瘫∨突瘫	1															5	
297	运-静	卧地不起(多伏卧)	1							5									

续 4 组

序	类	症 状	统	1 新城疫	2 禽流感	4 传喉	14 鸡肿头综合征	15 禽沙门菌病	17 禽巴氏杆菌病	23 曲霉菌病	30 肉鸡腹水症	33 马杜拉霉素中毒	36 螺旋体病	37 传情膜炎	39 有机磷中毒	42 组织滴虫病	43 绦虫病	48 维B₂缺乏症	59 中暑
298	运—静	卧如企鹅	1								5								
299	运—静	喜卧V不愿站	1								5								
300	运—静	站立不稳	3								5	5							10
307	运—跑	后伸V向后张开	1									5							
310	运—跑	鳞片紫红V紫黑	1		5														
311	运—跑	麻痹	3										5		5			5	
317	运—跑	软弱无力	3									5					5	5	
322	运—趾	爪:趾卷曲难伸	2													10		10	
325	运—姿	观星势V坐屈膝上	1															15	
326	运—走	V站不能	4												5	5	5	5	
331	蛋孵	孵化率下降V受精率下降	3	5	5			5											
332	蛋孵	死胚V出壳难V弱V死	1					5											
333	蛋孵	V活率低V死胚V弱雏	1		5														
336	蛋壳	薄V软V易破V品质下降	1		5														
339	蛋壳	畸形(含小V径)	3	5	5	5													
340	蛋壳	色(棕V变浅V褪)	1		5														
342	蛋壳	无	1				5												
346	蛋数	急剧下降V高峰时骤降	1									5							
347	蛋数	减少V下降	7	5	5	5	5	5	5										

序	类	症 状	统	1 新城疫	2 禽流感	4 传喉	14 鸡肿头头征	15 贫砂菌菊	17 黄曲霉氏肝菌	23 曲霉菌病菊	30 肉鸡腹水	33 马杜拉霉素中毒	36 螺旋体病菊	37 传染性腺炎	39 有机磷中毒	42 组织滴虫病	43 绦虫菊	48 维生素B_2缺乏症	59 中暑
348	蛋数	少V骤V下降	6	5	5														
352	死峰	病14～16小时,19～21小时	1																10
357	死情	环温>35℃现死	1																10
362	死时	突死V突然倒地V迅速	1																5
364	死因	败血V带症V呼声	1												5				
367	死因	衰竭	1											5					
368	死因	虚弱V消瘦V衰弱死	1														5		
371	死率	1%～2%V低	2														5	5	
384	身	发育不良V受阻V慢	2													5		5	
386	身	僵	3																
387	身	脱水	2								5	5							
388	身	虚弱衰竭V衰弱V无力	5					5					5	5			5	5	
395	身—腹	穿减黄液透明含纤维	1												5				
396	身—腹	大	1								5								
398	身—腹	皮发亮V触敏动感	1								10								
401	身—腹	下垂	1								10								
404	身躯	体重减V体积小V渐瘦	4			5		5		5								5	
405	身躯	迅速	1			5													
406	身—躯	蹲伏V轻瘫V偏瘫V瘫痪	2														5	5	

· 26 ·

序	类	症　状	统	新城疫 1	禽流感 2	传喉 4	鸡肿头综合征 14	禽沙门菌病 15	禽巴氏杆菌病 17	曲霉菌病 23	肉鸡腹水病 30	马杜拉霉素中毒 33	螺旋体病 36	传喉炎 37	有机磷中毒 39	组织滴虫病 42	绦虫病 43	维生素B_2缺乏症 48	中暑 59
407	身—卧	喜卧∨不愿站∨伏卧	4																
417	心—血	墙∨草∨枝∨羽等见血迹	1											5	5		5	5	
418	心—血	心跳快	1			5					5								
421	病程	15 日左右	1																
422	病程	慢；1 月至 1 年以上	5	5	5	5													
425	传源	病禽∨带毒菌禽	3	5	5	5			5		5								
429	传源	水料具垫设备人媒衣	3				5		5	5									
431	促因	（潮∨雨）暗热∨通风差	5			5	5			5									
432	促因	（卫生∨消毒∨管理差）	1																
434	促因	长期饲喂霉料	1							5									
437	促因	突然（变天∨变料）	1					5	5										
439	促因	运输∨有他病	1					5	5										
460	病鸡	青年鸡∨青年母鸡	3											5		5	5	5	
462	病鸡	肉鸡体壮肥胖死死	1													5			
464	病季	气温骤变	1		5														10
494	病时	食后 2～18 小时发病	1									5			5				
495	病时	食后 2～4 天发病	1									5							
496	病时	食后 2 小时发病	1									5							
498	病势	发病持续 10～14 天	1				5												

序	类	症　状	统	1 新城疫	2 禽流感	4 传喉	14 鸡肿头症	15 禽沙门菌病	17 禽巴氏杆菌病	23 曲霉菌病	30 肉鸡腹水	33 马杜拉霉素中毒	36 螺旋体病	37 传精膜炎	39 有机磷中毒	42 组织滴虫病	43 鸡虫病	48 维生素B₂缺乏症	59 中暑
499	病势	无症至全死	1																
503	病势	出现症后2~3小时死	1		5														
504	病势	突死	3	5															
505	病势	暴急性感染10小时死	1		5														
506	病势	突然V急V暴发V流行V烈	5							5				5	5				
507	病势	急	4	15				5		5			5						
509	病势	慢性V缓和V症状轻	3			5		5		5								5	
510	病势	慢性群发	3													5	5		
511	病势	传速快V传强	2			5	5												
525	死情	口流紫液而死	1									5							
527	死情	小挣速蹦死	1									5							
531	死期	病后1~3天死	1						5										
532	死时	4~7周龄肉鸡死高峰	1								5								
533	死时	病2~6天V很快死	3		5	5						5							
535	死时	发病10日死鸡减少	1										5		5				
536	死时	腹水出现后1~3天死	1								15								
537	死时	停喂药料历死7~10天	1									5				5			
542	死因	昏迷死V痉挛死	1									5				5			
562	易感	褐羽V褐壳蛋鸡	1		5														

续 4 组

序	类	症状	续	1 新城疫	2 禽流感	4 传喉	14 鸡肿头综合征	15 禽沙门菌病	17 黄巴氏杆菌病	23 曲霉菌病	30 肉毒腹水症	33 马杜拉霉素中毒	36 螺旋体病	37 传清感炎	39 有机磷中毒	42 组织滴虫病	43 绦虫病	48 维B2缺乏症	59 中暑
563	易感	快大型肉鸡	1																
566	易感	生长鸡V成年鸡	1					5			10								10
579	菌因	纯种鸡温>30℃+潮湿+阴V缺水	1																
580	菌因	药-如莫能菌素中毒	1								5	5							
581	菌因	重复用药V盲目加量	1			5													
588	免疫	获得坚强免疫力	1																

序	类	症状	统	13 鸡白血病	14 鸡肿头征	17 禽巴氏杆	20 坏死肠炎	26 支原体病	27 鸡球虫病	28 鸡住白虫病	29 鸡蛔虫病	30 肉鸡腹水	32 磺胺中毒
		ZPDS		32	28	49	27	53	37	56	24	52	32
35	头冠	贫血∨白∨青∨褪色	10	5	5	5	5	5	5	5	5	5	5
3	精神	乱飞乱跑∨翻滚	10	5	5	5	5	5	5	5	5	5	5
8	精神	不振	1								5		
9	精神	沉郁	8	5	5	5	5		5	5		5	5
11	精神	闭目∨呆滞	1								5		
17	体温	升高43℃~44℃	2			5				5			
21	鼻窦	炎肿	1					5					
22	鼻腔	肿胀	1					5					
23	鼻涕	稀薄∨黏稠∨脓性∨痰性	1			5							
24	鼻周	粘饲料∨垫草	1					5					
26	头	卷缩	1						5				
28	头冠	发育不良	1		5								
29	头冠	干酪样坏死脱落	1			5							
30	头冠	水肿	1			5							
31	头冠	萎缩∨皱缩∨变硬∨干缩	4	5		5		5				5	
32	头冠	针尖大红色血疱	1							5			
33	头冠	黑紫∨黑∨绀	3		5	5						5	
37	头冠	紫红	1									5	
39	头下	颌∨下颌(肿∨波动感)	1		5								
41	头颈	出血灶	1	5									
48	头颈	扎毛∨羽毛逆立	1		5								
51	头面	苍白	1							5			
53	头面	红∨出血	1		5								
54	头面	黄	1							5			
56	头面	肿胀	1		5								
57	头皮	黑色	1		5								
58	头髯	干酪样坏死脱落	1			5							
59	头髯	热痛	1			5							
60	头髯	水肿	1			5							
61	头髯	皱缩∨萎缩∨变硬	2			5						5	
62	头髯	苍白∨贫血	3			5						5	5

序	类	症状	统	13 鸡白血病	14 鸡肿头征	17 禽巴氏杆	20 坏死肠炎	26 支原体病	27 鸡球虫病	28 鸡住白虫病	29 鸡蛔虫病	30 肉鸡腹水	32 磺胺中毒
63	头髻	出血	1										5
64	头髻	绀(紫)V黑紫V发黑	3		5	5						5	
65	头髻	黄色	1		5								
67	头髻	紫红	1									5	
76	头肿		2		5					5			
81	眼	眶下窦肿胀	1					5					
84	眼	炎V眼球炎	1					5					
86	眼	闭V半闭V难睁	1		5								
90	眼睑	出血	1										5
94	眼睑	肿胀	1		5								
97	眼	结膜色-白V贫血	1							5			
98	眼	结膜色-黄	1							5			
101	眼	结膜炎V充血V潮红V红	1					5					
104	眼泪	多(黏V酪V脓V浆)性	1		5								
106	眼球	增大V眼突出	1					5					
123	呼咳		3		5			5		5			
125	呼咳	带血V黏液	1							5			
126	呼吸	喘V张口V困难V喘鸣声	4		5			5		5		5	
129	呼吸	啰音V音异常	2		5			5					
132	呼吸	道:症轻V障碍	1					5					
133	呼吸	快V急促	2			5						5	
137	消肠	小肠壁伤V蛔虫堵V破	1								35		
138	消肠	炎	1							5			
145	消-大便	含黏液	1							5			
147	消-大便	含血V血粪	3				5		5	5			
149	消-大便	白V灰白V黄白V淡黄	2							5			5
150	消-大便	红色胡萝卜样	1						5				
151	消-大便	灰黄	1			5							
152	消-大便	咖啡色V黑	2				5		5				
153	消-大便	绿V(淡V黄V青)绿	2			5				5			
154	消-大便	质:便秘-下痢交替	1								5		
157	消-大便	泻V稀V下痢	5					5	5	5	5		5

序	类	症状	统	13 鸡白血病	14 鸡肿头征	17 禽巴氏杆	20 坏死肠炎	26 支原体病	27 鸡球虫病	28 鸡住白虫病	29 鸡蛔虫病	30 肉鸡腹水	32 磺胺中毒
169	消肛	周脏污V粪封	1							5			
170	口	流涎V黏沫	2			5				5			
192	消一饮	减少V废饮	1					5					
194	消一食	食欲不振	5				5	5	5	5			5
195	消一食	食欲废	2					5		5			
196	消一食	食欲因失明不能采食	1					5					
199	消	嗉囊充满液V挤流稠饲料	1						5				
206	尿系	肾肿大	1										5
208	毛	松乱V蓬松V逆立V无光	8			5		5	5	5	5	5	
217	毛	毛囊处出血	1	5									
226	皮膜	贫血V苍白	1						5				
229	皮色	发绀V蓝紫	1									5	
231	皮色	贫血V苍白	1	5									
232	皮色	着色差	1						5				
233	皮下	出血	3	5						5			5
242	皮肿	瘤:火山口状	1	5									
244	运一步	蹒跚V摇晃V失调V踉跄	2							5		5	
245	运一翅	下垂V轻瘫V麻痹V松V无力	4						5	5	5	5	
246	运一翅	V尖出血	1	5									
254	运一动	跛行V运障V瘸	2			5		5					
258	运一动	迟缓	1								5		
265	运一动	行走无力	1								5		
272	运一骨	胫骨肿粗	1	5									
285	关节	趾关节肿胀V波动感	1					5					
288	关节	滑膜炎持续数年	1					5					
291	关节	切开见豆腐渣样物	1			5							
292	关节	炎肿痛	1			5							
293	关节	趾跖炎V波动V溃V紫黑痂	1					5					
296	运一静	瘫伏V轻瘫V瘫V突瘫	1							5			
297	运一静	卧地不起(多伏卧)	2	5						5			
298	运一静	卧如企鹅	1									5	
299	运一静	喜卧V不愿站	1									5	

续 5-1 组

序	类	症 状	统	13 鸡白血病	14 鸡肿头征	17 禽巴氏杆	20 坏死肠炎	26 支原体病	27 鸡球虫病	28 鸡住白虫病	29 鸡蛔虫病	30 肉鸡腹水	32 磺胺中毒
300	运一静	站立不稳	2							5		5	
329	运一足	轻瘫	1						5				
331	蛋孵	孵化率下降∨受精率下降	1					5					
336	蛋壳	薄∨软∨易破∨品质下降	2							5			5
338	蛋壳	粗糙∨纱布状	1										5
339	蛋壳	畸形(含小∨轻)	2	5						5		5	
343	蛋液	稀薄如水	1	5									
347	蛋数	减少∨下降	8	5	5	5		5	5	5	5		5
348	蛋数	少∨停∨下降	1			5							
379	鸡群	均匀度差	1							5			
380	鸡	淘汰增加	1					5					
384	身	发育不良∨受阻∨慢	4					5	5		5	5	
387	身	脱水	1					5					
391	身一背	拱	1								5		
394	身一腹	触摸到大肝	1	5									
395	身一腹	穿流黄液透明含纤维	1									5	
396	身一腹	大	1									5	
398	身一腹	皮发亮∨触波动感	1									10	
399	身一腹	皮下出血(点∨条)状	1							5			
401	身一腹	下垂	1									10	
404	身瘦	体重减∨体积小∨渐瘦	5	5				5	5	15	10		
408	身一胸	出血	1	5									
411	身一胸	嗉肿	1					5					
412	身一胸	皮下出血(点∨条)状	1							5			
415	心一血	贫血	2							15	5		
417	心一血	墙∨草∨笼∨槽等见血迹	1							15			
418	心一血	心跳快	1									5	
419	心一血	血凝时间延长	1										5
420	病程	4-8天	1							5			
422	病程	慢;1月至1年以上	2					5	5				
425	传源	病禽∨带毒菌禽	1					5					
426	传源	飞沫和尘埃	1					5					

続 5-1 组

序	类	症状	统	13 鸡白血病	14 鸡肿头征	17 禽巴氏杆	20 坏死肠炎	26 支原体病	27 鸡球虫病	28 鸡住白虫病	29 鸡蛔虫病	30 肉鸡腹水	32 磺胺中毒
428	传源	蚯蚓是储藏宿主	1								5		
429	传源	水料具垫设备人蝇衣	3					5	5		5		
431	促因	(潮∨雨)暗热∨通风差	4		5	5	5					5	
432	促因	(卫生∨消毒∨管理)差	2			5					5		
433	促因	不合理用药物添加剂	1				5						
435	促因	密度大∨冷拥挤	2			5	5						
436	促因	舍周有树∨草∨池塘	1							5			
437	促因	突然(变天∨变料)	2			5	5						
438	促因	营养(差∨缺)	2			5					5		
439	促因	运输∨有他病	1			5							
444	感途	呼吸道	2			5		5					
445	感途	交配∨精液	1					5					
447	感途	伤口皮肤黏膜	1			5							
448	感途	水平	1	5									
450	感途	消化道	3	5		5			5				
454	混感	与新城疫等4病	1					5					
465	病季	温暖潮湿∨多雨∧库蚊多	2						5	5			
466	病季	春	2			5	5						
467	病季	夏∨热季	3			5	5			5			
468	病季	秋	3			5	5			5			
469	病季	冬∨冷季∨寒季	3			5	5					5	
470	病季	四季	3			5	5		5				
471	病龄	1～3日龄∨新生雏	5					5	5	5		5	5
472	病龄	4～6日龄	5					5	5	5		5	5
473	病龄	1～2周龄	5					5	5	5		5	5
474	病龄	2～3周龄	6				5	5	5	5		5	5
475	病龄	3～4周龄(1月龄)	5		5			5	5	5		5	
476	病龄	4～8周(1～2月龄)	7	3	5		5	5	5			5	5
477	病龄	8～12周(2～3月龄)	5	5				5	5	5			5
478	病龄	12～16周(3～4月龄)	5	5		5	5	5					5
479	病龄	16周(4月龄)	4	5				5	5				5
480	病龄	雏鸡多于成鸡	1							5			

续 5-1 组

序	类	症 状	统	13 鸡白血病	14 鸡肿头征	17 禽巴氏杆	20 坏死肠炎	26 支原体病	27 鸡球虫病	28 鸡住白虫病	29 鸡蛔虫病	30 肉鸡腹水	32 磺胺中毒
481	病龄	成鸡∨产蛋母鸡	3	5		5							5
482	病龄	各龄	1										5
484	病率	纯外来种严重	1							5			
487	病率	低(<10%)	2	5								5	
488	病率	较低(11%~30%)	2	5								5	
489	病率	高(31%~60%)	2		5							5	
490	病率	高(61%~90%)	2							15		5	
491	病率	最高(91%~100%)	1									5	
498	病势	发病持续10~14天	1		5								
501	病势	一旦发病全群连绵不断	1					5					
502	病势	隐性感染	2	5				5					
504	病势	突死	2				5	5					
506	病势	突病∨急∨暴发∨流行∨烈	2				5		5				
507	病势	急	1				5						
508	病势	急性期后→缓慢恢复期	1					5					
509	病势	慢性∨缓和∨症状轻	1					5					
511	病势	传速快∨传染强	1		5								
512	病势	地方性流行	1							5			
516	死率	1%~2%∨持低	1									5	
517	死率	<10%	4	5	5		5					5	
518	死率	11%~30%	4	5	5			5				5	
519	死率	31%~50%	1									5	
520	死率	51%~70	2						5			5	
521	死率	71%~90%	3						5	15		5	
522	死率	91%~100%	1									5	
523	死情	纯外来种死多	1							5			
528	死情	死前口流鲜血	1							25			
531	死期	病后1~3天死	1			5							
532	死时	4~7周龄肉鸡死高峰	1									5	
536	死时	腹水出现后1~3天死	1									15	
539	死因	出血多死	1										5
541	死因	喉头假膜堵塞死	1					5					

续 5-1 组

序	类	症状	统	13 禽白血病	14 鸡肿头征	17 禽巴氏杆	20 坏死肠炎	26 支原体病	27 鸡球虫病	28 鸡住白虫病	29 鸡蛔虫病	30 肉鸡腹水	32 磺胺中毒
545	死因	衰竭衰弱死	1					5					
549	死因	抓鸡突然抽搐死	1									5	
554	病性	慢性呼吸道病	1					5					
559	易感	成年白色鸡	1							5			
560	易感	纯种V外来纯种鸡	2							5			5
561	易感	各品种均感	2						5				5
563	易感	快大型肉鸡	1									10	
564	易感	平养鸡	1				5						
565	易感	商品鸡	1	5									
568	易感	雄鸡V雄雏	1									5	
569	易感	幼禽	1										5
571	病因	高海拔缺氧	1									5	
573	病因	磺胺剂量过V时间长	1										5
576	病因	某些病诱发	1									5	
578	病因	先天因素	1									5	
580	病因	药-如莫能霉素中毒	1									5	
585	病症	不明显	1						5				
586	病症	明显	1							5			
593	潜期	潜伏期:数小时	1			5							
595	潜期	潜伏期:1~3天	1			5							
596	潜期	潜伏期:4~5天	1			5							
597	潜期	潜伏期:6~7天	2			5				5			
598	潜期	潜伏期:13天	1			15							
600	潜期	潜伏期:4~30周	1	5									
603	料肉	比升高V饲料转化率低	1							5			
609	殖	生产性能下降	1							5			

5-2组 冠贫血∨白∨青∨褪色

序	类	症状	统	35 冠癣	36 螺旋体病	37 传滑膜炎	39 有机磷中毒	43 绦虫病	45 螨病	46 维A缺乏症	47 维B₁缺乏症	48 维B₂缺乏症	53 痛风	56 包涵体肝炎	57 孤菌性肝炎	59 中暑
		ZPDS		19	25	33	30	34	24	34	26	36	27	23	21	22
35	头冠	贫血∨白∨青∨褪色	13	5	5	5	5	5	5	5	5	5	5	5	5	5
2	精神	昏睡∨嗜睡∨打瞌睡	4				5				5			10		10
6	精神	兴奋∨不安	1						5							
8	精神	不振	5			5	5			5						
9	精神	沉郁	4	5	5				5							
13	体温	降低(即<40.5℃)	2				5					5				
16	体温	先升高后降低	1													10
17	体温	升高43℃~44℃。	2		5											15
18	鼻	喷嚏	1										5			
19	鼻	甩鼻∨塔	1										5			
27	头	甩摆∨甩鼻∨甩头	1					5								
31	头冠	萎缩∨皱缩∨变硬∨干缩	2			10								10		
33	头冠	黑紫∨黑∨绀	6		5	5	5	5				5				5
34	头冠	黄染	1											5		
36	头冠	先充血后发绀	1													10
38	头冠	鳞片皮屑∨白癣∨屑	2	25										10		
47	头颈	S状∨后仰观星∨角弓反张	2								15	15				
50	头脸	苍白一群病2~3天后	1											10		
51	头面	苍白	1											5		
61	头髯	皱缩∨萎缩∨变硬	1			5										
62	头髯	苍白∨贫血	11	5	5	5	5	5	5	5				5		5
64	头髯	绀(紫)∨黑紫∨发黑	5		5	5	5	5				5				
65	头髯	黄色	1											5		
66	头髯	先充血后发绀	1													10
68	头髯	质肉垂皮结节性肿胀	1										5			
69	头色	蓝紫∨黑∨青	1								5					
78	头姿	扭头∨仰头	2					5			5					
86	眼	闭∨半闭∨难睁	1						5							
88	眼干	维生素A缺致	1							25						
96	眼	角膜干	1							25						

序	类	症状	统	35 冠癣	36 螺旋体病	37 传滑膜炎	39 有机磷中毒	43 缘虫病	45 螨病	46 维A缺乏症	47 维B_1缺乏症	48 维B_2缺乏症	53 痛风	56 包涵体肝炎	57 弧菌性肝炎	59 中暑
97	眼	结膜色—白∨贫血	4		5			5	5		5					
98	眼	结膜色—黄	1						10							
99	眼	结膜色—紫∨绀∨青	1				5									
101	眼	结膜炎∨充血∨潮红∨红	1							5						
103	眼泪	流泪∨湿润	2					5		5						
108	眼	失明障碍	1							5						
109	眼尿	泪多(黏∨酪∨脓∨浆)性	1							5						
119	呼喉	白喉	1						15							
120	呼喉	积黏液∨酪	1	10												
123	呼咳		1											5		
126	呼吸	喘∨张口∨困难∨喘鸣声	4				5			5				5		5
128	呼吸	喉呼噜声	1													10
133	呼吸	快∨急促	2											5		15
140	消吃	含磷药	1				15									
143	消吃	料:单纯∨缺维	3							10	10	10				
144	消粪	含胆汁∨尿酸盐多	3		5	5							5			
145	消粪	含黏液	1					10								
147	消粪	含血∨血粪	1					5								
149	消粪	白∨灰白∨黄白∨淡黄	1			5										
153	消粪	绿∨(淡∨黄∨青)绿	2		5	5										
155	消粪	质:石灰渣样	1										15			
157	消粪	泻∨稀∨下痢	6		5	5	5	5			5	5				
159	消肝	出血	1												15	
160	消肝	坏死	1												15	
161	消肝	细胞内现核内包涵体	1											5		
162	消肝	脂肪肝	1												10	
163	消肝	肿大	1												15	
164	消肛	肛挂虫	1					25								
165	消肛	毛上黏附多量白色尿酸盐	1										5			
170	口	流涎∨黏沫	1				5									
171	口	出血点	1							15						

序	类	症 状	统	35 冠癣	36 螺旋体病	37 传滑膜炎	39 有机磷中毒	43 绦虫病	45 螨病	46 维A缺乏症	47 维B₁缺乏症	48 维B₂缺乏症	53 痛风	56 包涵体肝炎	57 弧菌性肝炎	59 中暑
174	口	空咽－频频	1				5									
191	消一饮	口渴∨喜饮∨增强∨狂饮	3		5				5							15
193	消一饮	重的不饮	1													15
194	消一食	食欲不振	6			5	5	5	5	5	5					
195	消一食	食欲废	4		5	5						5				
197	消一食	食欲正常∨增强	6	5					5	5	5	5				
199	消	嗉囊充满液∨挤流稠饲料	1													10
207	尿中	尿酸盐增多	1										5			
208	毛	松乱∨蓬松∨逆立∨无光	7	5	5	5			5	5	5					
209	毛	稀落∨脱羽∨脱落	8	5	5	5			5	5	5		5			
210	毛	脏污∨脏乱	1									10				
213	毛	生长∨发育不良	1									10				
220	皮瘟	似瘟	1						15							
224	皮膜	红∨炎	1							5						
225	皮膜	黄∨黄疸	2					10						5		
226	皮膜	贫血∨苍白	4		5				5	5		5				
228	皮膜	紫∨绀∨青	1				5									
230	皮色	黄	1											10		
231	皮色	贫血∨苍白	2										5	25		
235	皮性	粗糙	1							25						
236	皮性	伤	1	5												
237	皮性	水肿	1	5												
238	皮性	炎疡烂痈∨结节	3	5		5			5							
240	皮性	肿∨湿∨渗液	1			10										
244	运一步	踌躇∨摇晃∨失调∨踉跄	5					5	5		5	5				10
245	运一翅	下垂∨轻瘫∨麻痹∨松∨无力	2						5			5				
247	运一翅	关节肿胀疼痛	1										15			
252	运一翅	抬起∨直伸∨人用力扭翅感难	1													10
254	运一动	跛行∨运障∨痛	4		5	5			5			5				
256	运一动	不愿站	2			5						5				
257	运一动	不愿走	2			5						5				

续 5-2 组

序	类	症 状	统	35 冠癣	36 螺旋体病	37 传滑膜炎	39 有机磷中毒	43 绦虫病	45 螨病	46 维A缺乏症	47 维B₁缺乏症	48 维B₂缺乏症	53 痛风	56 包涵体肝炎	57 弧菌性肝炎	59 中暑
258	运—动	迟缓	1										10			
259	运—动	飞节支地	3				5			5		5				
261	运—动	痉抽V惊厥	2							5	5					
263	运—动	盲目前冲(倒地)	1				5									
265	运—动	行走无力	1										10			
266	运—动	用跗胫膝走	3							5		5				
274	运—肌	颤V痉挛	1				10									
275	运—肌	出血	1												5	
278	运—肌	麻痹	1								10					
279	运—肌	萎缩(骨凸)	1								10					
283	运—脚	麻痹	4		5			5			5	5				
284	运—脚	石灰脚	1						25							
286	关节	跗胫关节V波动	1										10			
287	关节	关节不能动	1			10										
289	关节	囊骨V周尿酸盐	1										5			
292	关节	炎肿痛	2			5							5			
300	运—静	站立不稳	1													10
305	运—腿	蹲坐V独肢站立	1										10			
308	运—腿	黄色素:消失	1							15						
311	运—腿	麻痹	4		5		5				5	5				
316	运—腿	屈腿蹲立V蹲伏于地	1											10		
317	运—腿	软弱无力	3					5			5	5				
321	运趾	爪:干瘪V干燥	1										10			
322	运趾	爪:弯卷难伸	1								10					
325	运—姿	观星势V坐屈腿上	1								15					
326	运—走	V站不能	5				5	5			5	5	5			
327	运—走	V站不能V不稳—夜现	1										5			
333	蛋孵	V活率低V死胚V弱雏	3							5		5		5		
334	蛋鸡	开产延迟	1												5	
336	蛋壳	薄V软V易破V品质下降	1												5	
338	蛋壳	粗糙V纱布状	1												5	

续 5-2 组

序	类	症 状	统	35 冠癣	36 螺旋体病	37 传滑膜炎	39 有机磷中毒	43 绦虫病	45 螨病	46 维A缺乏症	47 维B₁缺乏症	48 维B₂缺乏症	53 痛风	56 包涵体肝炎	57 孤菌性肝炎	59 中暑
341	蛋壳	砂壳∨沉粉	1											5		
344	蛋数	不易达到预期高峰	1											5		
348	蛋数	少∨停∨下降	6	5				5	5	5		5		5		
350	蛋数	轻微下降∨影响蛋壳质量	1										5			
352	死峰	病14~16小时,19~21时	1													10
353	死峰	病后第3~4天高第5天停	1											15		
354	死龄	青年鸡死亡率偏高	1											15		
357	死情	环温>35℃现死	1													10
362	死时	突死∨突然倒地∨迅速	2										5			5
364	死因	败血∨神症∨呼痹	1				5									
367	死因	衰竭	2					5	5							
368	死因	虚弱∨消瘦∨衰弱死	2					5	5							
371	死率	1%~2%∨低	4			5		5	5	5						
372	死率	高	1							5						
373	雏鸡	沉郁∨倦怠∨不活泼∨毛乱无光	1											5		
374	雏鸡	恶病质∨腹泻∨黄褐色∨肛污	1											5		
382	鸡	体重下降(40%~70%)	1													10
386	身	僵	6			5		5	5	5	5	5				
388	身	虚弱衰竭∨衰弱∨无力	8	5	5	5	5	5					15			
404	身瘦	体重减∨体积小∨渐瘦	1											5		
406	身-瘫	瘫伏∨轻瘫∨偏瘫∨突瘫	3					5			5	5				
407	身-卧	喜卧∨不愿站∨伏卧	4			5	5				5					
422	病程	慢;1月至1年以上	7	5		5		5	5	5						
423	传式	垂直∧水平	1											5		
455	病鸡	产蛋母鸡	4			5								5	5	
456	病鸡	成鸡	2			5										
457	病鸡	雏鸡∨肉用仔鸡	3			5								5	5	
458	病鸡	各龄	6	5	5	5	5			5	5					
460	病鸡	青年鸡∨青年母鸡	4			5							5	5	5	
461	病鸡	肉鸡全群发育迟缓	1											10		
462	病鸡	肉鸡体壮肥胖先死	1													10

続5-2组

序	类	症 状	统	35 冠癣	36 螺旋体病	37 传滑膜炎	39 有机磷中毒	43 绦虫病	45 螨病	46 维A缺乏症	47 维B$_1$缺乏症	48 维B$_2$缺乏症	53 痛风	56 包涵体肝炎	57 弧菌性肝炎	59 中暑
466	病季	春	2		5					5						
467	病季	夏V热季	1		5											
468	病季	秋	1		5											
469	病季	冬V冷季V寒季	1		5											
504	病势	突死	1											5		
506	病势	突病V急V暴发V流行V烈	4		5	5	5							5		
510	病势	慢性群发	6	5					5	5	5	5	5			
579	病因	炎热环温>30℃+潮湿+闷V缺水	1													10
582	预后	轻48小时康复V重3~5天死	1											5		
584	病症	6~9天在全群展现	1										5			
605	诊	确诊剖检-尿酸盐沉积	1										35			

6组　头面肿V颜色异常

序	类	症 状	统	2 禽流感	4 传喉	8 马立克病	14 鸡肿头征	18 传鼻	28 鸡住白虫病	33 马杜拉霉毒	56 包涵体肝炎
		ZPDS		48	75	44	26	34	55	36	23
50	头脸	苍白-群病2~3天后	1								10
51	头面	苍白	3			5			5		5
52	头面	发绀	1							5	
53	头面	红V出血	1				5				
54	头面	黄	1				5				
55	头面	见血迹	1			5					
57	头皮	黑色	1				5				
76	头肿		3	5			5		5		
2	精神	昏睡V嗜睡V打瞌睡	2							5	10
3	精神	乱飞乱跑V翻滚	1							5	
4	精神	盲目前冲(倒地)	1	5							
5	精神	缩颈	1						5		

续6组

序	类	症状	统	2 禽流感	4 传喉	8 马立克病	14 鸡肿头征	18 传鼻	28 鸡住白虫病	33 马杜拉霉毒	56 包涵体肝炎
6	精神	兴奋V不安	1							5	
8	精神	不振	2	5		5					
9	精神	沉郁	5	5	5		5		5	5	
10	精神	全群沉郁	1	5							
12	精神	委顿V迟钝V淡漠	2				5	5			
17	体温	升高43℃~44℃。	1						5		
18	鼻	喷嚏	1					5			
23	鼻涕	稀薄V黏稠V脓性V黄性	2		5			5			
27	头	甩摆V甩鼻V甩头	1					5			
28	头冠	发育不良	1				5				
32	头冠	针尖大红色血疱	1						5		
33	头冠	黑紫V黑V绀	4	5	5		5			5	
34	头冠	黄染	1								5
35	头冠	贫血V白V青V褪色	3				5		5		5
39	头下	颌V下颌(肿V波动感)	2				5	5			
40	头喉	肿胀V糜烂V出血	1		5						
42	头颈	麻痹V软V无力V下垂	1			5					
44	头颈	毛囊肿V瘤毛血污V切面黄	1			5					
47	头颈	S状V后仰观星V角弓反张	2	5						5	
48	头颈	扎毛V羽毛逆立	1				5				
60	头臀	水肿	1					5			
62	头臀	苍白V贫血	1								5
64	头臀	绀(紫)V黑紫V发黑	3	5			5			5	
65	头臀	黄色	2				5				5
72	头咽	喉:黏液灰黄带血V干酪物	1		5						
81	眼	眶下窦肿胀	1		5						
82	眼	充血V潮红	2	5	5						
83	眼	出血	1		5						
84	眼	炎V眼球炎	2		5			5			
86	眼	闭V半闭V难睁	1				5				
89	眼虹膜	缩小	1			5					
93	眼睑	粘连	1		5						

序	类	症状	统	2 禽流感	4 传喉	8 马立克病	14 鸡肿头征	18 传鼻	28 鸡住白虫病	33 马杜拉霉毒	56 包涵体肝炎
94	眼睑	肿胀	3		5		5	5			
97	眼	结膜色－白V贫血	1						5		
98	眼	结膜色－黄	1						5		
100	眼	结膜水肿	2	5	5						
101	眼	结膜炎V充血V潮红V红	2		5			5			
104	眼泪	多(黏V酪V脓V浆)性	4	5	5		5	5			
105	眼球	鱼眼V珍珠眼	1			5					
108	眼	失明障碍	2		5	5					
111	眼	瞳孔边缘不整	1			5					
113	叫	尖叫	1							5	
121	呼咳	痉挛性V剧烈	1		15						
122	呼咳	受惊吓明显	1		5						
123	呼咳		3		5		5		5		
125	呼痰	带血V黏液	2		15				5		
126	呼吸	喘V张口V困难V喘鸣声	4	5	15		5		5		
129	呼吸	啰音V音异常	3	5	5		5				
132	呼吸	道:症轻V障碍	1		5						
136	气管	肿胀糜烂出血	1		5						
145	消粪	含黏液	1	5							
147	消粪	含血V血粪	1	5							
149	消粪	白V灰白V黄白V淡黄	1						5		
153	消粪	绿V(淡V黄V青)绿	3	5	5				5		
157	消粪	泻V稀V下痢	4	5	5				5	5	
161	消肝	细胞内现核内包涵体	1								5
169	消肛	周脏污V粪封	1						5		
170	口	流涎V黏沫	1						5		
176	口	排带血黏液	1		5						
178	口喙	见血迹	1		5						
191	消－饮	口渴V喜饮V增强V狂饮	1							5	
192	消－饮	减少V废饮	1		5						
194	消－食	食欲不振	5	5	5			5	5	5	
195	消－食	食欲废	2						5	5	

续6组

序	类	症状	统	2 禽流感	4 传喉	8 马立克病	14 鸡肿头征	18 传鼻	28 鸡住白虫病	33 马杜拉霉毒	56 包涵体肝炎
199	消	嗉囊充满液∨挤流稠饲料	1			5					
204	消	嗉囊松弛下垂	1			5					
208	毛	松乱∨蓬松∨逆立∨无光	4	5		5			5	5	
216	毛	见血迹	1		5						
225	皮膜	黄∨黄疸	1								5
230	皮色	黄色	1								10
231	皮色	贫血∨苍白	1								25
233	皮下	出血	1						5		
244	运-步	踪踉∨摇晃∨失调∨踉跄	2	5					5		
245	运-翅	下垂∨轻瘫∨麻痹∨松∨无力	2			5			5		
248	运-翅	毛囊:瘤破皮毛血污	1			5					
249	运-翅	毛囊:瘤切面淡黄色	1			5					
250	运-翅	毛囊:肿胀∨豆大瘤	1			5					
254	运-动	跛行∨运障∨瘫	1			5					
258	运-动	迟缓	2			5				5	
265	运-动	行走无力	2			5				5	
268	运-动	转圈∨伏地转	2	5						5	
275	运-肌	出血	1								5
294	运-静	侧卧	1							5	
295	运-静	蹲坐∨伏坐	1			5					
296	运-静	瘫伏∨轻瘫∨瘫∨突瘫	3			5			5	5	
297	运-静	卧地不起(多伏卧)	1						5		
300	运-静	站立不稳	2						5	5	
303	运-腿	(不全∨突然)麻痹	1			5					
307	运-腿	后伸∨向后张开	1							5	
310	运-腿	鳞片紫红∨紫黑	1	9							
312	运-腿	毛囊瘤切面淡黄∨皮血污	1			5					
313	运-腿	毛囊肿胀∨豆大瘤	1			5					
315	运-腿	劈叉-前后伸	1			5					
316	运-腿	屈腿蹲立∨蹲伏于地	1								10
317	运-腿	软弱无力	1							5	
331	蛋孵	孵化率下降∨受精率下降	1	5							

序	类	症状	统	2 禽流感	4 传喉	8 马立克病	14 鸡肿头征	18 传鼻	28 鸡住白虫病	33 马杜拉霉毒	56 包涵体肝炎
333	蛋孵	∨活率低∨死胚∨弱雏	1								5
336	蛋壳	薄∨软∨易破∨品质下降	2	5					5		
339	蛋壳	畸形(含小∨轻)	3	5	5				5		
340	蛋壳	色(棕∨变浅∨褪)	1	5							
342	蛋壳	无	1	5							
346	蛋数	急剧下降∨高峰时突降	1	5							
347	蛋数	减少∨下降	5	5	5		5		5	5	
348	蛋数	少∨停∨下降	3	5	5			5			
350	蛋数	轻微下降∨影响蛋壳质量	1								5
353	死峰	病后第3~4天高第5天停	1								15
387	身	脱水	1							5	
391	身—背	拱	0								
392	身—背	瘤破血污皮毛	1			5					
393	身—背	毛囊肿∨豆大瘤	1			5					
399	身—腹	皮下出血(点∨条)状	1						5		
404	身瘦	体重减∨体积小∨渐瘦	3		5				15	5	
405	身瘦	迅速	1		5						
412	身—胸	皮下出血(点∨条)状	1						5		
415	心—血	贫血	2			5			15		
416	心—血	贫血感染者后代贫血	1			5					
417	心—血	墙∨草∨笼∨槽等见血迹	2		5				15		
420	病程	4~8天	1						5		
421	病程	15日左右	1		5						
422	病程	慢;1月至1年以上	1		5						
423	传式	垂直∧水平	1								5
425	传源	病禽∨带毒菌禽	3	5	5			5			
426	传源	飞沫和尘埃	1					5			
429	传源	水料具垫设备人蝇衣	1	5							
430	传源	羽毛皮屑传	1				5				
431	促因	(潮∨雨)暗热∨通风差	3		5		5	5			
435	促因	密度大∨冷拥挤	2		5			5			
436	促因	舍周有树∨草∨池塘	1						5		

序	类	症 状	统	2 禽流感	4 传喉	8 马立克病	14 鸡肿头征	18 传鼻	28 鸡住白虫病	33 马杜拉霉毒	56 包涵体肝炎
437	促因	突然(变天∨变料)	1					5			
438	促因	营养(差∨缺)	1		5						
440	感率	90%~100%	1		5						
443	感途	多种途径	1	5							
444	感途	呼吸道	3	5	5			5			
450	感途	消化道	3	5	5			5			
451	感途	眼	1		5						
455	病鸡	产蛋母鸡	1								5
457	病鸡	雏鸡∨肉用仔鸡	1								5
460	病鸡	青年鸡∨青年母鸡	1								5
464	病季	气温骤变	1	5							
465	病季	温暖潮湿∨多雨∧库蚊多	1							5	
466	病季	春	3	5	5			5			
467	病季	夏∨热季	4	5	5			5	5		
468	病季	秋	4	5	5			5	5		
469	病季	冬∨冷季∨寒季	3	5	5			5			
470	病季	四季	3	5	5			5			
471	病龄	1~3日龄∨新生雏	1						5		
472	病龄	4~6日龄	1						5		
473	病龄	1~2周龄	2			5			5		
474	病龄	2~3周龄	2			5			5		
475	病龄	3~4周龄(1月龄)	2				5	5			
476	病龄	4~8周(1~2月龄)	4		5		5	5	5		
477	病龄	8~12周(2~3月龄)	2		5			5			
478	病龄	12~16周(3~4月龄)	2		5			5			
479	病龄	16周(4月龄)	2		5			5			
480	病龄	雏鸡多于成鸡	1						5		
481	病龄	成鸡∨产蛋母鸡	2		5			5			
482	病龄	各龄	2		5			5			
484	病率	纯外来种严重	1						5		
487	病率	低(<10%)	1			5					
488	病率	较低(11%~30%)	2		5	5					

续 6 组

序	类	症状	统	2 禽流感	4 传喉	8 马立克病	14 鸡肿头征	18 传鼻	28 鸡住白虫病	33 马杜拉霉毒	56 包涵体肝炎
489	病率	高(31%~60%)	2			5	5				
490	病率	高(61%~90%)	1						13		
494	病时	食后2~18小时发病	1								5
495	病时	食后2~4天发病	1								5
496	病时	食后2小时发病	1								5
498	病势	发病持续10~14天	1				5				
499	病势	无症至全死	1	5							
504	病势	突死	2			5					5
505	病势	最急性感染10小时死	1	5							
506	病势	突病∨急∨暴发∨流行∨烈	1								5
507	病势	急	1		5						
509	病势	慢性∨缓和∨症状轻	1		5						
511	病势	传速快∨传染强	2		5		5				
512	病势	地方性流行	1						5		
517	死率	<10%	3		5	5	5				
518	死率	11%~30%	3		5	5	5				
519	死率	31%~50%	2		5	5					
520	死率	51%~70%	2		5	5					
521	死率	71%~90%	3		5	5			15		
522	死率	91%~100%	2	15		5					
523	死情	纯外来种死多	1						5		
525	死情	口流黏液而死	1							5	
527	死情	扑棱翅膀死	1							5	
528	死情	死前口流鲜血	1						25		
533	死时	病2~6天死∨很快死	3	5	5						5
535	死时	发病10日死鸡减少	1		5						
537	死时	停喂药料仍死7~10天	1							5	
542	死因	昏迷死∨痉挛死	1							5	
543	死因	继发并发症∨管理差死	2	5	5						
545	死因	衰竭衰弱死	1		5						
548	死因	窒息死	1		5						
550	病性	高度接触病	2	5	5						

序	类	症状	统	2 禽流感	4 传喉	8 马立克病	14 鸡肿头征	18 传鼻	28 鸡住白虫病	33 马杜拉霉毒	56 包涵体肝炎
551	病性	急性呼吸道病	1						5		
553	病性	淋巴瘤	1			15					
559	易感	成年白色鸡	1						5		
560	易感	纯种∨外来纯种鸡	1						5		
561	易感	各品种均感	1		5						
562	易感	褐羽∨褐壳蛋鸡	1		5						
574	病因	计算错误搅拌不均	1							5	
575	病因	马杜拉霉素中毒	1							5	
581	病因	重复用药∨盲目加量	1							5	
582	预后	轻48小时康复∨病3～5天死	1								5
586	病症	明显	1						5		
588	免疫	获得坚强免疫力	1		5						
597	潜期	潜伏期:6～7天	1						5		
599	潜期	潜伏期:3～4周	1			5					
600	潜期	潜伏期:4～30周	1			5					

7组　眼闭∨半闭∨难睁

序	类	症状	统	1 新城疫	传法囊病	14 鸡肿头征	19 葡萄球菌	21 禽结核病	42 组织滴虫	46 维A缺乏症	50 笼疲劳症
		ZPDS		34	29	24	30	28	29	33	22
86	眼	闭∨半闭∨难睁	8	5	5	5	5	5	5	5	5
1	精神	神经瘀∨神经症状∨脑病		5							
2	精神	昏睡∨嗜睡∨打瞌睡	2	5	5						
4	精神	盲目前冲(倒地)	1	5							
5	精神	缩颈	1					5			
8	精神	不振	3				5	5		5	
9	精神	沉郁	5			5	5		5	5	5
11	精神	闭目∨呆滞	2						5	5	
17	体温	升高43℃～44℃	1			5					

序	类	症 状	统	1 新城疫	5 传法囊病	14 鸡肿头征	19 葡萄球菌	21 禽结核病	42 组织滴虫	46 维A缺乏症	50 笼疲劳症
25	头	触地∨垂地	1		5						
28	头冠	发育不良	1			5					
31	头冠	萎缩∨皱缩∨变硬∨干缩	1					5			
33	头冠	黑紫∨黑∨绀	3	15		5			5		
35	头冠	贫血∨白∨青∨褪色	2			5				5	
37	头冠	紫红	1	5							
39	头下	颌∨下颌(肿∨波动感)	1			5					
42	头颈	麻痹∨软∨无力∨下垂	1						5		
46	头颈	缩颈缩头∨向下挛缩	1						5		
47	头颈	S状∨后仰观星∨角弓反张	1	5							
48	头颈	扎毛∨羽毛逆立	1			5					
53	头面	红∨出血	1			5					
57	头皮	黑色	1			5					
62	头髯	苍白∨贫血	2					5		5	
64	头髯	绀(紫)∨黑紫∨发黑	3	5		5			5		
65	头髯	黄色	1			5					
67	头髯	紫红	1	5							
69	头色	蓝紫∨黑∨青	1						5		
76	头肿		1			5					
77	头姿	垂头	1						5		
79	头姿	头卷翅下	1						15		
87	眼凹		3		5				5		5
88	眼干	维生素A缺致	1							25	
94	眼睑	肿胀	2			5	5				
96	眼	角膜干	1							25	
101	眼	结膜炎∨充血∨潮红∨红	1							5	
103	眼泪	流泪∨湿润	1							5	
104	眼泪	多(黏∨酪∨脓∨浆)性	1			5					
108	眼	失明 障碍	1							5	
109	眼屎	泪多(黏∨酪∨脓∨浆)性	1							5	
115	叫	声怪	1	5							
123	呼咳		1			5					

续表7组

序	类	症　状	统	1 新城疫	5 传法囊病	14 鸡肿头征	19 葡萄球菌	21 禽结核病	42 组织滴虫	46 维A缺乏症	50 笼疲劳症
126	呼吸	喘∨张口∨困难∨喘鸣声	3	5		5				5	
129	呼吸	啰音∨音异常	2	5		5					
132	呼吸	道:症轻∨障碍	2	5			5				
143	消吃	料:单纯∨缺维生素	1							10	
145	消粪	含黏液	1	5							
147	消粪	含血∨血粪	2	5					5		
149	消粪	白∨灰白∨黄白∨淡黄	3		5			5	5		
153	消粪	绿∨(淡∨黄∨青)绿	3		5			5	5		
156	消粪	水样	1		5						
157	消粪	泻∨稀∨下痢	5	5	5		5	5	5		
158	消粪	黏稠	1		5						
171	口	出血点	1							15	
180	口喉	啄食不准确	1	5							
191	消一饮	口渴∨喜饮∨增强∨狂饮	1	5							
192	消一饮	减少∨废饮	3	5	5		5				
194	消一食	食欲不振	5		5		5	5	5	5	
195	消一食	食欲废	4	5			5	5	5		
197	消一食	食欲正常∨增强	2							5	5
200	消	嗉囊充酸(挤压)臭液	1	5							
202	消	嗉囊积食∨硬∨充硬饲料	1	5							
208	毛	松乱∨蓬松∨逆立∨无光	4		5			5	5	5	
209	毛	稀落∨脱羽∨脱落	2						5	5	
212	毛	胸毛稀少∨脱落	1				5				
224	皮膜	红∨炎	1							5	
243	运一步	高跷∨涉水	1						10		
244	运一步	蹒跚∨摇晃∨失调∨踉跄	4	5	5					5	5
245	运一翅	下垂∨轻瘫∨麻痹∨松∨无力	3		5			5	5		
254	运一动	跛行∨运障∨瘸	2				5	5			
257	运一动	不愿走	2				5	5			
259	运一动	飞节支地	2							5	5
261	运一动	痉抽∨惊厥	1							5	
266	运一动	用踗胫膝走	2							5	5

续 7 组

序	类	症状	统	1 新城疫	5 传法囊病	14 鸡肿头征	19 葡萄球菌	21 禽结核病	42 组织滴虫	46 维A缺乏症	50 笼疲劳症
268	运—动	转圈∨伏地转	1	5							
270	运—骨	畸形∨短粗∨变形∨串珠样	1								10
271	运—骨	胫跗跖骨粗弯∨肥厚	1								10
290	关节	破溃∨结污黑痂	1				5				
292	关节	炎肿痛	1				5				
293	关节	跗趾炎∨波动∨溃紫黑痂	1				5				
299	运—静	喜卧∨不愿站	1				5				
308	运—腿	黄色素:消失	1							15	
314	运—腿	内侧水肿∨渗血紫∨紫褐	1				5				
317	运—腿	软弱无力	1								5
321	运趾	爪:干瘪∨干燥	1		5						
322	运趾	爪:弯卷难伸	2						10		10
326	运—走	∨站不能	2						5		5
331	蛋孵	孵化率下降∨受精率下降	2	5				5			
333	蛋孵	∨活率低∨死胚∨弱雏	1							5	
336	蛋壳	薄∨软∨易破∨品质下降	1							5	
339	蛋壳	畸形(含小∨轻)	1	5							
342	蛋壳	无	1								5
347	蛋数	减少∨下降	3	5		5		5			
348	蛋数	少∨停∨下降	4	5				5		5	5
371	死率	1%~2%∨低	2							5	5
372	死率	高	1							5	
386	身	僵	1							5	
387	身	脱水	3		5				5		5
388	身	虚弱衰竭∨衰弱∨无力	1							5	
389	身	有全身症状	1				5				
390	身	震颤	1		5						
396	身—腹	大	1				5				
397	身—腹	水肿∨渗血(紫∨紫褐)	1				5				
404	身瘦	体重减∨体积小∨渐瘦	1					15			
406	身—瘫	瘫伏∨轻瘫∨偏瘫∨突瘫	1								5
407	身—卧	喜卧∨不愿站∨伏卧	1								5

序	类	症　状	统	1 新城疫	5 传法囊病	14 鸡肿头征	19 葡萄球菌	21 禽结核病	42 组织滴虫	46 维A缺乏症	50 笼疲劳症
409	身一胸	水肿V渗血(紫V紫褐)	1				5				
415	心一血	贫血	1					15			
420	病程	4~8天	1		5						
422	病程	慢;1月至1年以上	3					5	5	5	
425	传源	病禽V带毒菌禽	2	5				5			
427	传源	老鼠、甲虫等	1		5						
429	传源	水料具垫设备人蝇衣	2	5	5						
431	促因	(潮V雨)暗热V通风差	2			5		5			
432	促因	(卫生V消毒V管理)差	2		5			5			
435	促因	密度大V冷拥挤	2		5			5			
440	感率	90%~100%	1		5						
444	感途	呼吸道	1					5			
446	感途	脐带	1				5				
447	感途	伤口皮肤黏膜	1				5				
450	感途	消化道	1					5			
455	病鸡	产蛋母鸡	1								5
456	病鸡	成鸡	1								5
457	病鸡	雏鸡V肉用仔鸡	1						5		
458	病鸡	各龄	1							5	
460	病鸡	青年鸡V青年母鸡	1						5		
474	病龄	2~3周龄	1				5				
475	病龄	3~4周龄(1月龄)	2			5	5				
476	病龄	4~8周(1~2月龄)	2			5	5				
481	病龄	成鸡V产蛋母鸡	1					5			
482	病龄	各龄	2	5				5			
487	病率	低(<10%)	1		5						
488	病率	较低(11%~30%)	1		5						
489	病率	高V(31%~60%)	2		5	5					
490	病率	高(61%~90%)	1		5						
498	病势	发病持续10~14天	1			5					
504	病势	突死	1	5							
506	病势	突病V急V暴发V流行V烈	2		5				5		

序	类	症　状	统	1 新城疫	5 传法囊病	14 鸡肿头征	19 葡萄球菌	21 禽结核病	42 组织滴虫	46 维A缺乏症	50 笼疲劳症
507	病势	急	2	15		5					
509	病势	慢性∨缓和∨症状轻	2				5	5			
510	病势	慢性群发	3						5	5	5
511	病势	传速快∨传染强	1			5					
512	病势	地方性流行	1		5						

8组　眼结膜炎∨充血∨潮红

序	类	症　状	统	4 传喉	16 大肠杆菌	18 传鼻	23 曲霉菌病	26 支原体病	46 维A缺乏症
		ZPDS		41	25	16	29	32	31
101	**眼**	**结膜炎∨充血∨潮红∨红**	**6**	5	5	5	5	5	5
1	精神	神经瘫∨神经症状∨脑病	2		5		5		
5	精神	缩颈	1			5			
7	精神	扎堆∨挤堆	1		5				
8	精神	不振	1						5
9	精神	沉郁	3	5			5		5
11	精神	闭目∨呆滞	1		5				
12	精神	委顿∨迟钝∨淡漠	2			5	5		
18	鼻	喷嚏	1			5			
21	鼻窦	炎肿	1					5	
22	鼻腔	肿胀	1					5	
23	鼻涕	稀薄∨黏稠∨脓性∨痰性	2	5				5	
24	鼻周	粘饲料∨垫草	1					5	
27	头	甩摆∨甩鼻∨甩头	1			5			
31	头冠	萎缩∨皱缩∨变硬∨干缩	1					5	
33	头冠	黑紫∨黑∨绀	2	5			5		
35	头冠	贫血∨白∨青∨褪色	2					5	5
39	头下	颌∨下颌(肿∨波动感)	1					5	
40	头喉	肿胀∨糜烂∨出血	1	5					
47	头颈	S状∨后仰观星∨角弓反张	1				5		

续8组

序	类	症状	统	4 传喉	16 大肠杆菌	18 传鼻	23 曲霉菌病	26 支原体病	46 维A缺乏症
55	头面	见血迹	1	5					
60	头髻	水肿	1			5			
62	头髻	苍白∨贫血	1						5
64	头髻	绀(紫)∨黑紫∨发黑	1				5		
72	头咽	喉:黏液灰黄带血∨干酪物	1	5					
76	头肿		1		5				
81	眼	眶下窦肿胀	2	5				5	
82	眼	充血∨潮红	1	5					
83	眼	出血	1	5					
84	眼	炎∨眼球炎	5	5	5	5	5	5	
86	眼	闭∨半闭∨难睁	1						5
88	眼干	维生素A缺致	1						25
93	眼睑	粘连	1	5					
94	眼睑	肿胀	2	5		5			
95	眼角	中央溃疡	1				5		
96	眼	角膜干	1						25
100	眼	结膜水肿	1	5					
103	眼泪	流泪∨湿润	1						5
104	眼泪	多(黏∨酪∨脓∨浆)性	2	5		5			
106	眼球	增大∨眼突出	2				5	5	
108	眼	失明障碍	2	5					5
109	眼屎	泪多(黏∨酪∨脓∨浆)性	1						5
110	眼	瞬膜下黄酪样小球状物	1				5		
118	呼肺	炎∧小结节	1				15		
121	呼咳	痉挛性∨剧烈	1	15					
122	呼咳	受惊吓明显	1	5					
123	呼咳		2	5				5	
125	呼痰	带血∨黏液	1	15					
126	呼吸	喘∨张口∨困难∨喘鸣声	4	15			5	5	5
129	呼吸	啰音∨音异常	2	5				5	
132	呼吸	道:症轻∨障碍	2	5				5	
135	气管	炎∧小结节	1				15		
136	气管	肿胀糜烂出血	1	5					

序	类	症 状	统	4 传喉	16 大肠杆菌	18 传鼻	23 曲霉菌病	26 支原体病	46 维A缺乏症
138	消肠	炎	1		5				
143	消吃	料:单纯V缺维生素	1						10
149	消粪	白V灰白V黄白V淡黄	1		5				
153	消粪	绿V(淡V黄V青)绿	1	5					
157	消粪	泻V稀V下痢	3	5	5			5	
169	消肛	周脏污V粪封	1		5				
171	口	出血点	1						15
176	口	排带血黏液	1	5					
178	口喉	见血迹	1	5					
192	消一饮	减少V废饮	1					5	
194	消一食	食欲不振	6	5	5	5	5	5	5
195	消一食	食欲废	1		5				
196	消一食	食欲因失明不能采食	1					5	
197	消一食	食欲正常V增强	1						5
208	毛	松乱V蓬松V逆立V无光	3		5			5	5
209	毛	稀落V脱羽V脱落	1						5
216	毛	见血迹	1	5					
224	皮膜	红V炎	1						5
228	皮膜	紫V绀V青	1				5		
229	皮色	发绀V蓝紫	1				5		
244	运一步	蹒跚V摇晃V失调V踉跄	2				5		5
254	运一动	跛行V运障V瘸	1					5	
259	运一动	飞节支地	1						5
261	运一动	痉抽V惊厥	1						5
266	运一动	用跗胫膝走	1						5
285	关节	跗关节肿胀V波动感	1					5	
288	关节	滑膜炎持续数年	1					5	
292	关节	炎肿痛	1		5				
293	关节	跖趾炎V波动V溃V紫黑痂	1					5	
297	运一静	卧地不起(多伏卧)	1				5		
308	运一髓	黄色素:消失	1						15
328	运一足	垫肿	1		5				
330	蛋	卵黄囊炎	1		5				

续 8 组

序	类	症　状	统	4 传喉	16 大肠杆菌	18 传鼻	23 曲霉菌病	26 支原体病	46 维A缺乏症
331	蛋孵	孵化率下降∨受精率下降	2		5			5	
333	蛋孵	活率低∨死胚∨弱雏	1						5
339	蛋壳	畸形(含小∨轻)	1	5					
347	蛋数	减少∨下降	3	5	5			5	
348	蛋数	少∨停∨下降	4	5	5	5			5
371	死率	1%～2%∨低	1						5
372	死率	高	1						5
380	鸡	淘汰增加	1					5	
384	身	发育不良∨受阻∨慢	2				5	5	
386	身	僵	1						5
387	身	脱水	1					5	
388	身	虚弱衰竭∨衰弱∨无力	1						5
396	身-腹	大	1		5				
404	身瘦	体重减∨体积小∨渐瘦	3	5			5	5	
405	身瘦	迅速	1	5					
429	传源	水料具垫设备人蝇衣	2				5	5	
431	促因	(潮∨雨)暗热∨通风差	3	5		5	5		
432	促因	(卫生∨消毒∨管理)差	1		5				
434	促因	长期饲喂霉料	1				5		
435	促因	密度大∨冷拥挤	3	5	5	5			
437	促因	突然(变天∨变料)	1			5			
438	促因	营养(差∨缺)	1	5					
501	病势	一旦发病全群连绵不断	1					5	
502	病势	隐性感染	1					5	
503	病势	出现症后2～3小时死	1				5		
504	病势	突死	1		5				
506	病势	突病∨急∨暴发∨流行∨烈	1				5		
507	病势	急	3	5	5		5		
508	病势	急性期后→缓慢恢复期	1					5	
509	病势	慢性∨缓和∨症状轻	4	5	5		5	5	
510	病势	慢性群发	1						5
511	病势	传速快∨传染强	1	5					

9组 眼泪异常

序	类	症状	统	2 禽流感	3 传支	4 传喉	14 鸡肿头征	18 传鼻	39 有机磷中毒	46 维A缺乏症	55 腺胃炎
		ZPDS		31	26	37	21	18	28	29	19
103	眼泪	流泪V湿润	3						5	5	10
104	眼泪	多(黏V酪V脓V浆)性	5	5	5	5	5	5			
2	精神	昏睡V嗜睡V打瞌睡	1						5		
4	精神	盲目前冲(倒地)	1	5							
5	精神	缩颈	1					5			
7	精神	扎堆V挤堆	1		5						
8	精神	不振	3	5					5	5	
9	精神	沉郁	4	5		5	5		5		
10	精神	全群沉郁	1	5							
11	精神	闭目V呆滞	1								10
12	精神	委顿V迟钝V淡漠	1						5		
13	体温	降低(即<40.5℃)	1						5		
14	体温	怕冷扎堆	1		5						
15	体温	畏寒	1								10
17	体温	升高43℃~44℃	1		5						
18	鼻	喷嚏	3		15			5			5
19	鼻	甩鼻V堵	1								5
23	鼻涕	稀薄V黏稠V脓性V痰性	3		15	5		5			
27	头	甩摆V甩鼻V甩头	3		5						
28	头冠	发育不良	1				5				
33	头冠	黑紫V黑V绀	4	5		5	5		5		
35	头冠	贫血V白V青V褪色	3				5		5	5	
39	头下	颌下下颌(肿V波动感)	2				5	5			
40	头喉	肿胀V糜烂V出血	1				5				
47	头颈	S状V后仰观星V角弓反张	1	5							
48	头颈	扎毛V羽毛逆立	1				5				
53	头面	红V出血	1				5				
55	头面	见血迹	1			5					
57	头皮	黑色	1				5				
60	头髻	水肿	1					5			
62	头髻	苍白V贫血	2						5	5	

序	类	症 状	统	2 禽流感	3 传支	4 传喉	14 鸡肿头征	18 传鼻	39 有机磷中毒	46 维A缺乏症	55 腺胃炎
64	头髻	绀(紫)∨黑紫∨发黑	3	5			5		5		
65	头髻	黄色	1				5				
72	头咽	喉:黏液灰黄带血∨干酪物	1			5					
76	头肿		2	5			5				
81	眼	眶下窦肿胀	1			5					
82	眼	充血∨潮红	2	5		5					
83	眼	出血	1			5					
84	眼	炎∨眼球炎	2			5		5			
86	眼	闭∨半闭∨难睁	2				5			5	
88	眼干	维生素A缺致	1							25	
93	眼睑	粘连	1			5					
94	眼睑	肿胀	3			5	5	5			
96	眼	角膜干	1							25	
99	眼	结膜色-紫∨绀∨青	1						5		
100	眼	结膜水肿	2	5		5					
101	眼	结膜炎∨充血∨潮红∨红	3			5		5		5	
108	眼	失明 障碍	3			5				5	10
109	眼屎	泪多(黏∨酪∨脓∨浆)性	1							5	
112	眼肿		1								10
121	呼咳	痉挛性∨剧烈	1			15					
123	呼咳		4		15	5	5				5
125	呼痰	带血∨黏液	1			15					
126	呼吸	喘∨张口∨困难∨喘鸣声	7	5	5	15	5		5	5	5
129	呼吸	啰音∨音异常	5	5	15	5	5				10
131	呼吸	道:浆性卡他性炎	1		15						
140	消吃	含磷药	1						15		
143	消吃	料;单纯∨缺维生素	1							10	
170	口	流涎∨黏沫	1						5		
171	口	出血点	1							15	
174	口	空咽-频频	1						5		
178	口喉	见血迹	1			5					
191	消-饮	口渴∨喜饮∨增强∨狂饮	1		5						

序	类	症 状	统	2 禽流感	3 传支	4 传喉	14 鸡肿头征	18 传鼻	39 有机磷中毒	46 维A缺乏症	55 腺胃炎
192	消一饮	减少∨废饮	2	5							5
194	消一食	食欲不振	5	5			5	5	5	5	
195	消一食	食欲废	2		5				5		
197	消一食	食欲正常∨增强	1							5	
208	毛	松乱∨蓬松∨逆立∨无光	3	5	5					5	
209	毛	稀落∨脱羽∨脱落	1							5	
213	毛	生长∨发育不良	1								10
216	毛	见血迹	1			5					
224	皮膜	红∨炎	1							5	
228	皮膜	紫∨绀∨青	1						5		
244	运一步	蹒跚∨摇晃∨失调∨踉跄	3	5					5	5	
259	运一动	飞节支地	2						5	5	
261	运一动	痉抽∨惊厥	1						5		
263	运一动	盲目前冲(倒地)	1						5		
266	运一动	用跗胫走	2						5	5	
268	运一动	转圈∨伏地转	1		5						
274	运一肌	颤∨痉挛	1						10		
283	运一脚	麻痹	1						5		
308	运一腿	黄色素:消失	1							15	
310	运一腿	鳞片紫红∨紫黑	1	5							
311	运一腿	麻痹	1						5		
326	运一走	∨站不能	1						5		
331	蛋孵	孵化率下降∨受精率下降	1	5							
333	蛋孵	∨活率低∨死胚∨弱雏	1							5	
336	蛋壳	薄∨软∨易破∨品质下降	1	5							
339	蛋壳	畸形(含小∨轻)	3	5	5	5					
340	蛋壳	色(棕∨变浅∨褪)	1	5							
342	蛋壳	无	1	5							
343	蛋液	稀薄如水	1		5						
346	蛋数	急剧下降∨高峰时突降	1	5							
347	蛋数	减少∨下降	4	5	5	5	5				
348	蛋数	少∨停∨下降	4	5		5		5		5	

序	类	症 状	统	2 禽流感	3 传支	4 传喉	14 鸡肿头征	18 传鼻	39 有机磷中毒	46 维A缺乏症	55 腺胃炎
349	蛋数	康复鸡产蛋难恢复	1		5						
364	死因	败血V神症V呼弊	1						5		
382	鸡	体重下降(40%~70%)	1								10
383	鸡	体重增长缓慢	1								10
386	身	僵	1							5	
388	身	虚弱衰竭V衰弱V无力	1							5	
391	身-背	拱	1		5						
402	身瘦	病后期-极瘦	1								10
404	身瘦	体重减V体积小V渐瘦	2			5					5
405	身瘦	迅速	1			5					
407	身-卧	喜卧V不愿站V伏卧	1						5		
417	心-血	墙V草V笼V槽等见血迹	1			5					
424	传速	快V迅速V传染强	1								10
425	传源	病禽V带毒菌禽	3	5		5		5			
426	传源	飞沫和尘埃	1					5			
429	传源	水料具垫设备人蝇衣	1	5							
431	促因	(潮V雨)暗热V通风差	4		5	5	5	5			
435	促因	密度大V冷拥挤	3		5	5		5			
437	促因	突然(变天V变料)	1					5			
438	促因	营养(差V缺)	2			5		5			
492	病名	苍白鸡,吸收不良,僵鸡征	1								10
493	病名	传染性矮小征	1								10
498	病势	发病持续10~14天	1				5				
499	病势	无症V全死	1	5							
505	病势	最急性感染10小时死	1	5							
506	病势	突病V急V暴发V流行V烈	2			5			5		
507	病势	急	2			5					
509	病势	慢性V缓和V症状轻	1			5					
510	病势	慢性群发	1							5	
511	病势	传速快V传染强	3		5	5	5				
515	死龄	雏尤其40日龄病死多	1		5						

10-1组　呼吸困难∨喘鸣

序	类	症状	统	1 新城疫	2 禽流感	3 传支	4 传喉	9 鸡痘	14 鸡肿头征	15 禽沙门菌病	23 曲霉菌病	24 念珠菌病	25 毛滴虫病
		ZPDS		31	35	28	44	22	21	20	24	26	16
126	呼吸	喘∨张口∨困难∨喘鸣声	10	5	5	5	5	15	5	4	5	5	5
1	精神	神经痹∨神经症状∨脑病	2	5								5	
2	精神	昏睡∨嗜睡∨打瞌睡	1	5									
4	精神	盲目前冲(倒地)	2	5	5								
7	精神	扎堆∨挤堆	1			5							
8	精神	不振	3		5			5				5	
9	精神	沉郁	4		5		5		5		5		
10	精神	全群沉郁	1		5								
12	精神	委顿∨迟钝∨淡漠	2								5	5	
14	体温	怕冷扎堆	1			5							
17	体温	升高43℃~44℃	1			5							
18	鼻	喷嚏	1			15							
20	鼻窦	黏膜病灶似口腔的	1										5
23	鼻涕	稀薄∨黏稠∨脓性∨痰性	2			15	5						
27	头	甩摆∨甩鼻∨甩头	1			5							
28	头冠	发育不良	1						5				
33	头冠	黑紫∨黑∨绀	6	15	5		5		5	5	5		
35	头冠	贫血∨白∨青∨褪色	1						5				
37	头冠	紫红	2	5									
39	头下	颌∨下颌(肿∨波动感)	1						5				
40	头喉	肿胀∨糜烂∨出血	1				5						
47	头颈	S状∨后仰观星∨角弓反张	3	5	5						5		
48	头颈	扎毛∨羽毛逆立	1						5				
53	头面	红∨出血	1						5				
55	头面	见血迹	1					5					
57	头皮	黑色	1						5				
64	头髻	绀(紫)∨黑紫∨发黑	5	5	5				5		5	5	
65	头髻	黄色	1						5				
67	头髻	紫红	2	5							5		
70	头咽	坏死假膜-纤维素性	1					5					

续 10-1 组

序	类	症状	统	1 新城疫	2 禽流感	3 传支	4 传喉	9 鸡痘	14 鸡肿头征	15 禽沙菌病	23 曲霉菌病	24 念珠菌病	25 毛滴虫病
71	头咽	喉:黄白假膜易剥见酪死	1									5	
72	头咽	喉:黏液灰黄带血∨干酪物	1				5						
73	头咽	喉:黄白小结∨酪性假膜	1					5					
74	头咽	喉:黏膜病灶似口腔的	1										5
75	头咽	喉:黏膜颗粒状白凸溃疡	1									5	
76	头肿		2		5					5			
81	眼	眶下窦肿胀	1				5						
82	眼	充血∨潮红	2		5		5						
83	眼	出血	1				5						
84	眼	炎∨眼球炎	2				5				5		
86	眼	闭∨半闭∨难睁	2	5						5			
92	眼睑	有痂	1									5	
93	眼睑	粘连	1				5						
94	眼睑	肿胀	2				5			5			
95	眼角	中央溃疡	1								5		
100	眼	结膜水肿	2		5		5						
101	眼	结膜炎∨充血∨潮红∨红	2				5				5		
104	眼泪	多(黏∨酪∨脓∨浆)性	4		5	5	5			5			
106	眼球	增大∨眼突出	1								5		
108	眼	失明障碍	1				5						
110	眼	瞬膜下黄酪样小球状物	1								5		
114	叫	排粪时发出尖叫	1							5			
115	叫	声桠	1	5									
118	呼肺	炎∧小结节	1								5		
121	呼咳	痉挛性∨剧烈	1					15					
122	呼咳	受惊吓明显	1				5						
123	呼咳		4			15	5			5		5	
124	呼气	酸臭气体	1									15	
125	呼痰	带血∨黏液	1				15						
129	呼吸	啰音∨音异常	5	5	5	5	15	5		5			
130	呼吸	时发嘎嘎声	1					5					

· 63 ·

续 10-1 组

序	类	症状	统	1 新城疫	2 禽流感	3 传支	4 传喉	9 鸡痘	14 鸡肿头征	15 禽沙菌病	23 曲霉菌病	24 念珠菌病	25 毛滴虫病
131	呼吸	道:浆性卡他性炎	1			15							
132	呼吸	道:症轻∨障碍	4	5		5	5	5					
134	气管	黄白(小结∨酪性假膜)	1					5					
135	气管	炎∧小结节	1								15		
136	气管	肿胀糜烂出血	1				5						
145	消—粪便	含黏液	2	5	5								
147	消—粪便	含血∨血粪	2	5	5								
149	消—粪便	白∨灰白∨黄白∨淡黄	1			5							
153	消—粪便	绿∨(淡∨黄∨青)绿	4	5	5		5			5			
156	消—粪便	水样	1			5							
157	消—粪便	泻∨稀∨下痢	5	5	5		5					5	5
169	消肛	周脏污∨粪封	1							5			
172	口	坏死假膜-纤维素性	1						15				
173	口	黄白(小结∨酪性假膜)	1					5					
175	口	口炎	1									5	
176	口	排带血黏液	1				5						
178	口喙	见血迹	1				5						
180	口喙	啄食不准确	1	5									
181	口角	有痂	1									5	
182	口膜	黄白假膜易剥酪死	1									5	
183	口膜	灰白结节∨黄硬假膜	1										5
184	口膜	颗粒状白凸溃疡	1									5	
185	口膜	溃疡坏死	1										15
186	口膜	灶周有一窄充血带	1										5
187	口膜	针尖大于酪灶∨连片	1										5
188	口—舌	黄白假膜易剥见酪死	1									5	
189	口—舌	面黏膜颗粒状白凸溃疡	1									5	
190	消	食管白色假膜∨溃疡	1									5	
191	消—饮	口渴∨喜饮∨增强∨狂饮	2	5		5							
192	消—饮	减少∨废饮	2	5	5								
194	消—食	食欲不振	4		5		5				5	5	

序	类	症状	统	1 新城疫	2 禽流感	3 传支	4 传喉	9 鸡痘	14 鸡肿头征	15 禽沙门菌病	23 曲霉菌病	24 念珠菌病	25 毛滴虫病
195	消—食	食欲废	4	5		5		5		5			
200	消	嗉囊充酸(挤压)臭液	2	5								15	
201	消	嗉囊大∨肿大	1									5	
202	消	嗉囊积食∨硬∨充硬饲料	1	5									
203	消	嗉囊假膜白∨溃疡∨触软	1									5	
205	消	吞咽困难	3					5				5	5
208	毛	松乱∨蓬松∨逆立∨无光	3		5	5						5	
216	毛	见血迹	1				5						
219	皮痘	坏死痂∨脱落∨瘢痕	1					5					
221	皮痘	疣结融合干燥	1					5					
222	皮痘	在∨少毛皮处	1					5					
223	皮痘	疹大∨绿豆大∨棕∨黄∨灰黄	1					5					
227	皮膜	同时出痘	1					5					
228	皮膜	紫∨绀∨青	1								5		
229	皮色	发绀∨蓝紫	1								5		
241	皮疹	无毛处灰白结∨红小丘疹	1					5					
244	运—步	蹒跚∨摇晃∨失调∨踉跄	3	5	5						5		
268	运—动	转圈∨伏地转	2	5	5								
297	运—静	卧地不起(多伏卧)	1								5		
310	运—腿	鳞片紫红∨紫黑	1		5								
331	蛋孵	孵化率下降∨受精率下降	3	5	5					5			
332	蛋孵	死胚∨出壳(难∨弱∨死)	1							5			
336	蛋壳	薄∨软∨易破∨品质下降	1		5								
339	蛋壳	畸形(含小∨轻)	4	5	5	5	5						
340	蛋壳	色(棕∨变浅∨褪)	1		5								
342	蛋壳	无	1		5								
343	蛋液	稀薄如水	1			5							
346	蛋数	急剧下降∨高峰时突降	1		5								
347	蛋数	减少∨下降	7	5	5	5	5	5	5	5			
348	蛋数	少∨停∨下降	4	5	5		5	5					
349	蛋数	康复鸡产蛋难恢复	1			5							

续 10-1 组

序	类	症状	统	1 新城疫	2 禽流感	3 传支	4 传喉	9 鸡痘	14 鸡肿头征	15 禽沙菌病	23 曲霉菌病	24 念珠菌病	25 毛滴虫病
384	身	发育不良∨受阻∨慢	1								5		
388	身	虚弱衰竭∨衰弱∨无力	1							5			
391	身-背	拱	1			5							
404	身瘦	体重减∨体积小∨渐瘦	4				5	5		5	5		
405	身瘦	迅速	1				5						
417	心-血	墙∨草∨笼∨槽等见血迹	1				5						
441	感途	啪喂'鸽乳'	1										5
442	感途	垂直-经蛋	1							5			
443	感途	多种途径	2		5					5			
463	病季	潮湿∧与鸽同养	1										5
487	病率	低(<10%)	1										5
488	病率	较低(11%~30%)	1				5						
489	病率	高(31%~60%)	2			5			5				
490	病率	高(61%~90%)	1										5
498	病势	发病持续10~14天	1						5				
499	病势	无症至全死	1		5								
500	病势	严重	1					5					
503	病势	出现症后2~3小时死	1							5			
504	病势	突死	2	5						5			
505	病势	最急性感染10小时死	1		5								
506	病势	突病∨急∨暴发∨流行∨烈	2			5					5		
507	病势	急	6	15	5	5	5	5		5			
509	病势	慢性∨缓和∨症状轻	3					5		5	5		
511	病势	传速快∨传染强	3			5	5		5				
514	死龄	4周龄以下常大批死	1									5	
515	死龄	雏尤其40日龄病死多	1		5								
530	死时	>3月龄死少∧可康复	1									5	
540	死因	饿死	1										5
543	死因	继发并发症∨管理差死	2		5								5
545	死因	衰竭衰弱死	2				5						5
546	死因	消瘦死	1									5	

续 10-1 组

序	类	症 状	统	1 新城疫	2 禽流感	3 传支	4 传喉	9 鸡痘	14 鸡肿头征	15 禽沙菌病	23 曲霉菌病	24 念珠菌病	25 毛滴虫病
548	死因	窒息死	1				5						
552	病性	口炎	1									5	
556	病性	上消化道病	1									5	
588	免疫	获得坚强免疫力	1				5						
594	潜期	潜伏期:短	1			5							
597	潜期	潜伏期:6～7 天	1										5
598	潜期	潜伏期:13 天	1										5

10-2 组 呼吸困难∨喘鸣

序	类	症 状	统	26 支原体病	28 鸡住白虫病	30 肉鸡腹水	38 食盐中毒	39 有机磷中毒	40 呋喃西林中毒	41 CO中毒	46 维A缺乏症	53 痛风	55 腺胃炎	59 中暑
		ZPDS		39	38	26	31	30	25	21	33	27	20	22
126	呼吸	喘∨张口∨困难∨喘鸣声	11	5	5	5	5	10	5	5	10	5	5	5
127	呼吸	极难	2				10				10			
2	精神	昏睡∨嗜睡∨打瞌睡	3						5		5			10
6	精神	兴奋∨不安	1						5					
8	精神	不振	4				5	5	5		5			
9	精神	沉郁	6		5	5	5	5	5		5			
11	精神	闭目∨呆滞	2								5			10
13	体温	降低(即<40.5℃)	1					5						
15	体温	畏寒	1											10
16	体温	先升高后降低	1											10
17	体温	升高 43℃～44℃	2											15
18	鼻	喷嚏	2									5	5	
19	鼻	甩鼻∨堵	2									5	5	
21	鼻窦	炎肿	1	5										
22	鼻腔	肿胀	1	5										

续 10-2 组

序	类	症状	统	26 支原体病	28 鸡住白虫病	30 肉鸡腹水	38 食盐中毒	39 有机磷中毒	40 呋喃西林中毒	41 CO中毒	46 维A缺乏症	53 痛风	55 腺胃炎	59 中暑
23	鼻涕	稀薄∨黏稠∨脓性∨痰性	1				5							
24	鼻周	粘饲料∨垫草	1		5									
27	头	甩摆∨甩鼻∨甩头	2					5	5					
31	头冠	萎缩∨皱缩∨变硬∨干缩	2		5	5								
32	头冠	针尖大红色血泡	1		5									
33	头冠	黑紫∨黑∨绀	3			5		5						5
35	头冠	贫血∨白∨青∨褪色	7	5	5	5		5				5	5	5
36	头冠	先充血后发绀	1											10
37	头冠	紫红	1			5								
47	头颈	S状∨后仰观星∨角弓反张	2						5	5				
51	头面	苍白	1		5									
54	头面	黄	1		5									
61	头髯	皱缩∨萎缩∨变硬	1			5								
62	头髯	苍白∨贫血	4			5		5				5		5
64	头髯	绀(紫)∨黑紫∨发黑	2			5		5						
66	头髯	先充血后发绀	1											10
67	头髯	紫红	1			5								
68	头髯	质肉垂皮结节性肿胀	1										5	
76	头肿		1		5									
78	头姿	扭头∨仰头	1						5					
81	眼	眶下窦肿胀	1		5									
84	眼	炎∨眼球炎	1		5									
86	眼	闭∨半闭∨难睁	1								5			
88	眼干	维生素A缺致	1								25			
96	眼	角膜干	1								25			
97	眼	结膜色-白∨贫血	1		5									
98	眼	结膜色-黄	1		5									
99	眼	结膜色-紫∨绀∨青	1					5						
101	眼	结膜炎∨充血∨潮红∨红	2	5							5			
103	眼泪	流泪∨湿润	3					5			5		10	

· 68 ·

序	类	症状	统	26 支原体病	28 鸡住白虫病	30 肉鸡腹水	38 食盐中毒	39 有机磷中毒	40 呋喃西林中毒	41 CO中毒	46 维A缺乏症	53 痛风	55 腺胃炎	59 中暑
106	眼球	增大∨眼突出	1	5										
108	眼	失明 障碍	3				5				5		10	
109	眼屎	泪多(黏∨酪∨脓∨浆)性	1								5			
112	眼肿		1										10	
113	叫	尖叫	1						10					
115	叫	声怪	1						10					
117	叫	失声	1						10					
123	呼咳		4	5	5							5	5	
125	呼痰	带血∨黏液	1		5									
128	呼吸	喉呼噜声	1											10
129	呼吸	啰音∨音异常	2	5									10	
132	呼吸	道:症轻∨障碍	1	5										
133	呼吸	快∨急促	3			5						5		15
139	消吃	呋喃类药	1						15					
140	消吃	含磷药	1					15						
141	消吃	含食盐多病	1				15							
143	消吃	料:单纯∨缺维	1								10			
144	消一粪便	含胆汁∨尿酸盐多	1									5		
147	消一粪便	含血∨血粪	1				5							
149	消一粪便	白∨灰白∨黄白∨淡黄	1		5									
153	消一粪便	绿∨(淡∨黄∨青)绿	1		5									
155	消一粪便	质:石灰渣样	1									15		
157	消一粪便	泻∨稀∨下痢	3				5	5						
165	消肛	毛上黏附多量白色尿酸盐	1									5		
169	消肛	周脏污∨粪封	1		5									
170	口	流涎∨黏沫	3		5		5	5						
171	口	出血点	1									15		
174	口	空咽一频频	1					5						
191	消一饮	口渴∨喜饮∨增强∨狂饮	3				5		5					15
192	消一饮	减少∨废饮	2	5									5	

序	类	症 状	统	26 支原体病	28 鸡住白虫病	30 肉鸡腹水	38 食盐中毒	39 有机磷中毒	40 呋喃西林中毒	41 CO中毒	46 维A缺乏症	53 痛风	55 腺胃炎	59 中暑
193	消一饮	重的不饮	1											15
194	消一食	食欲不振	6	5	5		5	5			5	5		
195	消一食	食欲废	4		5		5	5	5					
196	消一食	食欲因失明不能采食	1	5										
197	消一食	食欲正常V增强	1								5			
199	消	嗉囊充满液V挤流稠饲料	2				10							10
201	消	嗉囊大V肿大	1				10							
207	尿中	尿酸盐增多	1									5		
208	毛	松乱V蓬松V逆立V无光	6	5	5	5			5		5	5		
209	毛	稀落V脱羽V脱落	4						5		5	5	5	
213	毛	生长V发育不良	1										10	
224	皮膜	红V炎	1								5			
228	皮膜	紫V绀V青	1					5						
229	皮色	发绀V蓝紫	2			5				25				
231	皮色	贫血V苍白	1									5		
233	皮下	出血	1			5								
244	运一步	蹒跚V摇晃V失调V踉跄	8		5	5	5	5	5		5	5		10
245	运一翅	下垂V轻瘫V麻痹V松V无力	2		5	5								
247	运一翅	关节肿胀疼痛	1									15		
251	运一翅	强直	2						10	10				
252	运一翅	抬起V直伸V人用力扭翅感难	1											10
254	运一动	跛行V运障V瘸	1	5										
256	运一动	不愿站	1				5							
257	运一动	不愿走	1				5							
258	运一动	迟缓	1										10	
259	运一动	飞节支地	2					5			5			
261	运一动	痉抽V惊厥	4				5		5	5				
262	运一动	乱(窜V飞V撞V滚V跳)	1						25					
263	运一动	盲目前冲(倒地)	4				5	5	5					
265	运一动	行走无力	1									10		

序	类	症状	统	26 支原体病	28 鸡住白虫病	30 肉鸡腹水	38 食盐中毒	39 有机磷中毒	40 呋喃西林中毒	41 CO中毒	46 维A缺乏症	53 痛风	55 腺胃炎	59 中暑
266	运－动	用跗胫膝走	2					5			5			
268	运－动	转圈V伏地转	2				5		5					
274	运－肌	颤V痉挛	1					10						
282	运－脚	痉挛V抽搐V强直	2						10	10				
283	运－脚	麻痹	2				5	5						
285	关节	跗关节肿胀V波动感	1	5										
286	关节	跗胫关节V波动	1									10		
288	关节	滑膜炎持续数年	1	5										
289	关节	囊骨V周尿酸盐	1									5		
292	关节	炎肿痛	1									5		
293	关节	跖趾炎V波动V溃V紫黑痂	1	5										
296	运－静	瘫伏V轻瘫V瘫V突瘫	1		5									
297	运－静	卧地不起(多伏卧)	1		5									
298	运－静	卧如企鹅	1			5								
299	运－静	喜卧V不愿站	1			5								
300	运－静	站立不稳	3		5	5								10
305	运－腿	蹲坐V独肢站立	1									10		
308	运－腿	黄色素;消失	1								15			
311	运－腿	麻痹	2				5	5						
321	运趾	爪:干瘪V干燥	1									10		
326	运－走	V站不能	3				5	5				5		
327	运－走	V站不能V不稳－夜现	1									5		
331	蛋孵	孵化率下降V受精率下降	1	5										
333	蛋孵	V活低V死胚V弱雏	1								5			
336	蛋壳	薄V软V易破V品质下降	1		5									
339	蛋壳	畸形(含小V轻)	1		5									
347	蛋数	减少V下降	2	5	5									
348	蛋数	少V停V下降	1								5			
352	死峰	病14~16小时,19~21小时	1											10
357	死情	环温>35℃现死	1											10

续 10-2 组

序	类	症 状	统	26 支原体病	28 鸡住白虫病	30 肉鸡腹水	38 食盐中毒	39 有机磷中毒	40 呋喃西林中毒	41 CO中毒	46 维A缺乏症	53 痛风	55 腺胃炎	59 中暑
362	死时	突死∨突然倒地∨迅速	2									5		5
364	死因	败血∨神症∨呼瘫	1					5						
366	死因	痉抽∨挣扎死	2						5	5				
367	死因	衰竭	1				5							
368	死因	虚弱∨消瘦∨衰弱死	1				5							
371	死率	1%～2%∨低	1								5			
372	死率	高	1								5			
380	鸡	淘汰增加	1	5										
382	鸡	体重下降(40%～70%)	1										10	
383	鸡	体重增长缓慢	1										10	
384	身	发育不良∨受阻∨慢	2	5		5								
386	身	僵	3				5		5		5			
387	身	脱水	1	5										
388	身	虚弱衰竭∨衰弱∨无力	3				5				5	15		
395	身—腹	穿流黄液透明含纤维	1			5								
396	身—腹	大	1			5								
398	身—腹	皮发亮∨触波动感	1			10								
399	身—腹	皮下出血(点∨条)状	1		5									
401	身—腹	下垂	1			10								
402	身瘦	病后期-极瘦	1										10	
404	身瘦	体重减∨体积小∨渐瘦	3	5	15								5	
407	身—卧	喜卧∨不愿站∨伏卧	3				5	5		5				
411	身—胸	囊肿	1	5										
412	身—胸	皮下出血(点∨条)状	1		5									
415	心—血	贫血	1		15									
417	心—血	墙∨草∨笼∨槽等见血迹	1		15									
418	心—血	心跳快	1				5							
420	病程	4～8天	1		5									
422	病程	慢;1月至1年以上	2	5							5			
424	传速	快∨迅速∨传染强	1										10	

序	类	症 状	统	26 支原体病	28 鸡住白虫病	30 肉鸡腹水	38 食盐中毒	39 有机磷中毒	40 呋喃西林中毒	41 CO中毒	46 维A缺乏症	53 痛风	55 腺胃炎	59 中暑
425	传源	病禽∨带毒菌禽	1	5										
426	传源	飞沫和尘埃	1	5										
429	传源	水料具垫设备人蝇衣	1	5										
431	促因	(潮∨雨)暗热∨通风差	1			5								
436	促因	舍周有树∨草∨池塘	1		5									
444	感途	呼吸道	1	5										
445	感途	交配∨精液	1	5										
454	混感	与新城疫等4病	1	5										
457	病鸡	雏鸡∨肉用仔鸡	1								5			
458	病鸡	各龄	5				5	5	5	5	5			
462	病鸡	肉鸡体壮肥胖先死	1											10
492	病名	苍白鸡,吸收不良,僵鸡征	1										10	
493	病名	传染性矮小征	1										10	
501	病势	一旦发病全群连绵不断	1	5										
502	病势	隐性感染	1	5										
506	病势	突病∨急∨暴发∨流行∨烈	4				5	5	5	5				
508	病势	急性期后→缓慢恢复期	1	5										
509	病势	慢性∨缓和∨症状轻	1	5										
510	病势	慢性群发	1									5		
579	病因	炎热环境温>30℃+潮湿+闷∨缺水	1											10
580	病因	药-如莫能霉素中毒	1			5								
583	预后	康复瘦小∨不长∨不齐	1										10	
584	病症	6～9天在全群展现	1									5		
586	病症	明显	1		5									
597	潜期	潜伏期:6～7天	1		5									
605	诊	确诊剖检-尿酸盐沉积	1									35		

11-1组　腹泻∨稀∨下痢

序	类	症状	统	1 新城疫	2 禽流感	4 传喉	5 传法囊病	7 产蛋下降	16 大肠杆菌	17 禽巴氏杆	19 葡萄球菌	21 禽结核病	22 肉毒梭菌	23 曲霉菌病	24 念珠菌病
		ZPDS		42	48	75	36	27	43	48	36	31	22	37	30
157	消粪	泻∨稀∨下痢	12	5	5	5	5	5	5	5	5	5	5	5	5
1	精神	神经瘫∨神经症状∨脑病	3	5					5					5	
2	精神	昏睡∨嗜睡∨打瞌睡	4	5			5	5					5		
4	精神	盲目前冲(倒地)	2	5	5										
5	精神	缩颈	1								5				
7	精神	扎堆∨挤堆	1						5						
8	精神	不振	5		5						5	5			5
9	精神	沉郁	5			5					5			5	
10	精神	全群沉郁	1								5				
11	精神	闭目∨呆滞	2						5		5				
12	精神	委顿∨迟钝∨淡漠	1											5	
17	体温	升高43℃~44℃	2				5			5					
23	鼻涕	稀薄∨黏稠∨脓性∨痰性	2			5				5					
25	头	触地∨垂地	1				5								
29	头冠	干酪样坏死脱落	1							5					
30	头冠	水肿	1							5					
31	头冠	萎缩∨皱缩∨变硬∨干缩	2							5	5				
33	头冠	黑紫∨黑∨绀	5	15	5	5				5				5	
35	头冠	贫血∨白∨青∨褪色	1							5					
37	头冠	紫红	1	5											
40	头喉	肿胀∨糜烂∨出血	1			5									
42	头颈	麻痹∨软∨无力∨下垂	1										5		
45	头颈	伸直平铺地面	1										5		
47	头颈	S状∨后仰观星∨角弓反张	3	5	5									5	
55	头面	见血迹	1			5									
58	头髻	干酪样坏死脱落	1							5					
59	头髻	热痛	1							5					
60	头髻	水肿	1							5					
61	头髻	皱缩∨萎缩∨变硬	1							5					
62	头髻	苍白∨贫血	2							5	5				
64	头髻	绀(紫)∨黑紫∨发黑	4	5	5					5				5	

续 11-1 组

序	类	症状	统	新城疫 1	禽流感 2	传喉 4	传法囊病 5	产蛋下降 7	大肠杆菌 16	禽巴氏杆 17	葡萄球菌 19	禽结核病 21	肉毒梭菌 22	曲霉菌病 23	念珠菌病 24
67	头冠	紫红	1	5											
71	头咽	喉:黄白假膜易剥见酪死	1												5
72	头咽	喉:黏液灰黄带血∨干酪物	1			5									
75	头咽	喉:黏膜颗粒状白凸溃疡	1												5
76	头肿		2		5					5					
81	眼	眶下窦肿胀	1			5									
82	眼	充血∨潮红	2		5	5									
83	眼	出血	1			5									
84	眼	炎∨眼球炎	3			5				5				5	
86	眼	闭∨半闭∨难睁	4	5				5			5	5			
87	眼凹		1					5							
91	眼睑	麻痹	1										5		
92	眼睑	有痂	1												5
93	眼睑	粘连	1			5									
94	眼睑	肿胀	2			5					5				
95	眼角	中央溃疡	1											5	
100	眼	结膜水肿	2		5	5									
101	眼	结膜炎∨充血∨潮红∨红	3			5				5				5	
104	眼泪	多(黏∨酪∨脓∨浆)性	2		5	5									
106	眼球	增大∨眼突出	1											5	
108	眼	失明障碍	1			5									
110	眼	瞬膜下黄酪样小球状物	1											5	
115	叫	声怪	1	5											
118	呼肺	炎∧小结节	1											5	
121	呼咳	痉挛性∨剧烈	1			15									
122	呼咳	受惊吓明显	1			5									
123	呼咳		2			5									5
124	呼气	酸臭气体	1												15
125	呼痰	带血∨黏液	1			15									
126	呼吸	喘∨张口∨困难∨喘鸣声	5	5	5	15								5	5
129	呼吸	啰音∧音异常	3	5	5	5									
132	呼吸	道:症轻∨障碍	4	5		5		5			5				

序	类	症状	统	1 新城疫	2 禽流感	4 传喉	5 传法囊病	7 产蛋下降	16 大肠杆菌	17 禽巴氏杆	19 葡萄球菌	21 禽结核病	22 肉毒梭菌	23 曲霉菌病	24 念珠菌病
133	呼吸	快V急促	1							5					
135	气管	炎∧小结节	1											13	
136	气管	肿胀糜烂出血	1			5									
138	消肠	炎	1						5						
144	消粪	含胆汁V尿酸盐多	1										5		
145	消粪	含黏液	2	5	5										
147	消粪	含血V血粪	2	5	5										
149	消粪	白V灰白V黄白V淡黄	3				5		5		5				
151	消粪	灰黄	1							5					
153	消粪	绿V(淡V黄V青)绿	7	5	5	5			5		5		5		
156	消粪	水样	2				5	5							
158	消粪	黏稠	1					5							
169	消肛	周脏污V粪封	1						5						
170	口	流涎V黏沫	1							5					
175	口	口炎	1												5
176	口	排带血黏液	1			5									
178	口喉	见血迹	1			5									
180	口喉	啄食不准确	1	5											
181	口角	有痂	1												5
182	口膜	黄白假膜易剥略死	1												5
184	口膜	颗粒状白色凸溃疡	1												5
188	口-舌	黄白假膜易剥见略	1												5
189	口-舌	面黏膜颗粒状白凸溃疡	1												5
190	消	食管白色假膜V溃疡	1												5
191	消-饮	口渴V喜饮V增强V狂饮	1	5											
192	消-饮	减少V废饮	4	5	5		5				5				
194	消-食	食欲不振	8		5	5	5		5		5			5	5
195	消-食	食欲废	4	5					5		5	5			
200	消	嗉囊充酸(挤压)臭液	2	5											15
201	消	嗉囊大V肿大	1												5
202	消	嗉囊积食V硬V充硬饲料	1	5											
203	消	嗉囊假膜白V溃疡V触软	1												5

序	类	症 状	统	1 新城疫	2 禽流感	4 传喉	5 传法囊病	7 产蛋下降	16 大肠杆菌	17 禽巴氏杆	19 葡萄球菌	21 禽结核病	22 肉毒梭菌	23 曲霉菌病	24 念珠菌病
205	消	吞咽困难	1												5
208	毛	松乱∨蓬松∨逆立∨无光	7		5		5		5		5	5	5		5
212	毛	胸毛稀少∨脱落	1								5				
216	毛	见血迹	1				5								
228	皮膜	紫∨绀∨青	1											5	
229	皮色	发绀∨蓝紫	1											5	
244	运一步	蹒跚∨摇晃∨失调∨踉跄	4	5	5		5							5	
245	运一翅	下垂∨轻瘫∨麻痹∨松∨无力	3				5					5	5		
254	运一动	跛行∨运障∨瘸	3							5	5	5			
257	运一动	不愿走	2								5	5			
267	运一动	运动神经麻痹	1										15		
268	运一动	转圈∨伏地转	2	5	5										
290	关节	破溃∨结污黑痂	1								5				
291	关节	切开见豆腐渣样物	1							5					
292	关节	炎肿痛	3						5	5	5				
293	关节	跖趾炎∨波动∨溃∨紫黑痂	1								5				
297	运一静	卧地不起(多伏卧)	1											5	
299	运一静	喜卧∨不愿站	1								5				
303	运一腿	(不全∨突然)麻痹	1										5		
310	运一腿	鳞片紫红∨紫黑	1		5										
314	运一腿	内侧水肿∨渗血紫∨紫褐	1								5				
321	运趾	爪:干瘪∨干燥	1				5								
328	运一足	垫肿	1					5							
330	蛋	卵黄囊炎	1					5							
331	蛋孵	孵化率下降∨受精率下降	5	5	5		5	5			5				
336	蛋壳	薄∨软∨易破∨品质下降	2		5			5							
337	蛋壳	沉积(灰白∨灰黄)粉	1					15							
338	蛋壳	粗糙∨纱布状	1					5							
339	蛋壳	畸形(含小∨轻)	4	5	5	5		5							
340	蛋壳	色(棕∨变浅∨裸)	2		5			5							
342	蛋壳	无	2		5			5							
343	蛋液	稀薄如水	1					5							

序	类	症状	统	1 新城疫	2 禽流感	4 传喉	5 传法囊病	7 产蛋下降	16 大肠杆菌	17 禽巴氏杆菌	19 葡萄球菌	21 禽结核病	22 肉毒梭菌	23 曲霉菌病	24 念珠菌病
345	蛋数	低产持续4～10周以上	1					5							
346	蛋数	急剧下降∨高峰时突降	2		5			5							
347	蛋数	减少∨下降	7	5	5	5		5	5	5		5			
348	蛋数	少∨停∨下降	6	5	5					5	5	5			
351	蛋数	逐渐∨病3～4周恢复	1					5							
384	身	发育不良∨受阻∨慢	1											5	
387	身	脱水	1				5								
389	身	有全身症状	1									5			
390	身	震颤	1				5								
396	身—腹	大	2							5		5			
397	身—腹	水肿∨渗血(紫∨紫褐)	1									5			
404	身瘦	体重减∨体积小∨渐瘦	3			5							15	5	
405	身瘦	迅速	1			5									
415	心—血	贫血	1										15		
417	心—血	墙∨草∨笼∨槽等见血迹	1			5									
420	病程	4～8天	1				5								
421	病程	15日左右	1			5									
422	病程	慢;1月至1年以上	2			5						5			
425	传源	病禽∨带毒菌禽	4	5	5	5						5			
427	传源	老鼠、甲虫等	1			5									
429	传源	水料具垫设备人蝇衣	5	5	5	5								5	5
431	促因	(潮∨雨)暗热∨通风差	4			5						5		5	
432	促因	(卫生∨消毒∨管理)差	4				5		5	5		5			
434	促因	长期饲喂霉料	1											5	
435	促因	密度大∨冷拥挤	5				5		5	5		5			
437	促因	突然(变天∨变料)	1								5				
438	促因	营养(差∨缺)	2			5					5				
439	促因	运输∨有他病	1								5				
440	感率	达90%～100%	2				5	5							
442	感途	垂直—经蛋	1					5							
443	感途	多种途径	2		5				5						
444	感途	呼吸道	6	5	5	5				5	5			5	

序	类	症状	统	1 新城疫	2 禽流感	4 传喉	5 传法囊病	7 产蛋下降	16 大肠杆菌	17 禽巴氏杆	19 葡萄球菌	21 禽结核病	22 肉毒梭菌	23 曲霉菌病	24 念珠菌病
445	感途	交配∨精液	2					5	5						
446	感途	脐带	1								5				
447	感途	伤口皮肤黏膜	2							5	5				
448	感途	水平	1					5							
450	感途	消化道	7			5	5		5	5		5		5	5
451	感途	眼	1			5									
464	病季	气温骤变	1		5										
465	病季	温暖潮湿∨多雨∧库蚊多	1										5		
466	病季	春	7	5	5	5			5	5	5			5	
467	病季	夏∨热季	7	5	5	5			5	5	5			5	
468	病季	秋	6	5	5	5			5	5	5				
469	病季	冬∨冷季∨寒季	7	5	5	5			5	5	5			5	
470	病季	四季	7	5	5	5	5		5	5	5				
472	病龄	4~6 日龄	1						5						
473	病龄	1~2 周龄	1						5						
474	病龄	2~3 周龄	2						5		5				
475	病龄	3~4 周龄(1月龄)	1								5				
476	病龄	4~8 周(1~2月龄)	2				5				5				
477	病龄	8~12 周(2~3月龄)	1				5								
478	病龄	12~16 周(3~4月龄)	2				5					5			
479	病龄	16 周(4月龄)	1				5								
481	病龄	成鸡∨产蛋母鸡	5			5		5	5	5	5				
482	病龄	各龄	5	5		5		5	5		5				
486	病率	与食入毒素量有关	1										5		
487	病率	低(<10%)	1				5								
488	病率	较低(11%~30%)	2			5	5								
489	病率	高∨(31%~60%)	1				5								
490	病率	高(61%~90%)	2				5		5						
497	病时	易混合感染他病	1					5							
499	病势	无症至全死	1		5										
503	病势	出现症后 2~3 小时死	1										5		
504	病势	突死	3	5					5	5					

序	类	症 状	统	1 新城疫	2 禽流感	4 传喉	5 传法囊病	7 产蛋下降	16 大肠杆菌	17 禽巴氏杆	19 葡萄球菌	21 禽结核病	22 肉毒梭菌	23 曲霉菌病	24 念珠菌病
505	病势	最急性感染 10 小时死	1		5										
506	病势	突病∨急∨暴发∨流行∨烈	3				5						5	5	
507	病势	急	6	15			5		5	5		5		5	
509	病势	慢性∨缓和∨症状轻	5				5			5		5	5	5	
511	病势	传速快∨传染强	1				5								
512	病势	地方性流行	1					5							
514	死龄	4 周龄以下常大批死	1												5
517	死率	<10%	3				5	5						5	
518	死率	11%～30%	3	5			5							5	
519	死率	31%～50%	4				5						5	5	5
520	死率	51%～70%	2				5							5	
521	死率	71%～90%	3				5					5		5	
522	死率	91%～100%	3	5	15									5	
529	死情	死亡曲线呈尖峰式	1					5							
530	死时	>3 月龄死少∧可康复	1												5
531	死期	病后 1～3 天死	1							5					
533	死时	病 2～6 天死∨很快死	3		5	5						5			
534	死时	出壳后 2～5 天死	1									5			
535	死时	发病 10 日死鸡减少	1				5								
538	死时	迅速	1										5		
543	死因	继发并发症∨管理差死	2		5	5									
545	死因	衰竭衰弱死	3				5	5				5			
546	死因	消瘦死	1												5
547	死因	心、呼吸衰竭死	1										5		
548	死因	窒息死	1				5								
550	病性	高度接触病	4	5	5	5	5								
552	病性	口炎	1												5
556	病性	上消化道病	1												5
557	病性	中毒病	1										5		
561	易感	各品种均感	5				5	5	5	5			5		
562	易感	褐羽∨褐壳蛋鸡	2				5	5							
569	易感	幼禽	2											5	5

序	类	症状	统	1 新城疫	2 禽流感	4 传喉	5 传法囊病	7 产蛋下降	16 大肠杆菌	17 禽巴氏杆	19 葡萄球菌	21 禽结核病	22 肉毒梭菌	23 曲霉菌病	24 念珠菌病
588	免疫	获得坚强免疫力	1				5								
591	免疫	抑制—故致多疫苗失败	1					5							
593	潜期	潜伏期:数小时	1							5					
595	潜期	潜伏期:1～3天	2					5		5					
596	潜期	潜伏期:3～5天	1							5					
597	潜期	潜伏期:6～7天	1							5					
598	潜期	潜伏期:13天	1							15					
602	潜期	潜伏期:长而呈慢性	1										5		
608	殖	器官病∨死胚	1						5						

11-2 组　腹泻∨稀∨下痢

序	类	症状	统	27 鸡球虫病	28 鸡住白虫病	29 鸡蛔虫病	32 磺胺中毒	33 马杜拉霉素	34 黄曲霉毒	36 螺旋体病	37 传滑膜炎	38 食盐中毒	39 有机磷中毒	42 组织滴虫	43 绦虫病	47 维B1缺乏症	48 维B2缺乏症
		ZPDS		25	38	23	20	28	29	21	30	31	30	28	34	26	35
157	消粪	泻∨稀∨下痢	14	5	5	5	5	5	5	5	5	5	5	5	5	5	5
2	精神	昏睡∨嗜眠∨打瞌睡	4											5			5
3	精神	乱飞乱跑∨翻滚	1					5									
6	精神	兴奋∨不安	1					5									
8	精神	不振	5			5					5	5		5			
9	精神	沉郁	8	5	5		5				5			5			
11	精神	闭目∨呆滞	3				5							5			
12	精神	委顿∨迟钝∨淡漠	1					5									
13	体温	降低(即<40.5℃)	2												5	5	
17	体温	升高43℃～44℃	2			5				5							
23	鼻涕	稀薄∨黏稠∨脓性∨痰性	1										5				
26	头	卷缩	1	5													
27	头	甩摆∨甩鼻∨甩头	1											5			
31	头冠	萎缩∨皱缩∨变硬∨干缩	1							10							

续 11-2 组

序	类	症状	统	27 鸡球虫病	28 鸡住白虫病	29 鸡蛔虫病	32 磺胺中毒	33 马杜拉霉毒	34 黄曲霉毒	36 螺旋体病	37 传滑膜炎	38 食盐中毒	39 有机磷中毒	42 组织滴虫	43 绦虫病	47 维B₁缺乏症	48 维B₂缺乏症
32	头冠	针尖大红色血疱	1		5												
33	头冠	黑紫V黑V绀	7					5		5	5			5	5	5	5
35	头冠	贫血V白V青V裸色	10	5	5	5	5	5		5	5			5		5	5
42	头颈	麻痹V软V无力V下垂	1											5			
46	头颈	缩颈缩头V向下挛缩	1											5			
47	头颈	S状V后仰观星V角弓反张	4						5	5						15	15
51	头面	苍白	1											5			
52	头面	发绀	1											5			
54	头面	黄	1		5												
61	头髯	皱缩V萎缩V变硬	1								5						
62	头髯	苍白V贫血	7					5		5	5			5	5	5	5
63	头髯	出血	1					5									
64	头髯	绀(紫)V黑紫V发黑	7					5		5	5			5	5	5	5
69	头色	蓝紫V黑V青	2											5	5		
76	头肿		1		5												
77	头姿	垂头	1											5			
78	头姿	扭头V仰头	2													5	5
79	头姿	头卷翅下	1											15			
86	眼	闭V半闭V难睁	1											5			
87	眼凹		1											5			
90	眼睑	出血	1						5								
97	眼	结膜色－白V贫血	4		5						5					5	5
98	眼	结膜色－黄	2		5										10		
99	眼	结膜色－紫V绀V青	1										5				
103	眼泪	流泪V湿润	1										5				
108	眼	失明障碍	1									5					
113	叫	尖叫	1					5									
116	叫	声凄鸣	1								5						
123	呼咳		1		5												
125	呼痰	带血V黏液	1		5												
126	呼吸	喘V张口V困难V喘鸣声	3		5								10	5			

序	类	症状	统	27 鸡球虫病	28 鸡住白虫病	29 鸡蛔虫病	32 磺胺中毒	33 马杜拉霉毒	34 黄曲霉毒	36 螺旋体病	37 传滑膜炎	38 食盐中毒	39 有机磷中毒	42 组织滴虫	43 缘虫病	47 维B_1缺乏症	48 维B_2缺乏症
127	呼吸	极难	1									10					
137	消肠	小肠壁伤∨蛔虫堵∨破	1			35											
138	消肠	炎	1			5											
140	消吃	含磷药	1										15				
141	消吃	含食盐多病	1									15					
143	消吃	料:单纯∨缺维	2													10	10
144	消粪	含胆汁∨尿酸盐多	2							5	5						
145	消粪	含黏液	2				5								10		
146	消粪	含泡沫	1						5								
147	消粪	含血∨血粪	5		5		5					5			5	5	
149	消粪	白∨灰白∨黄白∨淡黄	4		5			5			5				5		
150	消粪	红色胡萝卜样	1		5												
152	消粪	咖啡色∨黑	1		5												
153	消粪	绿∨(淡∨黄∨青)绿	5			5				5	5	5			5		
154	消粪	质:便秘-下痢交替	1				5										
156	消粪	水样	1						5								
164	消肛	肛挂虫	1												25		
169	消肛	周脏污∨粪封	1		5												
170	口	流涎∨黏沫	3		5							5	5				
174	口	空咽-频频	1										5				
191	消-饮	口渴∨喜饮∨增强∨狂饮	4					5		5		5			5		
194	消-食	食欲不振	11	5	5		5	5	5			5	5	5	5	5	5
195	消-食	食欲废	8		5				5	5		5	5	5	5		
197	消-食	食欲正常∨增强	3												5	5	5
199	消	嗉囊充满液∨挤流稠饲料	2	5								10					
201	消	嗉囊大∨肿大	1									10					
206	尿系	肾肿大	1				5										
208	毛	松乱∨蓬松∨逆立∨无光	11	5	5	5	5	5	5	5					5	5	5
209	毛	稀落∨脱羽∨脱落	5							5	5				5	5	5
210	毛	脏污∨脏乱	2					5									10
213	毛	生长∨发育不良	1														10

83

続 11-2 组

序	类	症状	统	27 鸡球虫病	28 鸡住白虫病	29 鸡蛔虫病	32 磺胺中毒	33 马杜拉霉毒	34 黄曲霉毒	36 螺旋体病	37 传滑膜炎	38 食盐中毒	39 有机磷中毒	42 组织滴虫	43 绦虫病	47 维B_1缺乏症	48 维B_2缺乏症
225	皮膜	黄V黄疸	1												10		
226	皮膜	贫血V苍白	4	5						5						5	5
228	皮膜	紫V绀V青	1										5				
231	皮色	贫血V苍白	1						5								
232	皮色	着色差	1	5													
233	皮下	出血	2			5	5										
238	皮性	炎疡烂痈V结节	1								5						
240	皮性	肿V湿V渗液	1									10					
243	运—步	高跷V涉水	1											10			
244	运—步	蹒跚V摇晃V失调V踉跄	6		5				5			5	5			5	5
245	运—翅	下垂V轻瘫V麻痹V松V无力	7	5	5	5			5			5				5	5
254	运—动	跛行V运障V瘫	3								5	5					5
256	运—动	不愿站	3									5	5				5
257	运—动	不愿走	3									5	5				5
258	运—动	迟缓	2			5		5									
259	运—动	飞节支地	2											5			5
261	运—动	痉抽V惊厥	2									5				5	
263	运—动	盲目前冲(倒地)	2									5	5				
265	运—动	行走无力	2			5		5									
266	运—动	用跗胫膝走	2									5	5				
268	运—动	转圈V伏地转	2						5				5				
274	运—肌	颤V痉挛	1									10					
278	运—肌	麻痹	1													10	
279	运—肌	萎缩(骨凸)	1														10
280	运—脚	后伸	1					5									
283	运—脚	麻痹	5							5		5	5			5	5
311	运—腿	麻痹	5							5		5	5			5	5
317	运—腿	软弱无力	4					5	5							5	5
322	运—趾	爪:弯卷难伸	2											10			10
325	运—姿	观星势V坐屈腿上	1														15
326	运	走V站不能	6									5	5	5	5	5	5

序	类	症　状	统	27 鸡球虫病	28 鸡住白虫病	29 鸡蛔虫病	32 磺胺中毒	33 马杜拉霉毒	34 黄曲霉毒	36 螺旋体病	37 传滑膜炎	38 食盐中毒	39 有机磷中毒	42 组织滴虫	43 绦虫病	47 维B1缺乏症	48 维B2缺乏症
329	运一足	轻瘫	1	5													
333	蛋孵	孵化率低V死胚V弱雏	1														5
336	蛋壳	薄V软V易破V品质下降	2		5		5										
338	蛋壳	粗糙V纱布状	1				5										
339	蛋壳	畸形(含小V轻)	2		5				5								
347	蛋数	减少V下降	6		5	5	5	5	5								
348	蛋数	少V停V下降	3						5						5		5
364	死因	败血V神症V呼察	1										5				
367	死因	衰竭	2									5			5		
368	死因	虚弱V消瘦V衰弱死	2									5			5		
371	死率	1%~2%V低	2								5				5		
379	鸡群	均匀度差	1	5													
384	身	发育不良V受阻V慢	3	5		5			5								
386	身	僵	5									5			5	5	5
387	身	脱水	2					5						5			
388	身	虚弱衰竭V衰弱V无力	6						5	5	5	5					5
391	身一背	拱	2			5			5								
399	身一腹	皮下出血(点V条)状	1		5												
404	身瘦	体重减V体积小V渐瘦	5	5	15	10		5	5								
406	身一瘫	瘫伏V轻瘫V偏瘫V突瘫	3												5	5	5
407	身一卧	喜卧V不愿站V伏卧										5	5		5		5
412	身一胸	皮下出血(点V条)状	1		5												
415	心一血	贫血	2		15	5											
417	心一血	墙V草V笼V槽等见血迹	1		15												
419	心一血	血凝时间延长	1					5									
420	病程	4~8天	2	.	5				5								
422	病程	慢;1月至1年以上	6	5								5			5	5	5
428	传源	蚯蚓是宿主	1			5											
429	传源	水料具垫设备人蝇衣	2	5		5											
432	促因	(卫生V消毒V管理)差	1			5											
434	促因	长期饲喂霉料	1						5								

序	类	症状	统	27 鸡球虫病	28 鸡住白虫病	29 鸡蛔虫病	32 磺胺中毒	33 马杜拉霉毒	34 黄曲霉毒	36 螺旋体病	37 传滑膜炎	38 食盐中毒	39 有机磷中毒	42 组织滴虫	43 绦虫病	47 维B$_1$缺乏症	48 维B$_2$缺乏症
436	促因	舍周有树V草V池塘	1		5												
438	促因	营养(差V缺)	1			5											
450	感途	消化道	1	5													
455	病鸡	产蛋母鸡	2								5						5
456	病鸡	成鸡	2								5						5
457	病鸡	雏鸡V肉用仔鸡	3								5				5		
458	病鸡	各龄	4							5	5	5	5				
494	病时	食后2~18小时发病	1						5								
495	病时	食后2~4天发病	1						5								
496	病时	食后2小时发病	1						5								
506	病势	突病V急V暴发V流行V烈	6	5						5	5	5	5	5			
510	病势	慢性群发	4												5	5	5
512	病势	地方性流行	1		5												
539	死因	出血多死	1					5									
542	死因	昏迷死V痉挛死	1					5									
559	易感	成年白色鸡	1		5												
560	易感	纯种V外来纯种鸡	2		5			5									
561	易感	各品种均感	2	5				5									
569	易感	幼禽	1					5									
570	病因	长期喂发霉料	1						5								
572	病因	黄曲霉毒素中毒	1						5								
573	病因	磺胺剂量过V时间长	1					5									
574	病因	计算错误搅动不均	1					5									
575	病因	马杜拉霉素中毒	1					5									
581	病因	重复用药V盲目加量	1					5									
585	病症	不明显	1	5													
586	病症	明显	1		5												
592	免疫	应答力下降V失败	1								15						
597	潜期	潜伏期:6~7天	1		5												
603	料肉	比升高V饲料转化率低	2	5							15						
609	殖	生产性能下降	1			5											

12组 肛门异常

序	类	症状	统	15 禽沙菌病	16 大肠杆菌	28 住白虫病	49 脱肛	51 恶癣	53 痛风
		ZPDS		23	30	38	6	12	26
165	消肛	毛上黏附多量白色尿酸盐	1						5
166	消肛	脱肛	1				10		
167	消肛	脏污肛∨躯	2				5	5	
168	消肛	啄它鸡肛∨啄自己肛	1					15	
169	消肛	周脏污∨粪封	3	5	5	5			
1	精神	神经痨∨神经症状∨脑病	1		5				
6	精神	兴奋∨不安	1					5	
7	精神	扎堆∨挤堆	1		5				
9	精神	沉郁	1			5			
11	精神	闭目∨呆滞	1		5				
12	精神	委顿∨迟钝∨淡漠	1	5					
17	体温	升高43℃~44℃	1			5			
18	鼻	喷嚏	1						5
19	鼻	甩鼻∨堵	1						5
32	头冠	针尖大红色血泡	1			5			
33	头冠	黑紫∨黑∨绀	1	5					
35	头冠	贫血∨白∨青∨褪色	2			5			5
37	头冠	紫红	1	5					
51	头面	苍白	1			5			
54	头面	黄	1			5			
64	头髯	绀(紫)∨黑紫∨发黑	1	5					
67	头髯	紫红	1	5					
68	头髯	质肉垂皮结节性肿胀	1						5
76	头肿		2		5	5			
84	眼	炎∨眼球炎	1		5				
97	眼	结膜色—白∨贫血	1			5			
98	眼	结膜色—黄	1			5			
101	眼	结膜炎∨充血∨潮红∨红	1		5				
114	叫	排粪时发出尖叫	1	5					
123	呼咳		2			5			5
125	呼痰	带血∨黏液	1			5			
126	呼吸	喘∨张口∨困难∨喘鸣声	3	5		5			5

序	类	症状	统	15 禽沙菌病	16 大肠杆菌	28 住白虫病	49 脱肛	51 恶癣	53 痛风
133	呼吸	快∨急促	1						5
138	消肠	炎	1		5				
144	消粪	含胆汁∨尿酸盐多	1						5
149	消粪	白∨灰白∨黄白∨淡黄	2		5	5			
153	消粪	绿∨(淡∨黄∨青)绿	2	5		5			
155	消粪	质:石灰渣样	1						15
157	消粪	泻∨稀∨下痢	2		5	5			
170	口	流涎∨黏沫	1			5			
194	消一食	食欲不振	3		5	5	5		
195	消一食	食欲废	3	5	5	5			
197	消一食	食欲正常∨增强	1					5	
207	尿中	尿酸盐增多	1						5
208	毛	松乱∨蓬松∨逆立∨无光	2		5	5			
209	毛	稀落∨脱羽∨脱落	1						5
211	毛	啄羽	1					15	
231	皮色	贫血∨苍白	1						5
233	皮下	出血	1			5			
244	运一步	蹒跚∨摇晃∨失调∨踉跄	1			5			
245	运一翅	下垂∨轻瘫∨麻痹∨松∨无力	1			5			
247	运一翅	关节肿胀疼痛	1						15
254	运一动	跛行∨运障∨瘸	1					5	
258	运一动	迟缓	1						10
265	运一动	行走无力	1						10
286	关节	附胫关节∨波动	1						10
289	关节	囊骨∨周尿酸盐	1						5
292	关节	炎肿痛	2		5				5
296	运一静	瘫伏∨轻瘫∨瘫∨突瘫	1			5			
305	运一腿	蹲坐∨独肢站立	1						10
321	运趾	爪:干瘪∨干燥	1						10
323	运趾	爪:啄趾	1					15	
326	运一走	∨站不能	1						5
327	运一走	∨站不能∨不稳一夜现	1						5
328	运一足	垫肿	1		5				

序	类	症状	统	15 禽沙菌病	16 大肠杆菌	28 住白虫病	49 脱肛	51 恶癣	53 痛风
330	蛋	卵黄囊炎	1		5				
331	蛋孵	孵化率下降∨受精率下降	2	5	5				
332	蛋孵	死胚∨出壳(难∨弱∨死)	1	5					
335	蛋鸡	啄蛋	1					15	
336	蛋壳	薄∨软∨易破∨品质下降	2			5		5	
339	蛋壳	畸形(含小∨轻)	1			5			
342	蛋壳	无	1					5	
347	蛋数	减少∨下降	3	5	5	5			
348	蛋数	少∨停∨下降	1		5				
362	死时	突死∨突然倒地∨迅速	1						5
388	身	虚弱衰竭∨衰弱∨无力	2	5					15
396	身-腹	大	1		5				
399	身-腹	皮下出血(点∨条)状	1			5			
404	身瘦	体重减∨体积小∨渐瘦	2	5		15			
412	身-胸	皮下出血(点∨条)状	1			5			
415	心-血	贫血	1			15			
417	心-血	墙∨草∨笼∨槽等见血迹	1			15			
442	感途	垂直-经蛋	1	5					
443	感途	多种途径	2	5	5				
444	感途	呼吸道	2	5	5				
445	感途	交配∨精液	1		5				
450	感途	消化道	2	5	5				
455	病鸡	产蛋母鸡	1				5		
456	病鸡	成鸡	1				5		
458	病鸡	各龄	1					5	
504	病势	突死	2	5	5				
507	病势	急	2	5	5				
509	病势	慢性∨缓和∨症状轻	2	5	5				
512	病势	地方性流行	1			5			
513	病势	散发	2				5	5	
521	死率	71%~90%	2		5	15			
523	死情	纯外来种死多	1			5			
528	死情	死前口流鲜血	1			25			

续 12 组

序	类	症 状	统	15 禽沙门菌病	16 大肠杆菌	28 住白虫病	49 脱肛	51 恶癣	53 痛风
559	易感	成年白色鸡	1			5			
560	易感	纯种∨外来纯种鸡	1			5			
561	易感	各品种均感	1		5				
566	易感	生长鸡∨成年鸡	1	5					
584	病症	6～9天在全群展现	1						5
608	殖	器官病∨死胚	1		5				

13 组　嗉囊异常

序	类	症 状	统	1 新城疫	8 马立克病	24 念珠菌病	27 鸡球虫病	38 食盐中毒	52 嗉囊阻塞	54 肠毒综合征	59 中暑
		ZPDS		32	30	27	20	31	10	27	22
198	消	嗉囊充硬料∨积食∨硬	1						25		
199	消	嗉囊充满液∨挤流稠饲料	5			5		5	10		5	10
200	消	嗉囊充酸(挤压)臭液	2	5		15					
201	消	嗉囊大∨肿大	3			5			10	25	
202	消	嗉囊积食∨硬∨充硬饲料	2	5						10	
203	消	嗉囊假膜白∨溃疡∨触软	1			5					
204	消	嗉囊松弛下垂	1		5						
1	精神	神经瘸∨神经症状∨脑病	1	5							
2	精神	昏睡∨嗜睡∨打瞌睡	2	5							10
4	精神	盲目前冲(倒地)	1	5							
6	精神	兴奋∨不安	1							10	
8	精神	不振	3		5	5		5			
9	精神	沉郁	3				5	5	5		
11	精神	闭目∨呆滞	1					5			
12	精神	委顿∨迟钝∨淡漠	1		5						
16	体温	先升高后降低	1								10
17	体温	升高 43℃～44℃	2							10	15
23	鼻涕	稀薄∨黏稠∨脓性∨炎性	1					5			
26	头	卷缩	1			5					

続 13 组

序	类	症状	统	1 新城疫	8 马立克病	24 念珠菌病	27 鸡球虫病	38 食盐中毒	52 嗉囊阻塞	54 肠毒综合征	59 中暑
33	头冠	黑紫∨黑∨绀	2	15							5
35	头冠	贫血∨白∨青∨褪色	2				5				5
36	头冠	先充血后发绀	1								10
37	头冠	紫红	1	5							
42	头须	麻痹∨软∨无力∨下垂	1		5						
44	头须	毛囊肿∨瘤毛血污∨切面黄	1		5						
47	头须	S状∨后仰观星∨角弓反张	1	5							
48	头须	扎毛∨羽毛逆立	1							5	
51	头面	苍白	1		5						
62	头冀	苍白∨贫血	1								5
64	头冀	绀(紫)∨黑紫∨发黑	1	5							
66	头冀	先充血后发绀	1								10
67	头冀	紫红	1	5							
71	头咽	喉:黄白假膜易剥见酪死	1			5					
75	头咽	喉:黏膜颗粒状白凸溃疡	1			5					
80	头姿	震颤	1							5	
86	眼	闭∨半闭∨难睁	1	5							
89	眼虹膜	缩小	1				5				
92	眼睑	有瘤	1			5					
105	眼球	鱼眼∨珍珠眼	1		5						
108	眼	失明障碍	2		5			5			
111	眼	瞳孔边缘不整	1		5						
113	叫	尖叫	1							10	
115	叫	声怪	1	5							
123	呼咳		1			5					
124	呼气	酸臭气体	1			15					
126	呼吸	喘∨张口∨困难∨喇鸣声	4	5		5		10			5
127	呼吸	极难	1					10			
128	呼吸	喉呼噜声	1								10
129	呼吸	啰音∨音异常	1	5							
132	呼吸	道:症轻∨障碍	1	5							
133	呼吸	快∨急促	1								15

続 13 組

序	类	症状	统	1 新城疫	8 马立克病	24 念珠菌病	27 鸡球虫病	38 食盐中毒	52 嗉囊阻塞	54 肠毒综合征	59 中暑
141	消吃	含食盐多	1					15			
142	消吃	减料15%,20%,40%,50%	1							5	
145	消一大便	含黏液	1	5							
147	消一大便	含血V血粪	3	5			5	5			
148	消一大便	含(料V肉丝V西红柿V鱼肠V黑煤)	1							20	
150	消一大便	红色胡萝卜样	1				5				
152	消一大便	咖啡色V黑	1				5				
153	消一大便	绿V(淡V黄V青)绿	1	5							
155	消一大便	质:石灰渣样	1							10	
157	消一大便	泻V稀V下痢	4	5		5	5	5			
170	口	流涎V黏沫	1					5			
175	口	口炎	1			5					
179	口喙	啄上状	1							10	
180	口喙	啄食不准确	1	5							
181	口角	有痂	1			5					
182	口膜	黄白假膜易剥见酪死	1			5					
184	口膜	颗粒状白色凸溃疡	1			5					
188	口一舌	黄白假膜易剥见酪死	1			5					
189	口一舌	面黏膜颗粒状白凸溃疡	1			5					
190	消	食管白色假膜V溃疡	1			5					
191	消一饮	口渴V喜饮V增强V狂饮	3	5				5			15
192	消一饮	减少V废饮	1	5							
193	消一饮	重的不饮	1								15
194	消一食	食欲不振	3			5	5	5			
195	消一食	食欲废	3	5				5	5		
205	消	吞咽困难	1			5					
208	毛	松乱V蓬松V逆立V无光	3		5	5	5				
226	皮膜	贫血V苍白	1				5				
232	皮色	着色差	1				5				
244	运一步	蹒跚V摇晃V失调V踉跄	3	5				5			10
245	运一翅	下垂V轻瘫V麻痹V松V无力	3		5		5		5		
248	运一翅	毛囊V瘤破皮毛血污	1		5						

序	类	症　状	统	1 新城疫	8 马立克病	24 念珠菌病	27 鸡球虫病	38 食盐中毒	52 嗉囊阻塞	54 肠毒综合征	59 中暑
249	运—翅	毛囊:瘤切面淡黄色	1		5						
250	运—翅	毛囊:肿胀V豆大瘤	1		5						
252	运—翅	抬起V直伸V人用力扭翅感难	2							15	10
254	运—动	跛行V运障V瘸	1		5						
256	运—动	不愿站	1					5			
257	运—动	不愿走	1					5			
258	运—动	迟缓	1		5						
261	运—动	痉抽V惊厥	1					5			
262	运—动	乱(窜V飞V撞V滚V跳)	1							10	
263	运—动	盲目前冲(倒地)	1					5			
265	运—动	行走无力	1		5						
268	运—动	转圈V伏地转	2	5				5			
283	运—脚	麻痹	1					5			
295	运—静	蹲坐V伏坐	1		5						
296	运—静	瘫伏V轻瘫V瘫V突瘫	1		5						
300	运—静	站立不稳	1								10
302	运—式	跳跃式	1							10	
303	运—腿	(不全V突然)麻痹	1		5						
311	运—腿	麻痹	1					5			
312	运—腿	毛囊瘤切面淡黄V皮血污	1		5						
313	运—腿	毛囊肿胀V豆大瘤	1		5						
315	运—腿	劈叉-前后伸	1		5						
324	运—姿	俯地前伸V身体后坐(卧姿)	1							5	
326	运—走	V站不能	2					5		5	
327	运—走	V站不能V不稳-夜现	1							5	
329	运—足	轻瘫	1				5				
331	蛋孵	孵化率下降V受精率下降	1	5							
339	蛋壳	畸形(含小V轻)	1	5							
347	蛋数	减少V下降	2	5			5				
348	蛋数	少V停V下降	1	5							
352	死峰	病14~16小时,19~21小时	1								10
357	死情	环温>35℃现死	1								10

续 13 组

序	类	症状	统	1 新城疫	8 马立克病	24 念珠菌病	27 鸡球虫病	38 食盐中毒	52 嗉囊阻塞	54 肠毒综合征	59 中暑
358	死情	体质好且肥胖	1							10	
362	死时	突死∨突然倒地∨迅速	2							5	5
363	死时	23时~凌晨4时死多	1							10	
367	死因	衰竭	2					5	5		
368	死因	虚弱∨消瘦∨衰弱死	2					5	5		
370	死姿	腿直∨乱跑突死∨腹朝天	1							10	
379	鸡群	均匀度差	1				5				
381	身	体质强弱不等	1							10	
384	身	发育不良∨受阻∨慢	1				5				
386	身	僵	1					5			
387	身	脱水	1							10	
388	身	虚弱衰竭∨衰弱∨无力	1					5			
390	身	震颤	1							5	
392	身—背	痂破血污皮毛	1		5						
393	身—背	毛囊肿∨豆大瘤	1		5						
403	身瘦	瘦如干柴∨抗病力下降	1							10	
404	身瘦	体重减∨体积小∨渐瘦	2				5			5	
407	身—卧	喜卧∨不愿站∨伏卧	1					5			
415	心—血	贫血	1		5						
416	心—血	贫血感染者后代贫血	1		5						
455	病鸡	产蛋母鸡	1							5	
458	病鸡	各龄	2					5	5		
462	病鸡	肉鸡体壮肥胖先死	1								10
504	病势	突死	2	5	5						
506	病势	突病∨急∨暴发∨流行∨烈	2				5	5			
507	病势	急	1	15							
513	病势	散发	1						5		
514	死龄	4周龄以下常大批死	1				5				
530	死时	>3月龄死少∧可康复	1				5				
546	死因	消瘦死	1				5				
550	病性	高度接触病	1	5							
552	病性	口炎	1				5				

94

续 13 组

序	类	症状	统	1 新城疫	8 马立克病	24 念珠菌病	27 鸡球虫病	38 食盐中毒	52 嗉囊阻塞	54 肠毒综合征	59 中暑
553	病性	淋巴瘤	1		15						
556	病性	上消化道病	1			5					
561	易感	各品种均感	1					5			
569	易感	幼禽	1				5				
579	病因	炎热环温>30℃＋潮湿＋闷∨缺水	1								10

14-1 组　羽毛乱∨脱∨脏

序	类	症状	统	2 禽流感	3 传支	5 传法囊病	8 马立克病	16 大肠杆菌	17 禽巴氏杆	20 坏死肠炎	21 禽结核菌	22 肉毒梭菌	24 念珠菌病	26 支原体病	27 鸡球虫病	28 住白细虫病	29 鸡蛔虫病
		ZPDS		38	29	25	31	30	26	20	27	16	26	39	28	38	23
208	毛	松乱∨蓬松∨逆立∨无光	14	5	5	5	5	5	5	5	5	5	5	5	5	5	5
1	精神	神经瘰∨神经症状∨脑病	1					5									
2	精神	昏睡∨嗜睡∨打瞌睡	2				5						5				
4	精神	盲目前冲(倒地)	1	5													
5	精神	缩颈	1								5						
7	精神	扎堆∨挤堆	2		5				5								
8	精神	不振	6	5			5					5	5				5
9	精神	沉郁	5							5	5			5	5		
10	精神	全群沉郁	1	5													
11	精神	闭目∨呆滞	3						5		5						5
12	精神	委顿∨迟钝∨淡漠	1				5										
31	头冠	萎缩∨皱缩∨变硬∨干缩	3						5		5			5			
32	头冠	针尖大红色血疱	1													5	
33	头冠	黑紫∨黑∨绀	2	5					5								
35	头冠	贫血∨白∨青∨褪色	6						5	5					5	5	5
37	头冠	紫红	1														
42	头颈	麻痹∨软∨无力∨下垂	2				5					5					
44	头颈	毛囊肿∨瘤毛血污∨切面黄	1				5										
45	头颈	伸直平铺地面	1									9					

序	类	症状	续(统)	2 禽流感	3 传支	5 传法囊病	8 马立克病	16 大肠杆菌	17 禽巴氏杆	20 坏死肠炎	21 禽结核病	22 肉毒梭菌	24 念珠菌病	26 支原体病	27 鸡球虫病	28 住白虫病	29 鸡蛔虫病
47	头颈	S状V后仰观星V角弓反张	1	5													
51	头面	苍白	2				5									5	
54	头面	黄	1													5	
71	头咽	喉:黄白假膜易见剥见酪死	1										5				
75	头咽	喉:黏膜颗粒状白凸溃疡	1										5				
86	眼	闭V半闭V难睁	2			5					5						
87	眼凹		1			5											
89	眼	虹膜缩小	1					5									
91	眼睑	麻痹	1									5					
92	眼睑	有瘀	1										5				
97	眼	结膜色-白V贫血	1													5	
98	眼	结膜色-黄	1													5	
100	眼	结膜水肿	1	5													
101	眼	结膜炎V充血V潮红V红	2					5						5			
104	眼泪	多(黏V酪V脓V浆)性	2	5	5												
105	眼球	鱼眼V珍珠眼	1				5										
106	眼球	增大V眼突出	1										5				
108	眼	失明障碍	1				5										
111	眼	瞳孔边缘不整	1				5										
123	呼咳		4		15									5	5		5
124	呼气	酸臭气体	1											15			
125	呼痰	带血V黏液	1													5	
126	呼吸	喘V张口V困难V喘鸣声	5	5	5									5	5		5
129	呼吸	啰音V音异常	3	5	15									5			
131	呼吸	道:浆性卡他性炎	1		15												
132	呼吸	道:症轻V障碍	2		5									5			
133	呼吸	快V急促	1							5							
137	消肠	小肠壁伤V蛔虫堵V破	1														35
138	消肠	炎	2					5									5
144	消粪	含胆汁V尿酸盐多	1									5					
145	消粪	含黏液	2	5													5
147	消粪	含血V血粪	4	5						5					5		5

序	类	症状	统	2 禽流感	3 传支	5 传法囊病	8 马立克病	16 大肠杆菌	17 禽巴氏杆	20 坏死肠炎	21 禽结核病	22 肉毒梭菌	24 念珠菌病	26 支原体病	27 鸡球虫病	28 住白虫病	29 鸡蛔虫病
149	消粪	白∨灰白∨黄白∨淡黄	4		5	5		5							5		
150	消粪	红色胡萝卜样	1												5		
151	消粪	灰黄	1						5								
152	消粪	咖啡色∨黑	2							5					5		
153	消粪	绿∨(淡∨黄∨青)绿	4	5					5			5			5		
154	消粪	质:便秘-下痢交替	1														5
156	消粪	水样	2		5	5											
157	消粪	泻∨稀∨下痢	10	5		5		5	5		5	5	5		5	5	5
158	消粪	黏稠	1			5											
169	消肛	周脏污∨粪封	2					5							5		
170	口	流涎∨黏沫	2						5						5		
181	口角	有痂	1										5				
182	口膜	黄白假膜易剥见酪死	1										5				
184	口膜	颗粒状白色凸溃疡	1										5				
188	口-舌	黄白假膜易剥见酪死	1										5				
189	口-舌	面黏膜颗粒状白凸溃疡	1										5				
190	消	食管白色假膜∨溃疡	1										5				
191	消-饮	口渴∨喜饮∨增强∨狂饮	1				5										
192	消-饮	减少∨废饮	3	5			5						5				
194	消-食	食欲不振	9	5		5		5		5		5	5	5	5	5	
195	消-食	食欲废	5		5			5		5	5				5		
196	消-食	食欲因失明不能采食	1										5				
199	消	嗉囊充满液∨挤流稠饲料	2				5							5			
200	消	嗉囊充酸(挤压)臭液	1										15				
201	消	嗉囊大∨肿大	1										5				
203	消	嗉囊假膜白∨溃疡∨触软	1										5				
204	消	嗉囊松弛下垂	1				5										
205	消	吞咽困难	1										5				
226	皮膜	贫血∨苍白	1													5	
229	皮色	发绀∨蓝紫	1														
232	皮色	着色差	1												5		
233	皮下	出血	1													5	

序	类	症 状	统	2 禽流感	3 传支	5 传法囊病	8 马立克病	16 大肠杆菌	17 禽巴氏杆	20 坏死肠炎	21 禽结核病	22 肉毒梭菌	24 念珠菌病	26 支原体病	27 鸡球虫病	28 住白虫病	29 鸡蛔虫病
244	运-步	踹趴V摇晃V失调V踉跄	3	5		5										5	
245	运-翅	下垂V轻瘫V麻痹V松V无力	7			5	5				5	5			5	5	5
248	运-翅	毛囊:瘤破皮毛血污	1				5										
249	运-翅	毛囊:瘤切面淡黄色	1				5										
250	运-翅	毛囊:肿胀V豆大瘤	1				5										
254	运-动	跛行V运障V瘸	4				5		5		5		5				
257	运-动	不愿走	1								5						
258	运-动	迟缓	2				5										5
265	运-动	行走无力	2				5										5
267	运-动	运动神经麻痹	1									15					
268	运-动	转圈V伏地转	1	5													
303	运-腿	(不全V突然)麻痹	2				5				5						
310	运-腿	鳞片紫红V紫黑	1	5													
312	运-腿	毛囊瘤切面淡黄V皮血污	1				5										
313	运-腿	毛囊肿胀V豆大瘤	1				5										
315	运-腿	劈叉—前后伸	1				5										
321	运-趾	爪:干瘪V干燥	1			5											
328	运-足	垫肿	1					5									
329	运-足	轻瘫	1												5		
330	蛋	卵黄囊炎	1					5									
331	蛋孵	孵化率下降V受精率下降	4	5				5			5		5				
336	蛋壳	薄V软V易破V品质下降	2	5												5	
339	蛋壳	畸形(含小V轻)	3	5	5											5	
340	蛋壳	色(棕V变浅V褪)	1	5													
342	蛋壳	无	1	5													
343	蛋液	稀薄如水	1		5												
346	蛋数	急剧下降V高峰时突降	1	5													
347	蛋数	减少V下降	9	5	5			5	5		5			5	5	5	5
348	蛋数	少V停V下降	4	5				5	5		5						
349	蛋数	康复鸡产蛋难恢复	1		5												
379	鸡群	均匀度差	1												5		
380	鸡	淘汰增加	1										5				

续 14-1 组

序	类	症状	统	2 禽流感	3 传支	5 传法囊病	8 马立克病	16 大肠杆菌	17 禽巴氏杆菌	20 坏死肠炎	21 禽结核病	22 肉毒梭菌	24 念珠菌病	26 支原体病	27 鸡球虫病	28 住白虫病	29 鸡蛔虫病
384	身	发育不良∨受阻∨慢	3											5	5		5
387	身	脱水	2			5								5			
390	身	震颤	1			5											
391	身-背	拱	2		5												5
392	身-背	瘤破血污皮毛	1				5										
393	身-背	毛囊肿∨豆大瘤	1				5										
395	身-腹	穿流黄液透明含纤维	1														
396	身-腹	大	1					5									
398	身-腹	皮发亮∨触波动感	1														
399	身-腹	皮下出血(点∨条)状	1													5	
401	身-腹	下垂	1														
404	身瘦	体重减∨体积小∨渐瘦	5								15			5	5	15	
411	身-胸	囊肿	1											5			
412	身-胸	皮下出血(点∨条)状	1													5	
415	心-血	贫血	4					5			15					15	5
416	心-血	贫血感染者后代贫血	1					5									
417	心-血	墙∨草∨笼∨槽等见血迹	1													15	
418	心-血	心跳快	1														
420	病程	4~8天	2				5									5	
422	病程	慢;1月至1年以上	3								5			5	5		
425	传源	病禽∨带毒菌禽	3	5							5			5			
426	传源	飞沫和尘埃	1											5			
427	传源	老鼠、甲虫等	1				5										
428	传源	蚯蚓是宿主	1														5
429	传源	水料具垫设备人蝇衣	6	5			5							5	5	5	
430	传源	羽毛皮屑传	1					5									
431	促因	(潮∨雨)暗热∨通风差	4		5				5	5	5						
432	促因	(卫生∨消毒∨管理)差	5			5			5	5	5						5
433	促因	不合理用药物添加剂	1									5					
435	促因	密度大∨冷拥挤	6		5	5		5	5	5	5						
436	促因	舍周有树∨草∨池塘	1													5	
437	促因	突然(变天∨变料)	2							5	5						

续 14-1 组

序	类	症状	统	2 禽流感	3 传支	5 传法囊病	8 马立克病	16 大肠杆菌	17 禽巴氏杆	20 坏死肠炎	21 禽结核病	22 肉毒梭菌	24 念珠菌病	26 支原体病	27 鸡球虫病	28 住白虫病	29 鸡蛔虫病
438	促因	营养(差V缺)	3		5				5								5
439	促因	运输V有他病	1						5								
440	感率	达90%～100%	1			5											
443	感途	多种途径	2	5				5									
444	感途	呼吸道	6	5	5			5	5		5			5			
445	感途	交配V精液	2					5						5			
447	感途	伤口皮肤黏膜	1						5								
450	感途	消化道	7	5	5			5	5				5	5	5		
454	混感	与新城疫等4病	1											5			
471	病龄	1～3日龄V新生雏	3												5	5	5
472	病龄	4～6日龄	4					5							5	5	5
473	病龄	1～2周	5				5	5							5	5	5
474	病龄	2～3周	6					5		5				5	5	5	5
475	病龄	3～4周(1月龄)	4		5					5				5	5		
476	病龄	4～8周(1～2月龄)	4							5				5	3	5	
477	病龄	8～12周(2～3月龄)	3							5				5	5		
478	病龄	12～16周(3～4月龄)	3								5			5			5
479	病龄	16周(4月龄)	2								5			5			
480	病龄	雏鸡多于成鸡	1													5	
481	病龄	成鸡V产蛋母鸡	3					5	5		5						
482	病龄	各龄	3		5			5			5						
499	病势	无症至全死	1	5													
504	病势	突死	4					5	5	5	5						
505	病势	最急性感染10小时死	1	5													
506	病势	突病V急V暴发V流行V烈	5		5	5	5				5			5			
507	病势	急	3					5	5		5						
511	病势	传速快V传染强	1		5												
528	死情	死前口流鲜血	1													25	
529	死情	死亡曲线呈尖峰式	1			5											
530	死时	＞3月龄死少∧可康复	1										5				
531	死期	病后1～3天死	1						5								
532	死时	4～7周龄肉鸡死高峰	1							5							

序	类	症状	统	2 禽流感	3 传支	5 传法囊病	8 马立克病	16 大肠杆菌	17 禽巴氏杆	20 坏死肠炎	21 禽结核病	22 肉毒梭菌	24 念珠菌病	26 支原体病	27 鸡球虫病	28 住白虫病	29 鸡蛔虫病
533	死时	病2~6天死V很快死	1	5													
536	死时	腹水出现后1~3天死	1														
538	死时	迅速	1									5					
541	死因	喉头假膜堵塞死	1											5			
543	死因	继发并发症V管理差死	1	5													
545	死因	衰竭衰弱死	3			5					5			5			
546	死因	消瘦死	1										5				
547	死因	心、呼吸衰竭死	1									5					
549	死因	抓鸡突然抽搐死	1														
550	病性	高度接触病	3	5	5	5											
552	病性	口炎	1										5				
553	病性	淋巴瘤	1				15										
554	病性	慢性呼吸道病	1											5			
556	病性	上消化道病	1										5				
557	病性	中毒病	1									5					
609	殖	生产性能下降	1														5

14-2 组 羽毛乱∨脱∨脏

序	类	症状	统	32 碘胺类中毒	33 马杜拉霉素中毒	34 黄曲霉毒素	35 冠癣	36 螺旋体病	37 传喉膜炎	40 呋喃西林中毒	41 CO中毒	42 组织滴虫病	43 除虫菊	44 氨	45 蒲菊	46 维A缺乏症	47 维B₁缺乏症	48 维B₂缺乏症	53 痛风
		ZPDS		20	32	29	17	25	33	25	21	29	34	15	24	34	26	36	27
208	毛	松乱∨蓬松∨逆立∨无光	14	5	5	5	5	5	5	5	5	5	5	5	5	5	5		
209	毛	羽毛∨脱羽∨脱落	12		5	5	5	5	5	5	5	5	5	5	5	5	5	10	5
210	毛	脏污∨脏乱	2			5													
2	精神	昏睡∨嗜眠∨打瞌睡	4		5	5												5	
3	精神	乱飞乱跑∨翻滚	1		5						5								
6	精神	兴奋∨不安	4		5					5				5	5				
8	精神	不振	5				5				5	5	5			5			
9	精神	沉郁	9	5	5		5	5			5	5	5			5			
11	精神	闭目∨呆滞	3						5										
12	精神	委顿∨迟钝∨衰竭	1			5											5		
13	体温	降低(即<40.5℃)	1																
17	体温	升高 43℃~44℃	1					5											
18	鼻	喷嚏	1																5
19	鼻	甩鼻∨堵	1																5
27	头	甩翅∨甩鼻∨甩头	1							5									
31	头冠	萎缩∨皱缩∨变硬∨干缩	1						10										
33	头冠	黑紫∨黑∨拱	6		5	5		5	5			5	5	5	5		5	5	5
35	头冠	贫血∨白∨青∨褐色	10	5		5	5	5	5	5	5	5	5	5	5	5	5	5	5

续 14-2 组

序	类	症状	统	32 磺胺类中毒	33 马杜拉霉素中毒	34 黄曲霉毒素	35 冠癣	36 螺旋体病	37 传染性喉气管炎	40 呋喃西林中毒	41 CO中毒	42 组织滴虫病	43 绦虫病	44 氨	45 螨病	46 维A缺乏症	47 维B₁缺乏症	48 维B₂缺乏症	53 痛风
38	头冠	鳞片皮屑∨白癣∨屑	1																
42	头颈	麻痹∨软∨无力∨下垂	1				25												
46	头颈	缩颈缩头∨向下弯缩	1									5							
47	头颈	S状∨后仰观星∨角弓反张	6			5				5	5						15	15	
52	头面	发绀	1		5	5													
61	头羽	缩缩∨萎缩∨变硬	1		5				5										
62	头羽	苍白∨贫血	9	5			5	5	5						5	5	5	5	
63	头羽	出血	1	5															
64	头羽	绀(紫)∨黑素∨发黑	6		5			5	5			5	5					5	
68	头羽	质肉垂皮结节性肿胀	1									5	5						5
69	头色	蓝素∨黑∨青	2									5					5		
77	头姿	垂头	1																
78	头姿	扭头∨仰头	3							5			5				5		
79	头姿	头卷翅下	1									15							
86	眼	闭∨半闭∨难睁	2									5				5			
87	眼凹		1									5							
88	眼干	维生素A缺乏	1													25			
90	眼睑	出血	1	5															
96	眼	角膜干	1													25			

· 103 ·

续 14-2 组

序	类	症状	续	32 磺胺类中毒	33 马杜拉毒	34 黄曲霉毒	35 冠曲霉	36 螺旋体病	37 传染性脑膜炎	40 呋喃西林中毒	41 CO中毒	42 组织滴虫	43 除虫菊	44 瓦	45 菊菊	46 维A缺乏症	47 维B₁缺乏症	48 维B₂缺乏症	53 痛风
97	眼	结膜色一白∨贫血	4										5				5		
98	眼	结膜色一黄	1										10						
101	眼	结膜炎∨充血∨潮红∨红	1													5			
103	眼泪	流泪∨湿润	1													5			
108	眼	失明障碍	1													5			
109	眼屎	泪多∨黏∨酪∨脓∨浆\性	1							10						5			
113	叫	尖叫	2		5					10									
115	叫	声径	1							10									
116	叫	声痿鸣	1			5													
117	叫	失声	1							10									
119	呼喉	白喉	1												15				
120	呼喉	积黏液∨酪	1				10												
123	呼咳		1													5			5
126	呼吸	喘∨张口∨困难∨喘鸣声	4								10					5			5
127	呼吸	啰雄	1								10								
133	呼吸	快∨急促	1																5
139	消吃	吠喃药	1							15									
143	消吃	料+单纯∨缺维生素	3					5									10	10	
144	消粪	含胆汁∨尿酸盐多	3					5									10	10	5

· 104 ·

序	类	症状	续	32 磺胺类中毒	33 马杜拉霉素中毒	34 黄曲霉毒素	35 冠簪	36 鸡戚体菌	37 传染病皮炎	40 呋喃西林中毒	41 CO中毒	42 组织滴虫	43 绦虫菊	44 氨	45 菊菊	46 维A缺乏症	47 维B1缺乏症	48 维B2缺乏症	53 痛风
145	消粪	含黏液	1																
146	消粪	含泡沫	1			5													
147	消粪	含血∨血粪	2										10						
149	消粪	白∨灰白∨黄白∨浅黄	3		5				5			5							
153	消粪	绿∨(浅∨黄)绿	4			5		5	5			5						5	
155	消粪	质:石灰水渣样	1																15
156	消粪	水样	1			5													
157	消粪	稀∨稀∨下痢	9	5		5		5	5			5	5				5	5	
164	消肛	肛挂虫	1										25						
165	消肛	毛上站附多量白色尿酸盐	1																5
171	口	出血点	1													15			
191	消-饮	口渴∨喜饮∨增强∨狂饮	4		5	5		5		5			5		5	5	5		
194	消-食	食欲不振	11		5	5			5		5	5	5	5	5	5	5	5	
195	消-食	食欲废	6		5			5	5	5	5	5		5			5		
197	消-食	食欲正常∨增强	7	5			5						5	5	5	5	5	5	
206	尿系	肾肿大	1	5															
207	尿中	尿酸盐增多	1																5
213	毛	生长∨发育不良	1												15			10	
220	皮短	似瘟	1																

续 14-2 组

序	类	症状	统	32 磺胺类中毒	33 马杜拉霉中毒	34 黄曲霉毒素	35 冠菌素	36 螟蛾体菌	37 传染性法氏囊炎	40 痢特灵中毒	41 CO中毒	42 组织滴虫	43 绦虫病	44 氟	45 喹乙醇	46 维A缺乏症	47 维B₁缺乏症	48 维B₂缺乏症	53 痛风
224	皮膜	红V炎	1													5			
225	皮膜	黄V疸	1														5		
226	皮膜	贫血V苍白	4					5					10						
229	皮色	发绀V蓝紫	1			5					25								
231	皮色	贫血V苍白	2																5
233	皮下	出血	1	5															
235	皮性	粗糙	1												25				
236	皮性	伤	1				5												
237	皮性	水肿	1				5		5										
238	皮性	炙汤烂痂V结节	3				5								5				
239	皮性	羽毛有氢卵	1											25					
240	皮性	肿V湿V渗液	1						10										
243	运一步	高跛V步水	1								5	10							
244	运一步	瘫痪V蹒跚V失调V跛跛	6			5				5	5		5			5	5		
245	运一翅	下垂V轻瘫V麻痹V松V无力	4			5						5	5				5	5	
247	运一翅	关节肿胀疼痛	2																
251	运一翅	强直	2							10	10								15
254	运一动	跛行V运障V瘸	4					5							5			5	
256	运一动	不愿站	2					5	5									5	

序	类	症状	续	32 磺胺类中毒	33 马杜拉霉素中毒	34 黄曲霉毒素	35 冠囊虫	36 螺旋体病	37 传染性腺炎	40 呋喃西林中毒	41 CO中毒	42 组织滴虫	43 除虫菊	44 氟	45 蛔虫	46 维A缺乏症	47 维B_1缺乏症	48 维B_2缺乏症	53 痛风
257	运动	不愿走	2						5										
258	运动	迟缓	2		5														10
259	运动	飞支地	2													5			
261	运动	瘫油∨惊厥	4							5	5					5	5	5	
262	运动	乱(窜∨飞∨撞∨滚∨跳)	1							25								5	
263	运动	盲目前冲(倒地)	2							5	5								
265	运动	行走无力	2																10
266	运动	用附胫膝走	2							5						5		5	
268	运动	转圈∨伏地转	2		5														
278	肌	麻痹	1														10	10	
279	肌	萎缩(骨凸)	1																
280	脚	后伸	1			5													
282	脚	瘫痪∨抽搐∨强直	2							10	10						5	5	
283	脚	麻痹	3					5											
284	脚	石灰脚	1												25				
286	关节	附胫关节∨波动	1																10
287	关节	关节不能动	1						10										
289	关节	囊肖∨周尿酸盐	1																5
292	关节	炎肿痛	2						5										5

续 14-2 组

序	类	症　状	统	32 碘胺类中毒	33 马杜拉霉素中毒	34 黄曲霉毒素	35 冠癣	36 螺旋体病	37 传染性鼻气管炎	40 呋喃西林中毒	41 CO中毒	42 组织滴虫病	43 绦虫病	44 氨	45 球菌	46 维A缺乏症	47 维B1缺乏症	48 维B2缺乏症	53 痛风
294	运-静	侧卧	1																
296	运-静	蹲伏∨轻瘫∨突瘫	1		5														
300	运-静	站立不稳	1		5														
305	运-腿	蹲坐∨独肢站立	1																10
307	运-腿	后伸∨向后张开	1		5														
308	运-腿	黄色素:消失	1																
311	运-腿	麻痹	3					5											
317	运-腿	软弱无力	4		5								5						
321	运-趾	爪:干瘪∨干燥	1													15			10
322	运-趾	爪:弯卷蜷伸	2									10						10	
325	运-姿	观星势∨坐屈蹲上	1															15	
326	运-走	站不稳	5									5	5				5	5	
327	运-走	站不能∨夜现	1																
333	蛋稃	∨话革低∨死压∨弱雏	2													5		5	
336	蛋壳	薄∨软∨易破∨品质下降	1	5															
338	蛋壳	粗糙∨∨布状	1	5															
339	蛋壳	畸形(含小∨轻)	1			5													
347	蛋数	减少∨下降	3	5		5	5								5				
348	蛋数	少∨停∨下降	7	5		5							5		5	5		5	

续 14-2 组

序	类	症状	统	32 磺胺类中毒	33 马杜拉霉素中毒	34 黄曲霉毒素	35 冠状菌	36 螺旋体病	37 传背膜炎	40 呋喃西林中毒	41 CO中毒	42 组织滴虫	43 绦虫菌	44 蛔	45 蜱菌	46 维A缺乏症	47 维B₁缺乏症	48 维B₂缺乏症	53 痛风
362	死时	突死∨突然倒地∨迅速	1																5
366	死因	经抽∨挣扎死	2								5								
367	死因	衰竭	3											5	5				
368	死因	虚弱∨消瘦∨衰弱死	3										5	5	5				
371	死率	1%～2%∨低	5										3	5	5	5			
372	死率	高	1													5			
384	身	发育不良∨受阻∨慢	1							5				5	5	5	5	5	
386	身	僵	8									5							
387	身	腹水	2		5														
388	身	虚弱衰竭∨衰弱∨无力	10					5	5				5	5		5	5	5	
391	身-背	拱	1			5													
404	身瘦	体重减∨体积小∨渐瘦	2		5	5					5								
406	身-瘫	瘫伏∨轻瘫∨偏瘫∨衰瘫	3										5			5	5	5	
407	身-卧	喜卧∨不愿站∨伏卧	4						5										
419	心-血	血凝时间延长	1	5															
420	病程	4～8天	1			5													
422	病程	慢∨1月至1年以上	9						5			5				5	5	5	
434	促因	长期饲喂霉料	1			5	5												
455	病鸡	产蛋时母鸡	2						5							5	5	5	

· 109 ·

序	类	症状	统	32 磺胺类中毒	33 马杜拉霉素中毒	34 黄曲霉毒毒	35 冠藓薯毒	36 螺旋体病	37 传情膜炎	40 呋喃西林中毒	41 CO中毒	42 组织滴虫	43 绦虫病	44 蚤	45 螨病	46 维A缺乏症	47 维B1缺乏症	48 维B2缺乏症	53 痛风
456	病鸡	成鸡	2													5		5	
457	病鸡	雏鸡∨肉用仔鸡	4						5	5	5							5	
458	病鸡	各龄	8				5		5	5	5	5		5	5	5			
460	病鸡	青年鸡∨青年母鸡	3						5			5						5	
466	病季	春	2					5	5										
467	病季	夏∨热季	1					5											
468	病季	秋	1					5											
469	病季	冬∨冷季∨寒季	1					5											
494	病时	食后2~18小时发病	1		5														
495	病时	食后2~4天发病	1		5														
496	病时	食后2小时发病	1		5														
506	病势	突然病∨急∨暴发∨流行∨烈	5				5	5	5	5	5								
510	病势	慢性群发	8					5				5	5	5	5	5	5	5	
539	死因	出血多死	1	5															
542	死因	昏迷死∨衰竭死	1		5														
560	易感	纯病死∨外表纯种鸡	1	5															
561	易感	各品种均感	1	5															
569	易感	幼禽	1	5															
570	病因	长期喂发霉料	1			5													

续 14-2 组

序	类	症状	续	32 磺胺类中毒	33 马杜拉霉素中毒	34 黄曲霉毒	35 冠霉	36 螨虫体病	37 传播膜炎	40 呋喃西林中毒	41 CO中毒	42 组织滴虫	43 绦虫菊	44 氢	45 蕨菊	46 维A缺乏症	47 维B₁缺乏症	48 维B₂缺乏症	53 痛风
572	菊因	黄曲霉毒素中毒	1			5													
573	菊因	磺胺剂量过V时间长	1	5															
574	菊因	计算精误搅动不均	1		5														
575	菊因	马杜拉霉素中毒	1		5														
581	菊因	重复用药V盲目加量	1		5														
584	菊症	6~9天在全群展现	1																5
592	免疫	应答力下降V失败	1			15													
603	科肉	比升高V饲料转化率低	1			15													
605	诊	确诊前检-尿酸盐沉积	1																35

15组 羽毛异常

序	类	症 状	统	4 传喉	12 网皮增殖	13 鸡白血病	19 葡萄球菌	48 B₂缺乏症	51 恶癣	55 腺胃炎
		ZPDS		41	18	24	26	31	11	20
211	毛	啄羽	1						15	
212	毛	胸毛稀少V脱落	1				5			
213	毛	生长V发育不良	2					10		10
214	毛	主翼发育不良	1		5					
215	毛	背翅羽毛逆立V脱落	1		5					
216	毛	见血迹	1	5						
217	毛	毛囊处出血	1			5				
218	毛	中间部位无羽毛生长	1		15					
2	精神	昏睡V嗜睡V打瞌睡	1					5		
6	精神	兴奋V不安	1						5	
8	精神	不振	1				5			
9	精神	沉郁	4	5	5	5	5			
11	精神	闭目V呆滞	1							10
15	体温	畏寒	1							10
18	鼻	喷嚏	1							5
19	鼻	甩鼻V堵	1							5
23	鼻涕	稀薄V黏稠V脓性V炎性	1	5						
31	头冠	萎缩V皱缩V变硬V干缩	1			5				
33	头冠	黑紫V黑V绀	2	5				5		
35	头冠	贫血V白V青V褪色	2			5	5			
40	头喉	肿胀V糜烂V出血	1	5						
41	头颈	出血灶	1			5				
47	头颈	S状V后仰观星V角弓反张	1					15		
55	头面	见血迹	1	5						
85	眼	白内障	1		15					
86	眼	闭V半闭V难睁	1				5			
103	眼泪	流泪V湿润	1							10
104	眼泪	多(黏V酪V脓V浆)性	1	5						
106	眼球	增大V突出	1		5					
108	眼	失明障碍	2	5						10
112	眼肿		1							10
121	呼咳	痉挛性V剧烈	1	15						

序	类	症　状	统	4 传喉	12 网皮增殖	13 鸡白血病	19 葡萄球菌	48 B₂缺乏症	51 恶癖	55 腺胃炎
122	呼咳	受惊吓明显	1	5						
123	呼咳		2	5						5
125	呼痰	带血∨黏液	1	15						
126	呼吸	喘∨张口∨困难∨喘鸣声	2	15						5
129	呼吸	啰音∨音异常	2	5						10
132	呼吸	道:症轻∨障碍	2	5			5			
136	气管	肿胀糜烂出血	1	5						
143	消吃	料:单纯∨缺维生素	1					10		
149	消一大便	白∨灰白∨黄白∨淡黄	1				5			
153	消一大便	绿∨(淡∨黄∨青)绿	2	5			5			
157	消一大便	泻∨稀∨下痢	3	5			5	5		
167	消肛	脏污肛∨躯	1						5	
168	消肛	啄它鸡肛∨啄自己肛	1						15	
176	口	排带血黏液	1	5						
178	口喉	见血迹	1	5						
192	消一饮	减少∨废饮	2				5			5
194	消一食	食欲不振	2	5			5			
195	消一食	食欲废	1				5			
197	消一食	食欲正常∨增强	2					5	5	
210	毛	脏污∨脏乱	1					10		
231	皮色	贫血∨苍白	1			5				
233	皮下	出血	1			5				
242	皮肿	瘤:火山口状	1			5				
245	运一翅	下垂∨轻瘫∨麻痹∨松∨无力	1					5		
246	运一翅	∨尖出血	1			5				
254	运一动	跛行∨运障∨瘫	3				5	5	5	
256	运一动	不愿站	1					5		
257	运一动	不愿走	2				5	5		
259	运一动	飞节支地	1					5		
266	运一动	用跗胫膝走	1					5		
272	运一骨	胫骨肿粗	1			5				
279	运一肌	萎缩(骨凸)	1					10		
283	运一脚	麻痹	1					5		

序	类	症 状	统	4 传喉	12 网皮增殖	13 鸡白血病	19 葡萄球菌	48 B₂缺乏症	51 恶癣	55 腺胃炎
290	关节	破溃∨结污黑痂	1				5			
292	关节	炎肿痛	1				5			
293	关节	跖趾炎∨波动∨溃∨紫黑痂	1				5			
297	运—静	卧地不起(多伏卧)	1			5				
299	运—静	喜卧∨不愿站	1				5			
303	运—腿	(不全∨突然)麻痹	1		5					
311	运—腿	麻痹	1					5		
314	运—腿	内侧水肿∨渗血紫∨紫褐	1				5			
315	运—腿	劈叉—前后伸	1		5					
317	运—腿	软弱无力	1					5		
322	运趾	爪:弯卷难伸	1					10		
323	运趾	爪:啄趾	1						15	
325	运—姿	观星势∨坐屈腿上	1					15		
326	运—走	∨站不能	1					5		
333	蛋孵	∨活率低∨死胚∨弱雏	1					5		
335	蛋鸡	啄蛋	1						15	
336	蛋壳	薄∨软∨易破∨品质下降	1						5	
339	蛋壳	畸形(含小∨轻)	2	5		5				
342	蛋壳	无	1						5	
343	蛋液	稀薄如水	1			5				
347	蛋数	减少∨下降	2	5		5				
348	蛋数	少∨停∨下降	2	5						
382	鸡	体重下降(40%～70%)	1							10
383	鸡	体重增长缓慢	1							10
384	身	发育不良∨受阻∨慢	1		5					
386	身	僵	1					5		
388	身	虚弱衰竭∨衰弱∨无力	1					5		
389	身	有全身症状	1				5			
394	身—腹	触摸到大肝	1			5				
396	身—腹	大	1				5			
397	身—腹	水肿∨渗血(紫∨紫褐)	1				5			
402	身瘦	病后期—极瘦	1							10
404	身瘦	体重减∨体积小∨渐瘦	3	5		5				5

序	类	症 状	统	4 传喉	12 网皮增殖	13 鸡白血病	19 葡萄球菌	48 B₂缺乏症	51 恶癣	55 腺胃炎
405	身瘦	迅速	1	5						
406	身—瘫	瘫伏∨轻瘫∨偏瘫∨突瘫	1					5		
407	身—卧	喜卧∨不愿站∨伏卧	1					5		
408	身—胸	出血	1				5			
409	身—胸	水肿∨渗血(紫∨紫褐)	1				5			
415	心—血	贫血	1		5					
417	心—血	墙∨草∨笼∨槽等见血迹	1	5						
421	病程	15日左右	1	5						
422	病程	慢:1月至1年以上	2	5				5		
424	传速	快∨迅速∨传染强	1							10
446	感途	脐带	1				5			
447	感途	伤口皮肤黏膜	1				5			
448	感途	水平	2		5	5				
449	感途	蚊叮	1		5					
450	感途	消化道	2	5		5				
451	感途	眼	1	5						
455	病鸡	产蛋母鸡	1					5		
492	病名	苍白鸡,吸收不良,僵鸡征	1							10
493	病名	传染性矮小征	1							10
502	病势	隐性感染	1			5				
507	病势	急	2	5			5			
509	病势	慢性∨缓和∨症状轻	2	5			5			
510	病势	慢性群发	1					5		
511	病势	传速快∨传染强	1	5						
513	病势	散发	1						5	
517	死率	<10%	2	5		5				
518	死率	11%~30%	2	5		5				
519	死率	31%~50%	2	5	5					
520	死率	51%~70%	1	5						
521	死率	71%~90%	2	5	5					
555	病性	慢性肿瘤病	1		5					
561	易感	各品种均感	1	5						
562	易感	褐羽∨褐壳蛋鸡	1	5						

续15组

序	类	症状	统	4 传喉	12 网皮增殖	13 鸡白血病	19 葡萄球菌	48 B₂缺乏症	51 恶癣	55 腺胃炎
565	易感	商品鸡	1			5				
583	预后	瘦小∨不长∨不齐	1							10
588	免疫	获得坚强免疫力	1	5						
597	潜期	潜伏期:6~7天	1			5				
598	潜期	潜伏期:13天	1			5				
599	潜期	潜伏期:3~4周	1			5				
600	潜期	潜伏期:4~30周	1			5				

16组　皮肤黏膜贫血∨苍白

序	类	症状	统	11 传贫	13 鸡白血病	27 鸡球虫病	34 黄曲霉毒	36 螺旋体病	43 绦虫病	45 螨病	47 维B₆缺乏症	52 嗉囊阻塞	53 痛风	56 包涵体肝炎
		ZPDS		23	22	24	27	21	32	23	26	10	27	23
226	皮膜	贫血∨苍白	5			5		5	5	5				
231	皮色	贫血∨苍白	5	5	5		5						5	25
2	精神	昏睡∨嗜睡∨打瞌睡	1				5							10
6	精神	兴奋∨不安	1							5				
8	精神	不振	1					5						
9	精神	沉郁	6	5	5	5		5				5		
11	精神	闭目∨呆滞	2				5					5		
12	精神	委顿∨迟钝∨淡漠	1				5							
13	体温	降低(即<40.5℃)	1								5			
17	体温	升高43℃~44℃	1					5						
18	鼻	喷嚏	1										5	
19	鼻	甩鼻∨堵	1										5	
26	头	卷缩	1			5`								
31	头冠	萎缩∨皱缩∨变硬∨干缩	1		5									
33	头冠	黑紫∨黑∨绀	2					5	5					
34	头冠	黄染	1											5
35	头冠	贫血∨白∨青∨褪色	8	5	5	5		5	5	5			5	5

续 16 组

序	类	症 状	统	11 传贫	13 鸡白血病	27 鸡球虫病	34 黄曲霉毒	36 螺旋体病	43 绦虫病	45 螨病	47 维B₁缺乏症	52 嗉囊阻塞	53 痛风	56 包涵体肝炎
41	头颈	出血灶	1		5									
47	头颈	S状V后仰观星V角弓反张	2					5			15			
50	头脸	苍白－群病2~3天后	1											10
51	头面	苍白	1											5
62	头髻	苍白V贫血	6	5				5	5	5	5			5
64	头髻	绀(紫)V黑紫V发黑	2					5	5					
65	头髻	黄色	1											5
68	头髻	质肉垂皮结节性肿胀	1										5	
69	头色	蓝紫V黑V青	1								5			
78	头姿	扭头V仰头	2						5		5			
97	眼	结膜色－白V贫血	4					5	5	5				
98	眼	结膜色－黄	1						10					
116	叫	声凄鸣	1				5							
119	呼喉	白喉	1							15				
123	呼咳		1										5	
126	呼吸	喘V张口V困难V喘鸣声	1										5	
133	呼吸	快V急促	1										5	
143	消吃	料:单纯V缺维	1								10			
144	消粪	含胆汁V尿酸盐多	2					5						
145	消粪	含黏液	1						10					
146	消粪	含泡沫	1				5							
147	消粪	含血V血粪	2			5			5					
150	消粪	红色胡萝卜样	1			5								
152	消粪	咖啡色V黑	1			5								
153	消粪	绿V(淡V黄V青)绿	2					5	5					
155	消粪	质:石灰渣样	1										15	
156	消粪	水样	1				5							
157	消粪	泻V稀V下痢	5			5	5	5	5		5			
161	消肝	细胞内现核内包涵体	1											5
164	消肛	肛挂虫	1						25					
165	消肛	毛上黏附多量白色尿酸盐	1										5	

续 16 组

序	类	症 状	续	11 传贫	13 鸡白血病	27 鸡球虫病	34 黄曲霉毒	36 螺旋体病	43 绦虫病	45 螨病	47 维B₁缺乏症	52 嗉囊阻塞	53 痛风	56 包涵体肝炎
177	口喉	苍白	1	5										
191	消-饮	口渴∨喜饮∨增强∨狂饮	2						5	5				
194	消-食	食欲不振	5			5	5		5	5	5			
195	消-食	食欲废	4	5					5			5	5	
197	消-食	食欲正常∨增强	3						5	5	5			
198	消	嗉囊充硬料∨积食∨硬	1									25		
199	消	嗉囊充满液∨挤流稠饲料	1			5								
201	消	嗉囊大∨肿大	1									25		
207	尿中	尿酸盐增多	1										5	
208	毛	松乱∨蓬松∨逆立∨无光	6			5	5	5	5	5			5	
209	毛	稀落∨脱羽∨脱落	5					5	5	5	5		5	
210	毛	脏污∨脏乱	1				5							
217	毛	毛囊处出血	1		5									
220	皮痘	似痘	1								15			
225	皮膜	黄∨黄疸	2						10					5
230	皮色	黄色	1											10
232	皮色	着色差	1			5								
233	皮下	出血	2	5	5									
235	皮性	粗糙	1								25			
238	皮性	炎疡烂痂∨结节	1								5			
242	皮肿	瘤:火山口状	1		5									
244	运-步	蹒跚∨摇晃∨失调∨踉跄	3				5			5	5			
245	运-翅	下垂∨轻瘫∨麻痹∨松∨无力	4			5	5			5		5		
246	运-翅	∨尖出血	2	5	5									
247	运-翅	关节肿胀疼痛	1										15	
254	运-动	跛行∨运障∨瘸	2						5	5				
258	运-动	迟缓	1										10	
261	运-动	痉抽∨惊厥	1								5			
265	运-动	行走无力	1										10	
272	运-骨	胫骨肿粗	1		5									
275	运-肌	出血	2	5										5

序	类	症　状	统	11 传贫	13 鸡白血病	27 鸡球虫病	34 黄曲霉毒	36 螺旋体病	43 绦虫病	45 螨病	47 维B1缺乏症	52 嗉囊阻塞	53 痛风	56 包涵体肝炎
278	运-肌	麻痹	1								10			
280	运-脚	后伸	1				5							
283	运-脚	麻痹	2					5			5			
284	运-脚	石灰脚	1							25				
286	关节	跗胫关节V波动	1										10	
289	关节	囊骨V周尿酸盐	1										5	
292	关节	炎肿痛	1										5	
297	运-静	卧地不起(多伏卧)	1			5								
305	运-腿	蹲坐V独肢站立	1										10	
311	运-腿	麻痹	2					5			5			
316	运-腿	屈腿蹲立V蹲伏于地	1										10	
317	运-腿	软弱无力	2						5		5			
321	运趾	爪:干瘪V干燥	1										10	
326	运-走	V站不能	3						5		5		5	
327	运-走	V站不能V不稳-夜现	1								5			
329	运-足	轻瘫	1			5								
333	蛋孵	V活率低V死胚V弱雏	1											5
339	蛋壳	畸形(含小V轻)	2		5		5							
343	蛋液	稀薄如水	1		5									
347	蛋数	减少V下降	3		5	5	5							
348	蛋数	少V停V下降	3				5			5				
350	蛋数	轻微下降V影响蛋壳质量	1											5
353	死峰	病后3~4天高,5天停	1											15
362	死时	突死V突然倒地V迅速	1										5	
367	死因	衰竭	3							5	5	5		
368	死因	虚弱V消瘦V衰弱死	3							5	5	5		
379	鸡群	均匀度差	1			5								
384	身	发育不良V受阻V慢	3	5		5	5							
386	身	僵	4	15						5	5	5		
388	身	虚弱衰竭V衰弱V无力	6	5			5	5	5		5		15	
391	身-背	拱	1				5							

序	类	症状	统	11 传贫	13 鸡白血病	27 鸡球虫病	34 黄曲霉毒	36 螺旋体病	43 绦虫病	45 螨病	47 维B₁缺乏症	52 嗉囊阻塞	53 瘫风	56 包涵体肝炎
392	身—背	瘤破血污皮毛	0											
394	身—腹	触摸到大肝	1		5									
404	身瘦	体重减∨体积小∨渐瘦	4	5	5	5	5							
406	身—瘫	瘫伏∨轻瘫∨偏瘫∨突瘫	2							5	5			
408	身—胸	出血	1		5									
415	心—血	贫血	1	15										
416	心—血	贫血感染者后代贫血	1	5										
419	心—血	血凝时间延长	1	5										
420	病程	4~8天	1			5								
422	病程	慢;1月至1年以上	4			5			5	5	5			
423	传式	垂直∧水平	1											5
429	传源	水料具垫设备人蝇衣	1			5								
434	促因	长期饲喂霉料	1				5							
442	感途	垂直—经蛋	1	5										
444	感途	呼吸道	1	5										
448	感途	水平	2	5	5									
450	感途	消化道	3	5	5	5								
452	混感	加重病情∨阻愈∨死多	1	5										
453	混感	他病引起暴发	1	5										
455	病鸡	产蛋母鸡	1											5
457	病鸡	雏鸡∨肉用仔鸡	1											5
458	病鸡	各龄	3						5	5		5		
460	病鸡	青年鸡∨青年母鸡	1											5
487	病率	低(<10%)	1			5								
488	病率	较低(11%~30%)	1			5								
491	病率	最高(91%~100%)	1	5										
502	病势	隐性感染	1			5								
504	病势	突死	1											5
506	病势	突病∨急∨暴发∨流行∨烈	3			5		5						5
507	病势	急	1	5										
510	病势	慢性群发	3						5	5	5			

序	类	症 状	统	11 传贫	13 鸡白血病	27 鸡球虫病	34 黄曲霉毒	36 螺旋体病	43 绦虫病	45 蟥病	47 维B1缺乏症	52 嗉囊阻塞	53 痛风	56 包涵体肝炎
513	病势	散发	1									5		
570	病因	长期喂发霉料	1				5							
582	预后	轻48小时康复∨重3～5天死	1											5
584	病症	6～9天在全群展现	1										5	
585	病症	不明显	1			5								
603	料肉	比升高∨饲料转化率低	2			5	15							
605	诊	确诊剖检－尿酸盐沉积	1										35	

17-1 组　蹒跚∨摇晃∨失调

序	类	症 状	统	1 新城疫	2 禽流感	5 传法囊病	6 鸡传脑炎	10 病毒关节炎	23 曲霉菌病	28 鸡住白虫病	30 肉鸡腹水	31 维E缺
		ZPDS		35	41	29	29	22	32	49	38	30
244	运一步	蹒跚∨摇晃∨失调∨跛跚	9	5	5	5	15	5	5	5	5	5
1	精神	神经瘫∨神经症状∨脑病	2	5					5			
2	精神	昏睡∨嗜睡∨打瞌睡	2	5		5						
4	精神	盲目前冲(倒地)	4	5		5	5					5
8	精神	不振	1	5								
9	精神	沉郁	4						5	5	5	
10	精神	全群沉郁	1	5								
12	精神	委顿∨迟钝∨淡漠	2					5		5		
17	体温	升高 43℃～44℃	2			5				5		
25	头	触地∨垂地	1			5						
31	头冠	萎缩∨皱缩∨变硬∨干缩	1								5	
32	头冠	针尖大红色血疱	1							5		
33	头冠	黑紫∨黑∨绀	4	15	5					5	5	
35	头冠	贫血∨白∨青∨褪色	2							5	5	
37	头冠	紫红	2	5								
43	头颈	向下挛缩	1									5

序	类	症 状	统	1 新城疫	2 禽流感	5 传法囊病	6 鸡传脑炎	10 病毒关节炎	23 曲霉菌病	28 鸡住白虫病	30 肉鸡腹水	31 维E硒缺
47	头颈	S状∨后仰观星∨角弓反张	4	5	5					5		5
49	头颈	震颤阵发性音叉式	1				5					
51	头面	苍白	1							5		
54	头面	黄	1							5		
61	头髯	皱缩∨萎缩∨变硬	1								5	
62	头髯	苍白∨贫血	1								5	
64	头髯	绀(紫)∨黑紫∨发黑	4	5	5						5	
67	头髯	紫红	2	5							5	
76	头肿		2		5					5		
82	眼	充血∨潮红	1		5							
84	眼	炎∨眼球炎	1						5			
86	眼	闭∨半闭∨难睁	2	5		5						
87	眼凹		1			5						
95	眼角	中央溃疡	1						5			
97	眼	结膜色－白∨贫血	1							5		
98	眼	结膜色－黄	1							5		
100	眼	结膜水肿	1		5							
101	眼	结膜炎充血∨潮红∨红	1						5			
102	眼	晶体混浊∨浅蓝褪色	1				5					
104	眼泪	多(黏∨酪∨脓∨浆)性	1		5							
106	眼球	增大∨眼突出	2				5		5			
107	眼球	后代眼球大	1				5					
108	眼	失明障碍	1				5					
110	眼	瞬膜下黄酪样小球状物	1						5			
115	叫	声怪	1	5								
118	呼肺	炎∧小结节	1						5			
123	呼咳		1								5	
125	呼痰	带血∨黏液	1								5	
126	呼吸	喘∨张口∨困难∨喘鸣声	5	5	5					5	5	5
129	呼吸	啰音∨音异常	2	5	5							
132	呼吸	道:症轻∨障碍	1	5								
133	呼吸	快∨急促	1								5	

序	类	症 状	统	1 新城疫	2 禽流感	5 传法囊病	6 鸡传脑炎	10 病毒关节炎	23 曲霉菌病	28 鸡住白虫病	30 肉鸡腹水	31 维E硒缺
135	气管	炎∧小结节	1						15			
145	消粪	含黏液	2	5	5							
147	消粪	含血∨血粪	2	5	5							
149	消粪	白∨灰白∨黄白∨淡黄	2			5				5		
153	消粪	绿∨(淡∨黄∨青)绿	3	5	5					5		
156	消粪	水样	1			5						
157	消粪	泻∨稀∨下痢	5	5	5	5				5	5	
158	消粪	黏稠	1			5						
169	消肛	周脏污∨粪封	1							5		
170	口	流涎∨黏沫	1							5		
180	口喙	啄食不准确	1	5								
191	消一饮	口渴∨喜饮∨增强∨狂饮	1	5								
192	消一饮	减少∨废饮	3	5	5	5						
194	消一食	食欲不振	5		5	5	5		5	5		
195	消一食	食欲废	2	5						5		
200	消	嗉囊充酸(挤压)臭液	1	5								
202	消	嗉囊积食∨硬∨充硬饲料	1	5								
208	毛	松乱∨蓬松∨逆立∨无光	4		5	5				5	5	
228	皮膜	紫绀∨青	1					5				
229	皮色	发绀∨蓝紫	2					5			5	
233	皮下	出血	1							5		
234	皮下	水肿	1									5
245	运一翅	下垂∨轻瘫∨麻痹∨松∨无力	4			5				5	5	5
253	运一翅	震颤—阵发性音叉式	1				5					
254	运一动	跛行∨运障∨瘫	1					5				
257	运一动	不愿走	2				5	5				
264	运一动	速度失控	1				5					
268	运一动	转圈∨伏地转	2	5	5							
269	运一股	皮下水肿	1									5
276	运一肌	腓肠肌断裂	1					15				
281	运一脚	节律性(痉挛∨抽搐)	1									5
285	关节	跗关节肿胀∨波动感	1					5				

序	类	症 状	统	1 新城疫	2 禽流感	5 传法囊病	6 鸡传脑炎	10 病毒关节炎	23 曲霉菌病	28 鸡住白虫病	30 肉鸡腹水	31 维E硒缺
294	运—静	侧卧	1				5					
295	运—静	蹲坐V伏坐	1				5					
296	运—静	瘫伏V轻瘫V瘫V突瘫	1							5		
297	运—静	卧地不起(多伏卧)	2						5	5		
298	运—静	卧如企鹅	1								5	
299	运—静	喜卧V不愿站	2					5			5	
300	运—静	站立不稳	3							5	5	5
301	运—式	单脚跳	1					5				
303	运—腿	(不全V突然)麻痹	1									5
306	运—腿	分开站立	1									5
309	运—腿	肌苍白V灰白灰黄条纹	1									5
310	运—腿	鳞片紫红V紫黑	1		5							
317	运—腿	软弱无力	1									5
319	运—腿	震颤-阵发性音叉式	1				5					
321	运趾	爪:干瘪V干燥	1			5						
331	蛋孵	孵化率下降V受精率下降	3	5	5							5
332	蛋孵	死胚V出壳(难V弱V死)	1		5							
336	蛋壳	薄V软V易破V品质下降	2		5					5		
339	蛋壳	畸形(含小V轻)	4	5	5		5			5		
340	蛋壳	色(棕V变浅V褪)	1		5							
342	蛋壳	无	1		5							
346	蛋数	急剧下降V高峰时突降	1		5							
347	蛋数	减少V下降	5	5	5		5	5		5		
348	蛋数	少V停V下降	2	5	5							
351	蛋数	逐渐V病3~4周恢复	1				5					
384	身	发育不良V受阻V慢	3					5	5		5	
385	身	活力减退	1					5				
387	身	脱水	1			5						
388	身	虚弱衰竭V衰弱V无力	2				5					5
390	身	震颤	1			5						
395	身—腹	穿流黄液透明含纤维	1								5	
396	身—腹	大	1								5	

序	类	症 状	统	1 新城疫	2 禽流感	5 传法囊病	6 鸡传脑炎	10 病毒关节炎	23 曲霉菌病	28 鸡住白虫病	30 肉鸡腹水	31 维E硒缺
398	身-腹	皮发亮V触波动感	1								10	
399	身-腹	皮下出血(点V条)状	1							5		
400	身-腹	皮下蓝紫色斑块	1									5
401	身-腹	下垂	1								10	
404	身瘦	体重减V体积小V渐瘦	4					5	5	15		5
410	身-胸	肌苍白V灰白灰黄条纹	1									5
412	身-胸	皮下出血(点V条)状	1							5		
413	身-胸	皮下蓝紫色斑块	1									5
414	心-血	毛细血管渗血	1									5
415	心-血	贫血	2					5		15		
417	心-血	墙V草V笼V槽等见血迹	1							15		
418	心-血	心跳快	1								5	
420	病程	4~8天	2			5				5		
425	传源	病禽V带毒菌禽	3	5	5			5				
427	传源	老鼠、甲虫等	1			5						
429	传源	水料具垫设备人蝇衣	5	5	5	5	5		5			
431	促因	(潮V雨)暗热V通风差	2						5		5	
432	促因	(卫生V消毒V管理)差										
434	促因	长期饲喂霉料	1						5			
435	促因	密度大V冷拥挤	1									
436	促因	舍周有树V草V池塘	1						5			
440	感率	达90%~100%	1			5						
442	感途	垂直-经蛋	1				5					
443	感途	多种途径	2		5		5					
444	感途	呼吸道	2		5				5			
448	感途	水平	2				5	5				
450	感途	消化道	3		5		5		5			
471	病龄	1~3日龄V新生雏	3				5			5	5	
472	病龄	4~6日龄	2							5	5	
473	病龄	1~2周龄	2							5	5	
474	病龄	2~3周龄	4				5			5	5	5
475	病龄	3~4周龄(1月龄)	1									5

序	类	症 状	统	1 新城疫	2 禽流感	5 传法囊病	6 鸡传脑炎	10 病毒关节炎	23 曲霉菌病	28 鸡住白虫病	30 肉鸡腹水	31 维E硒缺
476	病龄	4~8周(1~2月龄)	3					5		5		5
480	病龄	雏鸡多于成鸡	1							5		
482	病龄	各龄	2	5			5					
483	病龄	龄大敏感性低	1					5				
484	病率	纯外来种严重	1							5		
485	病率	龄越大敏感性越低	1					5				
499	病势	无症至全死	1		5							
502	病势	隐性感染	1					5				
503	病势	出现症后2~3小时死	1						5			
504	病势	突死	2	5								5
505	病势	最急性感染10小时死	1		5							
506	病势	突病∨急∨暴发∨流行∨烈	2			5						
507	病势	急	3	13				5				5
509	病势	慢性∨缓和∨症状轻	2					5	5			
512	病势	地方性流行	2			5				5		
523	死情	纯外来种死多	1							5		
526	死情	陆续死	1									5
528	死情	死前口流鲜血	1							25		
529	死情	死亡曲线呈尖峰式	1			5						
532	死时	4~7周龄肉鸡死高峰	1								5	
533	死时	病2~6天死∨很快死	1		5							
536	死时	腹水出现后1~3天死	1								15	
543	死因	继发并发症∨管理差死	1		5							
544	死因	践踏死	1				5					
545	死因	衰竭衰弱死	3			5						5
549	死因	抓鸡突然抽搐死	1								5	
550	病性	高度接触病	3	5	5	5						
559	易感	成年白色鸡	1							5		
560	易感	纯种∨外来纯种鸡	1							5		
561	易感	各品种均感	1			5						
563	易感	快大型肉鸡	1								10	
567	易感	体质壮实	1				5					

序	类	症 状	统	1 新城疫	2 禽流感	5 传法囊病	6 鸡传脑炎	10 病毒关节炎	23 曲霉菌病	28 鸡住白虫病	30 肉鸡腹水	31 维E硒缺
568	易感	雄鸡∨雄雏	1								5	
569	易感	幼禽	1							5		
571	病因	高海拔缺氧	1								5	
576	病因	某些病诱发	1								5	
577	病因	缺硒	1									5
578	病因	先天因素	1								5	
580	病因	药—如莫能霉素中毒	1								5	
586	病症	明显	2				5			5		
606	殖	睾丸退化	1									9
607	殖	精子减少∨繁殖力减退	1									5

17-2 组　踉跄∨摇晃∨失调

序	类	症 状	统	34 黄曲霉毒	38 食盐中毒	39 有机磷中毒	40 呋喃西林中毒	41 CO中毒	43 绦虫病	46 维A缺乏症	47 维B₁缺乏症	50 笼疲劳症	59 中暑
		ZPDS		34	31	30	25	21	34	34	26	22	22
244	运一步	踉跄∨摇晃∨失调∨跛跄	10	5	5	5	5	5	5	5	5	5	10
2	精神	昏睡∨嗜睡∨打瞌睡	4	5		5		5					10
6	精神	兴奋∨不安	1				5						
8	精神	不振	5		5			5	5				
9	精神	沉郁	6		5			5	5	5			
11	精神	闭目∨呆滞	2	5				5					
12	精神	委顿∨迟钝∨淡漠	1	5									
13	体温	降低(即<40.5℃)	2			5					5		
16	体温	先升高后降低	1										10
17	体温	升高43℃~44℃	1										15
23	鼻涕	稀薄∨黏稠∨脓性∨炎性	1			5							
27	头	甩摆∨甩鼻∨甩头	2			5	5						
33	头冠	黑紫∨黑绀	3			5			5				5
35	头冠	贫血∨白青∨褪色	5			5			5	5	5		5

序	类	症 状	统	34黄曲霉毒	38食盐中毒	39有机磷中毒	40呋喃西林中毒	41 CO中毒	43绦虫病	46维A缺乏症	47维B₁缺乏症	50笼窝劳症	59中暑
36	头冠	先充血后发绀	1										10
47	头颈	S状∨后仰观星∨角弓反张	4	5			5	5			15		
62	头髯	苍白∨贫血	5			5			5	5	5		5
64	头髯	绀(紫)∨黑紫∨发黑	2			5			5				
66	头髯	先充血后发绀	1										10
69	头色	蓝紫∨黑∨青	1								5		
78	头姿	扭头∨仰头	3				5		5		5		
86	眼	闭∨半闭∨难睁	2								5	5	
87	眼凹		1									5	
88	眼干	维生素A缺致	1							25			
96	眼	角膜干	1							25			
97	眼	结膜色-白∨贫血	2						5		5		
98	眼	结膜色-黄	1						10				
99	眼	结膜色-紫∨绀∨青	1			5							
101	眼	结膜炎∨充血∨潮红∨红	1								5		
103	眼泪	流泪∨湿润	2			5					5		
108	眼	失明 障碍	2		5						5		
109	眼屎	泪多(黏∨酪∨脓∨浆)性	1								5		
113	叫	尖叫	1				10						
115	叫	声怪	1				10						
116	叫	声凄鸣	1	5									
117	叫	失声	1				10						
126	呼吸	喘∨张口∨困难∨喘鸣声	6		10	5	5	10		5			5
127	呼吸	极难	2		10			10					
128	呼吸	喉呼噜声	1										10
133	呼吸	快∨急促	1										15
139	消吃	呋喃药	1				15						
140	消吃	含磷药	1			15							
141	消吃	含食盐多病	1		15								
143	消吃	料:单纯∨缺维生素	2							10	10		
145	消粪	含黏液	1						10				
146	消粪	含泡沫	1	5									

序	类	症状	统	34 黄曲霉毒	38 食盐中毒	39 有机磷中毒	40 呋喃西林中毒	41 CO中毒	43 绦虫病	46 维A缺乏症	47 维B_1缺乏症	50 笼疲劳症	59 中暑
147	消粪	含血∨血粪	2		5				5				
153	消粪	绿∨(淡∨黄∨青)绿	1	5									
156	消粪	水样	1	5									
157	消粪	泻∨稀∨下痢	5	5	5	5			5		5		
164	消肛	肛挂虫	1						25				
170	口	流涎∨黏沫	2		5	5							
171	口	出血点	1								15		
174	口	空咽—频频	1			5							
191	消—饮	口渴∨喜饮∨增强∨狂饮	4		5		5		5				15
193	消—饮	重的不饮	1										15
194	消—食	食欲不振	7	5	5	5		5	5	5	5		
195	消—食	食欲废	4		5	5	5				5		
197	消—食	食欲正常∨增强	4						5	5	5	5	
199	消	嗉囊充满液∨挤流稠饲料	2		10								10
201	消	嗉囊大∨肿大	1		10								
208	毛	松乱∨蓬松∨逆立∨无光	6	5			5	5	5	5	5		
209	毛	稀落∨脱羽∨脱落	5				5	5	5	5	5		
210	毛	脏污∨脏乱	1	5									
224	皮膜	红∨炎	1							5			
225	皮膜	黄∨黄疸	1						10				
226	皮膜	贫血∨苍白	2						5	5			
228	皮膜	紫∨绀∨青	1			5							
229	皮色	发绀∨蓝紫	1					25					
231	皮色	贫血∨苍白	1	5									
245	运—翅	下垂∨轻瘫∨麻痹∨松∨无力	2	5					5				
251	运—翅	强直	2				10	10					
252	运—翅	抬起∨直伸∨人用力扭翅感难	1										10
256	运—动	不愿站	1		5								
257	运—动	不愿走	1		5								
259	运—动	飞节支地	3			5				5		5	
261	运—动	痉抽∨惊厥	5		5		5	5		5	5		
262	运—动	乱(窜∨飞∨撞∨滚∨跳)	1				25						

序	类	症 状	统	34 黄曲霉毒	38 食盐中毒	39 有机磷中毒	40 呋喃西林中毒	41 CO中毒	43 绦虫病	46 维A缺乏症	47 维B$_1$缺乏症	50 笼疲劳症	59 中暑
263	运—动	盲目前冲(倒地)	4		5	5	5	5					
266	运—动	用跗胫膝走	3			5				5		5	
268	运—动	转圈V伏地转	2		5		5						
270	运—骨	畸形V短粗V变形V串珠样	1									10	
271	运—骨	胫跗骨粗弯V肥厚	1									10	
274	运—肌	颤V痉挛	1			10							
278	运—肌	麻痹	1								10		
280	运—脚	后伸	1	5									
282	运—脚	痉挛V抽搐V强直	2				10	10					
283	运—脚	麻痹	3		5	5					5		
300	运—静	站立不稳	1										10
308	运—腿	黄色素:消失	1							15			
311	运—腿	麻痹	3		5	5					5		
317	运—腿	软弱无力	3						5		5	5	
322	运趾	爪:弯卷难伸	1									10	
326	运—走	V站不能	5		5	5			5		5	5	
333	蛋孵	V活率低V死胚V弱雏	1							5			
336	蛋壳	薄V软V易破V品质下降	1									5	
339	蛋壳	畸形(含小V轻)	1	5									
342	蛋壳	无	1									5	
347	蛋数	减少V下降	1	5									
348	蛋数	少V停V下降	4	5						5	5	5	
352	死峰	病14~16小时,19~21小时	1										10
357	死情	环温>35℃现死	1										10
362	死时	突死V突然倒地V迅速	1										5
364	死因	败血V神症V呼瘁	1			5							
366	死因	痉抽V挣扎死	2				5	5					
367	死因	衰竭	2		5				5				
368	死因	虚弱V消瘦V衰弱死	2		5				5				
371	死率	1%~2%V低	3						5	5		5	
372	死率	高	1							5			
384	身	发育不良V受阻V慢	1	5									

续 17-2 组

序	类	症 状	统	34 黄曲霉毒	38 食盐中毒	39 有机磷中毒	40 呋喃西林中毒	41 CO中毒	43 绦虫病	46 维A缺乏症	47 维B₁缺乏症	50 笼疲劳症	59 中暑
386	身	僵	5		5		5		5	5	5		
387	身	脱水	1									5	
388	身	虚弱衰竭∨衰弱∨无力	4	5	5				5	5			
391	身—背	拱	1	5									
404	身瘦	体重减∨体积小∨渐瘦	1	5									
406	身—瘫	瘫伏∨轻瘫∨偏瘫∨突瘫	3						5		5	5	
407	身—卧	喜卧∨不愿站∨伏卧	5		5	5		5	5			5	
420	病程	4~8 天	1	5									
422	病程	慢；1月至1年以上	3						5	5	5		
434	促因	长期饲喂霉料	1	5									
455	病鸡	产蛋母鸡	1									5	
456	病鸡	成鸡	1									5	
457	病鸡	雏鸡∨肉用仔鸡	1					5					
458	病鸡	各龄	5		5	5	5	5		5			
462	病鸡	肉鸡体壮肥胖先死	1										10
466	病季	春	1							5			
475	病龄	3~4 周龄（1月龄）	1	5									
476	病龄	4~8 周（1~2 月龄）	1	5									
506	病势	突病∨急∨暴发∨流行∨烈	4		5	5	5	5					
510	病势	慢性群发	4						5	5	5	5	
520	死率	51%~70%	1	5									
521	死率	71%~90%	1	5									
524	死情	倒地角弓反张而死	1	5									
570	病因	长期喂发霉料	1	5									
572	病因	黄曲霉毒素中毒	1	5									
579	病因	炎热环温>30℃+潮湿+闷∨缺水	1										10
592	免疫	应答力下降∨失败	1	13									
603	料肉	比升高∨饲料转化率低	1	13									

18组 翅异常

序	类	症状	统	6 鸡传脑炎	8 马立克病	11 传贫	13 鸡白血病	40 呋喃西林中毒	41 CO中毒	53 痛风	54 肠毒综合征	59 中暑
		ZPDS		32	44	43	31	25	21	27	27	22
246	运-翅	∨尖出血	2			5	5					
247	运-翅	关节肿胀疼痛	1							15		
248	运-翅	毛囊:瘤破皮毛血污	1		5							
249	运-翅	毛囊:瘤切面淡黄色	1		5							
250	运-翅	毛囊:肿胀∨豆大瘤	1		5							
251	运-翅	强直	2					10	10			
252	运-翅	抬起∨直伸∨人用力扭翅感难	2								15	10
253	运-翅	震颤-阵发性音叉式	1	5								
245	运-翅	下垂∨轻瘫∨麻痹∨松∨无力	1		5							
2	精神	昏睡∨嗜睡∨打瞌睡	2						5			10
4	精神	盲目前冲(倒地)	1	5								
6	精神	兴奋∨不安	2					5			10	
8	精神	不振	2		5				5			
9	精神	沉郁	4			5	5	5	5			
11	精神	闭目∨呆滞	1						5			
12	精神	委顿∨迟钝∨淡漠	2	5	5							
16	体温	先升高后降低	1									10
17	体温	升高43℃~44℃	2								10	15
18	鼻	喷嚏	1							5		
19	鼻	甩鼻∨堵	1							5		
27	头	甩摆∨甩鼻∨甩头	1				—	5				
31	头冠	萎缩∨皱缩∨变硬∨干缩	1				5					
33	头冠	黑紫∨黑∨绀	1									5
35	头冠	贫血∨白∨青∨褪色	3				5			5		5
36	头冠	先充血后发绀	1									10
41	头须	出血灶	1				5					
42	头须	麻痹∨软∨无力∨下垂	1		5							
44	头须	毛囊肿∨瘤毛血污∨切面黄	1		5							
47	头须	S状∨后仰观星∨角弓反张	2					5	5			
48	头须	扎毛∨羽毛逆立	1								5	
49	头须	震颤-阵发性音叉式	1	5								

续 18 组

序	类	症 状	统	6 鸡传脑炎	8 马立克病	11 传贫	13 鸡白血病	40 呋喃西林中毒	41 CO中毒	53 痛风	54 肠毒综合征	59 中暑
51	头面	苍白	1		5							
62	头髻	苍白∨贫血	2			5						5
66	头髻	先充血后发绀	1									10
68	头髻	质肉垂皮结节性肿胀	1							5		
78	头姿	扭头∨仰头	1					5				
80	头姿	震颤	1								5	
89	眼虹膜	缩小	1		5							
102	眼	晶体混浊∨浅蓝褪色	1	5								
105	眼球	鱼眼∨珍珠眼	1		5							
106	眼球	增大∨眼突出	1	5								
107	眼球	后代眼球大	1	5								
108	眼	失明障碍	2	5								
111	眼	瞳孔边缘不整	1		5							
113	叫	尖叫	2					10			10	
115	叫	声怪	1					10				
117	叫	失声	1					10				
123	呼咳		1							5		
126	呼吸	喘∨张口∨困难∨喘鸣声	4					5	10	5		5
127	呼吸	极难	1						10			
128	呼吸	喉呼噜声	1									10
133	呼吸	快∨急促	2							5		15
139	消吃	呋喃药	1					15				
142	消吃	减料15%,20%,40%,50%	1								5	
144	消粪	含胆汁∨尿酸盐多	1							5		
148	消粪	含(料∨肉丝∨西红柿∨鱼肠∨黑煤)	1								20	
155	消粪	质:石灰渣样	2							15	10	
165	消肛	毛上黏附多量白色尿酸盐	1							5		
177	口喙	苍白	1			5						
179	口喙	啄上状	1								10	
191	消-饮	口渴∨喜饮∨增强∨狂饮	2					5				15
193	消-饮	重的不饮	1									15
194	消-食	食欲不振	1							5		

续 18 组

序	类	症 状	统	6 鸡传脑炎	8 马立克病	11 传贫	13 鸡白血病	40 呋喃西林中毒	41 CO中毒	53 痛风	54 肠毒综合征	59 中暑
195	消一食	食欲废	2			5		5				
199	消	嗉囊充满液∨挤流稠饲料	3		5						5	10
202	消	嗉囊积食∨硬∨充硬饲料	1								10	
204	消	嗉囊松弛下垂	1		5							
207	尿中	尿酸盐增多	1							5		
208	毛	松乱∨蓬松∨逆立∨无光	3		5			5		5		
209	毛	稀落∨脱羽∨脱落	3					5	5	5		
217	毛	毛囊处出血	1				5					
229	皮色	发绀∨蓝紫	1						25			
231	皮色	贫血∨苍白	3			5	5			5		
233	皮下	出血	2			5	5					
242	皮肿	瘤:火山口状	1				5					
244	运一步	踉跄∨摇晃∨失调∨踉跄	4	15				5	5			10
254	运一动	跛行∨运障∨瘸	1		5							
257	运一动	不愿走	1	5								
258	运一动	迟缓	2		5					10		
261	运一动	痉抽∨惊厥	2					5	5			
262	运一动	乱(窜∨飞∨撞∨滚∨跳)	2					25			10	
263	运一动	盲目前冲(倒地)	2					5	5			
264	运一动	速度失控	1	5								
265	运一动	行走无力	2		5					10		
268	运一动	转圈∨伏地转	1					5				
272	运一骨	胫骨肿粗	1				5					
275	运一肌	出血	1			5						
282	运一脚	痉挛∨抽搐∨强直	2					10	10			
286	关节	跗胫关节∨波动	1							10		
289	关节	囊骨∨周尿酸盐	1							5		
292	关节	炎肿痛	1							5		
294	运一静	侧卧	1	5								
295	运一静	蹲坐∨伏坐	2	5	5							
296	运一静	瘫伏∨轻瘫∨瘫∨突瘫	1		5							
297	运一静	卧地不起(多伏卧)	1				5					

序	类	症　状	统	6 鸡传脑炎	8 马立克病	11 传贫	13 鸡白血病	40 呋喃西林中毒	41 CO中毒	53 瘫风	54 肠毒综合征	59 中暑
300	运一静	站立不稳	1									10
302	运一式	跳跃式	1							10		
303	运一腿	(不全∨突然)麻痹	1		5							
305	运一腿	蹲坐∨独肢站立	1							10		
312	运一腿	毛囊瘤切面淡黄∨皮血污	1		5							
313	运一腿	毛囊肿胀∨豆大瘤	1		5							
315	运一腿	劈叉一前后伸	1		5							
319	运一腿	震颤-阵发性音叉式	1	5								
321	运趾	爪:干瘪∨干燥	1							10		
324	运一姿	俯地前伸∨身体后坐(卧姿)	1								5	
326	运一走	∨站不能	2							5	5	
327	运一走	∨站不能∨不稳一夜现	2							5	5	
339	蛋壳	畸形(含小∨轻)	2	5			5					
343	蛋液	稀薄如水	1				5					
347	蛋数	减少∨下降	2	5			5					
351	蛋数	逐渐∨病3~4周恢复	1	5								
352	死峰	病14~16小时,19~21小时	1									10
357	死情	环温>35℃现死	1									10
358	死情	体质好且肥胖	1								10	
362	死时	突死∨突然倒地∨迅速	3							5	5	5
363	死时	夜10时未见病∨11时~4时死多	1								10	
366	死因	痉抽∨挣扎死	2					5	5			
370	死姿	腿直∨乱跑突死∨腹朝天	1								10	
381	身	体质强弱不等	1								10	
384	身	发育不良∨受阻∨慢	1				5					
386	身	僵	2				15	5				
387	身	脱水	1								10	
388	身	虚弱衰竭∨衰弱∨无力	3	5			5			15		
390	身	震颤	1								5	
392	身一背	瘤破血污皮毛	1		5							
393	身一背	毛囊肿∨豆大瘤	1		5							
394	身一腹	触摸到大肝	1				5					

序	类	症 状	统	6 鸡传染性脑炎	8 马立克病	11 传贫	13 鸡白血病	40 呋喃西林中毒	41 CO中毒	53 痛风	54 肠毒综合征	59 中暑
403	身瘦	瘦如干柴∨抗病力下降	1								10	
404	身瘦	体重减∨体积小∨渐瘦	3			5	5				5	
407	身一卧	喜卧∨不愿站∨伏卧	1						5			
408	身一胸	出血	1				5					
415	心一血	贫血	2		5	15						
416	心一血	贫血感染者后代贫血	2		5	5						
419	心一血	血凝时间延长	1			5						
429	传源	水料具垫设备人蝇衣	1	5								
430	传源	羽毛皮屑传	1		5							
442	感途	垂直-经蛋	2	5		5						
443	感途	多种途径	1	5								
444	感途	呼吸道	1			5						
448	感途	水平	3	5		5	5					
450	感途	消化道	3	5		5	5					
452	混感	加重病情∨阻愈∨死多	1			5						
453	混感	他病引起暴发	1			5						
455	病鸡	产蛋母鸡	1								5	
457	病鸡	雏鸡∨肉用仔鸡	1					5				
458	病鸡	各龄	2					5	5			
462	病鸡	肉鸡体壮肥胖先死	1									10
470	病季	四季	1	5								
471	病龄	1～3日龄∨新生雏	2	5								
473	病龄	1～2周龄	2		5	5						
474	病龄	2～3周龄	2	5		5						
475	病龄	3～4周龄(1月龄)	1			5						
476	病龄	4～8周(1～2月龄)	1				5					
477	病龄	8～12周(2～3月龄)	1				5					
478	病龄	12～16周(3～4月龄)	1				5					
479	病龄	16周(4月龄)	1				5					
481	病龄	成鸡∨产蛋母鸡	1				5					
482	病龄	各龄	2	5		5						
487	病率	低(<10%)	2		5		5					

序	类	症状	统	6 鸡传脑炎	8 马立克病	11 传贫	13 鸡白血病	40 呋喃西林中毒	41 CO中毒	53 痛风	54 肠毒综合征	59 中暑
488	病率	较低(11%~30%)	3	5	5		5					
489	病率	高V(31%~60%)	1		5							
491	病率	最高(91%~100%)	1			5						
502	病势	隐性感染	1				5					
504	病势	突死	1		5							
506	病势	突病V急V暴发V流行V烈	2					5	5			
507	病势	急	1			5						
517	死率	<10%	3		5	5	5					
518	死率	11%~30%	3		5	5	5					
519	死率	31%~50%	2		5	5						
520	死率	51%~70%	3	5	5	5						
521	死率	71%~90%	1		5							
522	死率	91%~100%	1		5							
533	死时	病2~6天死V很快死	1			5						
543	死因	继发并发症V管理差死	1			5						
544	死因	践踏死	1	5								
553	病性	淋巴瘤	1		15							
558	易感	白来航	1			5						
561	易感	各品种均感	1			5						
565	易感	商品鸡	1				5					
567	易感	体质壮实	1			5						
568	易感	雄鸡V雄雏	1			5						
579	病因	炎热环温>30℃+潮湿+闷V缺水	1									10
584	病症	6~9天在全群展现	1							5		
586	病症	明显	1	5								
587	免疫	存活者可逐渐康复	1			5						
589	免疫	降低V易患他病	1			5						
590	免疫	随龄增抵抗力增	1			5						
592	免疫	应答力下降V失败	1			5						
598	潜期	潜伏期:13天	1			5						
599	潜期	潜伏期:3~4周	1		5							
600	潜期	潜伏期:4~30周	2		5		5					

序	类	症状	统	6 鸡传脑炎	8 马立克病	11 传贫	13 鸡白血病	40 呋喃西林中毒	41 CO中毒	53 痛风	54 肠毒综合征	59 中暑
601	潜期	潜伏期:不明确	1			5						
605	诊	确诊剖检－尿酸盐沉积	1							35		

19组　跛行∨运障∨痛

序	类	症状	统	8 马立克病	10 病毒关节炎	17 禽巴氏杆	19 葡萄球菌	21 禽结核病	26 支原体病	36 螺旋体病	37 传滑膜炎	45 螨病	48 B2缺乏症	51 恶癣
		ZPDS		35	20	33	27	26	39	21	33	24	36	12
254	运－动	跛行∨运障∨痛	11	5	5	5	5	5	5	5	5	5	5	5
2	精神	昏睡∨嗜睡∨打瞌睡	1										5	
5	精神	缩颈	1					5						
6	精神	兴奋∨不安	2										5	5
8	精神	不振	4	5			5				5			
9	精神	沉郁	3			5	5			5				
11	精神	闭目∨呆滞	1					5						
12	精神	委顿∨迟钝∨淡漠	1							5				
17	体温	升高43℃~44℃	2				5			5				
21	鼻窦	炎肿	1						5					
22	鼻腔	肿胀	1						5					
23	鼻涕	稀薄∨黏稠∨脓性∨炎性	1				5							
24	鼻周	粘饲料∨垫草	1						5					
29	头冠	干酪样坏死脱落	1				5							
30	头冠	水肿	1				5							
31	头冠	萎缩∨皱缩∨变硬∨干缩	4				5		5	5	10			
33	头冠	黑紫∨黑∨绀	4				5			5	5		5	
35	头冠	贫血∨白∨青∨褪色	6				5			5	5	5	5	
42	头颈	麻痹∨软∨无力∨下垂	1	5										
44	头颈	毛囊肿∨瘤毛血污∨切面黄	1	5										
47	头颈	S状∨后仰观星∨角弓反张	1										15	

续 19 组

序	类	症 状	统	8 马立克病	10 病毒关节炎	17 禽巴氏杆	19 葡萄球菌	21 禽结核病	26 支原体病	36 螺旋体病	37 传滑膜炎	45 蜡病	48 B$_2$缺乏症	51 恶癖
51	头面	苍白	1	5										
58	头冀	干酪样坏死脱落	1			5								
59	头冀	热痛	1			5								
60	头冀	水肿	1			5								
61	头冀	皱缩V萎缩V变硬	2			5					5			
62	头冀	苍白V贫血	6			5			5	5	5	5	5	
64	头冀	绀(紫)V黑紫V发黑	4			5				5	5		5	
81	眼	眶下窦肿胀	1						5					
84	眼	炎V眼球炎	1						5					
86	眼	闭V半闭V难睁	2				5	5						
89	眼虹膜	缩小	1	5										
94	眼睑	肿胀	1				5							
97	眼	结膜色-白V贫血	2							5		5		
101	眼	结膜炎V充血V潮红V红	1						5					
105	眼球	鱼眼V珍珠眼	1	5										
106	眼球	增大V眼突出	1						5					
108	眼	失明 障碍	1	5										
111	眼	瞳孔 边缘不整	1	5										
119	呼喉	白喉	1									15		
123	呼咳		1						5					
126	呼吸	喘V张口V困难V喘鸣声	1						5					
129	呼吸	啰音V音异常	1						5					
132	呼吸	道:症轻V障碍	2					5	5					
133	呼吸	快V急促	1				5							
143	消吃	料:单纯V缺维	1										10	
144	消粪	含胆汁V尿酸盐多	2							5	5			
149	消粪	白V灰白V黄白V淡黄	2					5			5			
151	消粪	灰黄	1			5								
153	消粪	绿V(淡V黄V青)绿	4			5	5			5	5			
157	消粪	泻V稀V下痢	6			5	5	5		5	5		5	
167	消肛	脏污肛V整	1											5

续19组

序	类	症状	统	8 马立克病	10 病毒关节炎	17 禽巴氏杆	19 葡萄球菌	21 禽结核病	26 支原体病	36 螺旋体病	37 传滑膜炎	45 螨病	48 B₂缺乏症	51 恶癖
168	消肛	啄它鸡肛∨啄自己肛	1											15
170	口	流涎∨黏沫	1			5								
191	消—饮	口渴∨喜饮∨增强∨狂饮	1							5				
192	消—饮	减少∨废饮	2				5		5					
194	消—食	食欲不振	6			5	5	5	5		5	5		
195	消—食	食欲废	4				5	5		5	5			
196	消—食	食欲因失明不能采食	1						5					
197	消—食	食欲正常∨增强	3									5	5	5
199	消	嗉囊充满液∨挤流稠饲料	1	5										
204	消	嗉囊松弛下垂	1	5										
208	毛	松乱∨蓬松∨逆立∨无光	7	5		5		5	5	5	5	5		
209	毛	稀落∨脱羽∨脱落	3							5	5	5		
210	毛	脏污∨脏乱	1										10	
211	毛	啄羽	1											15
212	毛	胸毛稀少∨脱落	1			5								
213	毛	生长∨发育不良	1										10	
220	皮痘	似痘	1									15		
226	皮膜	贫血∨苍白	2							5		5		
235	皮性	粗糙	1									25		
238	皮性	炎疡烂痂∨结节	2							5	5			
240	皮性	肿∨湿∨渗液	1								10			
244	运—步	蹒跚∨摇晃∨失调∨踉跄	1		5									
245	运—翅	下垂∨轻瘫∨麻痹∨松∨无力	3	5					5			5		
248	运—翅	毛囊:瘤破皮毛血污	1	5										
249	运—翅	毛囊:瘤切面淡黄色	1	5										
250	运—翅	毛囊:肿胀∨豆大瘤	1	5										
256	运—动	不愿站	2							5		5		
257	运—动	不愿走	5		5		5	5		5		5		
258	运—动	迟缓	1	5										
259	运—动	飞节支地	1									5		
265	运—动	行走无力	1	5										

140

续19组

序	类	症状	统	8 马立克病	10 病毒关节炎	17 禽巴氏杆	19 葡萄球菌	21 禽结核病	26 支原体病	36 螺旋体病	37 传滑膜炎	45 螨病	48 B2缺乏症	51 恶癣
266	运—动	用踟胫膝走	1									5		
276	运—肌	腓肠肌 断裂	1		15									
279	运—肌	萎缩(骨凸)	1										10	
283	运—脚	麻痹	2							5		5		
284	运—脚	石灰脚	1									25		
285	关节	跗关节肿胀V波动感	2		5				5					
287	关节	关节不能动	1								10			
288	关节	滑膜炎持续数年	1						5					
290	关节	破溃V结污黑痂	1				5							
291	关节	切开见豆腐渣样物	1			5								
292	关节	炎肿痛	3			5	5					5		
293	关节	跗趾炎V波动V溃V紫黑痂	2				5		5					
295	运—静	蹲坐V伏坐	1	5										
296	运—静	瘫伏V轻瘫V瘫V突瘫	1	5										
299	运—静	喜卧V不愿站	2			5	5							
301	运—式	单脚跳	1			5								
303	运—腿	(不全V突然)麻痹	1	5										
311	运—腿	麻痹	2							5		5		
312	运—腿	毛囊瘤切面淡黄V皮血污	1	5										
313	运—腿	毛囊肿胀V豆大瘤	1	5										
314	运—腿	内侧水肿V渗血紫V紫褐	1				5							
315	运—腿	劈叉—前后伸	1	5										
317	运—腿	软弱无力	1									5		
322	运趾	爪:弯卷难伸	1										10	
323	运趾	爪:啄趾	1											15
325	运—姿	观星势V坐屈腿上	1										15	
326	运—走	V站不能	1										5	
331	蛋孵	孵化率下降V受精率下降	2					5	5					
333	蛋孵	V活率低V死胚V弱雏	1										5	
335	蛋鸡	啄蛋	1											15
336	蛋壳	薄V软V易破V品质下降	1											5

序	类	症状	统	8 马立克病	10 病毒关节炎	17 禽巴氏杆	19 葡萄球菌	21 禽结核病	26 支原体病	36 螺旋体病	37 传滑膜炎	45 螨病	48 B₂缺乏症	51 恶癖
342	蛋壳	无	1											5
347	蛋数	减少V下降	4			5	5		5	5				
348	蛋数	少V停V下降	4				5		5			5	5	
367	死因	衰竭	1									5		
368	死因	虚弱V消瘦V衰弱死	1									5		
371	死率	1‰~2‰V低	2									5	5	
380	鸡	淘汰增加	1						5					
384	身	发育不良V受阻V慢	2		5				5					
385	身	活力减退	1		5									
386	身	僵	3									5	5	5
387	身	脱水	1						5					
388	身	虚弱衰竭V衰弱V无力	4								5	5	5	5
389	身	有全身症状	1				5							
392	身—背	瘤破血污皮毛	1	5										
393	身—背	毛囊肿V豆大瘤	1	5										
396	身—腹	大	1				5							
397	身—腹	水肿V渗血(紫V紫褐)	1				5							
404	身瘦	体重减V体积小V渐瘦	3		5				15	5				
406	身—瘫	瘫伏V轻瘫V偏瘫V突瘫	1										5	
407	身—卧	喜卧V不愿站V伏卧	2								5		5	
409	身—胸	水肿V渗血(紫V紫褐)	1				5							
411	身—胸	囊肿	1								5			
415	心—血	贫血	3	5	5				15					
416	心—血	贫血感染者后代贫血	1	5										
422	病程	慢;1月至1年以上	5						5	5		5	5	5
425	传源	病禽V带毒菌禽	3		5				5	5				
426	传源	飞沫和尘埃	1							5				
429	传源	水料具垫设备人蝇衣	1							5				
430	传源	羽毛皮屑传	1	5										
431	促因	(潮V雨)暗热V通风差	2			5			5					
432	促因	(卫生V消毒V管理)差	2			5			5					

序	类	症状	统	8 马立克病	10 病毒关节炎	17 禽巴氏杆	19 葡萄球菌	21 禽结核病	26 支原体病	36 螺旋体病	37 传滑膜炎	45 螨病	48 B₂缺乏症	51 恶癣
435	促因	密度大∨冷拥挤	2			5		5						
437	促因	突然(变天∨变料)	1			5								
438	促因	营养(差∨缺)	1			5								
439	促因	运输∨有他病	1			5								
455	病鸡	产蛋母鸡	2								5		5	
456	病鸡	成鸡	2								5		5	
457	病鸡	雏鸡∨肉用仔鸡	2								5		5	
458	病鸡	各龄	4							5	5	5		5
460	病鸡	青年鸡∨青年母鸡	2								5		5	
485	病率	龄越大敏感性越低	1		5									
487	病率	低(<10%)	1	5										
488	病率	较低(11%~30%)	1	5										
489	病率	高∨(31%~60%)	1	5										
491	病率	最高(91%~100%)	1		5									
501	病势	一旦发病全群连绵不断	1						5					
502	病势	隐性感染	2		5				5					
504	病势	突死	2	5		5								
506	病势	突病∨急∨暴发∨流行∨烈	2							5	5			
507	病势	急	2		5		5							
508	病势	急性期后→缓慢恢复期	1						5					
509	病势	慢性∨缓和∨症状轻	4				5	5	5					
510	病势	慢性群发	2									5	5	
513	病势	散发	1											5
531	死期	病后1~3天死	1			5								
533	死时	病2~6天死∨很快死	1				5							
534	死时	出壳后2~5天死	1				5							
541	死因	喉头假膜堵塞死	1						5					
545	死因	衰竭衰弱死	3		5			5	5					
553	病性	淋巴瘤	1	15										
554	病性	慢性呼吸道病	1						5					
561	易感	各品种均感	1				5							

20组　蹲∨卧∨坐∨站异常

序	类	症状	统	6 鸡传脑炎	8 马立克病	10 病毒关节炎	13 鸡白血病	19 葡萄球菌	23 曲霉菌病	28 鸡住白虫病	30 肉鸡腹水	31 维E硒缺	33 马杜拉霉毒	59 中暑
		ZPDS		24	29	17	19	25	27	35	25	24	24	22
294	运一静	侧卧	2	5									5	
295	运一静	蹲坐∨伏坐	2	5	5									
297	运一静	卧地不起(多伏卧)	3				5		5	5				
298	运一静	卧如企鹅	1								5			
299	运一静	喜卧∨不愿站	3			5			5				5	
300	运一静	站立不稳	5							5	5	5	5	10
1	精神	神经瘫∨神经症状∨脑病	1						5					
2	精神	昏睡∨嗜睡∨打瞌睡	2										5	10
3	精神	乱飞乱跑∨翻滚	1										5	
4	精神	盲目前冲(倒地)	2	5								5		
6	精神	兴奋∨不安	1										5	
8	精神	不振	2		5			5						
9	精神	沉郁	6				5	5	5	5	5		5	
12	精神	委顿∨迟钝∨淡漠	3	5	5				5					
16	体温	先升高后降低	1											10
17	体温	升高43℃~44℃	2								5			15
31	头冠	萎缩∨皱缩∨变硬∨干缩	2				5				5			
32	头冠	针尖大红色血疱	1							5				
33	头冠	黑紫∨黑∨绀	4							5			5	
35	头冠	贫血∨白∨青∨褪色	4				5			5				5
36	头冠	先充血后发绀	1											10
37	头冠	紫红	1								5			
41	头须	出血灶	1				5							
42	头须	麻痹∨软∨无力∨下垂	1		5									
43	头须	向下挛缩	1									5		
44	头须	毛囊肿∨瘤毛血污∨切面黄	1				5							
47	头须	S状∨后仰观星∨角弓反张	3						5				5	5
49	头须	震颤-阵发性音叉式	1	5										
51	头面	苍白	2		5					5				
52	头面	发绀	1										5	

续 20 组

序	类	症状	统	6 鸡传染脑炎	8 马立克病	10 病毒关节炎	13 鸡白血病	19 葡萄球菌	23 曲霉菌病	28 鸡住白虫病	30 肉鸡腹水	31 维E硒缺	33 马杜拉霉毒	59 中暑
54	头面	黄	1							5				
61	头髯	皱缩∨萎缩∨变硬	1								5			
62	头髯	苍白∨贫血	2								5			5
64	头髯	绀(紫)∨黑紫∨发黑	3						5		5		5	
66	头髯	先充血后发绀	1											10
67	头髯	紫红	1								5			
76	头肿		1							5				
84	眼	炎∨眼球炎	1						5					
86	眼	闭∨半闭∨难睁	1					5						
89	眼虹膜	缩小	1		5									
94	眼睑	肿胀	1					5						
95	眼角	中央溃疡	1						5					
97	眼	结膜色-白∨贫血	1							5				
98	眼	结膜色-黄	1							5				
101	眼	结膜炎∨充血∨潮红∨红	1						5					
102	眼	晶体混浊∨浅蓝褐色	1	5										
105	眼球	鱼眼∨珍珠眼	1		5									
106	眼球	增大∨眼突出	2	5					5					
107	眼球	后代眼球大	1	5										
108	眼	失明障碍	2	5	5									
110	眼	瞬膜下黄酪样小球状物	1						5					
111	眼	瞳孔边缘不整	1		5									
113	叫	尖叫	1										5	
118	呼肺	炎∧小结节	1						5					
123	呼咳		1							5				
125	呼痰	带血∨黏液	1							5				
126	呼吸	喘∨张口∨困难∨喘鸣声	4						5	5	5			5
128	呼吸	喉呼噜声	1											10
132	呼吸	道:症轻∨障碍	1				5							
133	呼吸	快∨急促	2								5			15
135	气管	炎∧小结节	1					15						

· 145 ·

続 20 組

序	类	症状	统	6 鸡传脑炎	8 马立克病	10 病毒关节炎	13 鸡白血病	19 葡萄球菌	23 曲霉菌病	28 鸡住白虫病	30 肉鸡腹水	31 维E硒缺	33 马杜拉霉毒	59 中暑
149	消粪	白∨灰白∨黄白∨淡黄	2					5		5				
153	消粪	绿∨(淡∨黄∨青)绿	2					5		5				
157	消粪	泻∨稀∨下痢	4					5	5	5			5	
169	消肛	周脏污∨粪封	1							5				
170	口	流涎∨黏沫	1							5				
191	消一饮	口渴∨喜饮∨增强∨狂饮	2										5	15
192	消一饮	减少∨废饮	1					5						
193	消一饮	重的不饮	1											15
194	消一食	食欲不振	5			5		5	5	5			5	
195	消一食	食欲废	3					5		5			5	
199	消	嗉囊充满液∨挤流稠饲料	2		5									10
204	消	嗉囊松弛下垂	1		5									
208	毛	松乱∨蓬松∨逆立∨无光	4		5					5	5		5	
212	毛	胸毛稀少∨脱落	1					5						
217	毛	毛囊处出血	1				5							
228	皮膜	紫∨绀∨青	1						5					
229	皮色	发绀∨蓝紫	2						5		5			
231	皮色	贫血∨苍白	1				5							
233	皮下	出血	2							5				
234	皮下	水肿	1									5		
242	皮肿	瘤:火山口状	1				5							
244	运一步	蹒跚∨摇晃∨失调∨踉跄	7	15		5				5	5	5		10
245	运一翅	下垂∨轻瘫∨麻痹∨松∨无力	4		5					5	5	5		
246	运一翅	∨尖出血	1				5							
248	运一翅	毛囊:瘤破皮毛血污	1		5									
249	运一翅	毛囊:瘤切面淡黄色	1		5									
250	运一翅	毛囊:肿胀∨豆大瘤	1		5									
252	运一翅	抬起∨直伸∨人用力扭翅感难	1											10
253	运一翅	震颤一阵发性音叉式	1	5										
254	运一动	跛行∨运障∨瘫	3		5	5		5						
257	运一动	不愿走	3	5		5		5						

146

续 20 组

序	类	症状	统	6 鸡传脑炎	8 马立克病	10 病毒关节炎	13 鸡白血病	19 葡萄球菌	23 曲霉菌病	28 鸡住白虫病	30 肉鸡腹水	31 维E硒缺	33 马杜拉霉毒	59 中暑
258	运-动	迟缓	2		5								5	
264	运-动	速度失控	1	5										
265	运-动	行走无力	2		5								5	
268	运-动	转圈∨伏地转	1										5	
269	运-股	皮下水肿	1									5		
272	运-骨	胫骨肿粗	1				5							
276	运-肌	腓肠肌断裂	1			15								
281	运-脚	节律性(痉挛∨抽搐)	1									5		
285	关节	跗关节肿胀∨波动感	1			5								
290	关节	破溃∨结污黑痂	1					5						
292	关节	炎肿痛	1					5						
293	关节	跗趾炎∨波动∨溃∨紫黑痂	1					5						
301	运-式	单脚跳	1			5								
303	运-腿	(不全∨突然)麻痹	2		5							5		
306	运-腿	分开站立	1									5		
307	运-腿	后伸∨向后张开	1										5	
309	运-腿	肌苍白∨灰白灰黄条纹	1									5		
312	运-腿	毛囊瘤切面淡黄∨皮血污	1		5									
313	运-腿	毛囊肿胀∨豆大瘤	1		5									
314	运-腿	内侧水肿∨渗血紫∨紫褐	1					5						
315	运-腿	劈叉-前后伸	1		5									
317	运-腿	软弱无力	2									5	5	
319	运-腿	震颤-阵发性音叉式	1	5										
331	蛋孵	孵化率下降∨受精率下降	1									5		
332	蛋孵	死胚∨出壳(难∨弱∨死)	1									5		
336	蛋壳	薄∨软∨易破∨品质下降	1							5				
339	蛋壳	畸形(含小∨轻)	3	5			5			5				
343	蛋液	稀薄如水	1			5								
347	蛋数	减少∨下降	5	5		5	5			5			5	
351	蛋数	逐渐∨病3~4周恢复	1	5										
352	死峰	病14~16小时,19~21小时	1											10

147

续20组

序	类	症状	统	6 鸡传脑炎	8 马立克病	10 病毒关节炎	13 鸡白血病	19 葡萄球菌	23 曲霉菌病	28 鸡住白虫病	30 肉鸡腹水	31 维E硒缺	33 马杜拉霉毒	59 中暑
357	死情	环温>35℃现死	1											10
362	死时	突死∨突然倒地∨迅速	1											5
384	身	发育不良∨受阻∨慢	3			5			5		5			
385	身	活力减退	1			5								
387	身	脱水	1										5	
388	身	虚弱衰竭∨衰弱∨无力	2	5								5		
389	身	有全身症状	1					5						
392	身－背	瘤破血污皮毛	1		5									
393	身－背	毛囊肿∨豆大瘤	1		5									
394	身－腹	触摸到大肝	1				5							
395	身－腹	穿流黄液透明含纤维	1								5			
396	身－腹	大	2					5			5			
397	身－腹	水肿∨渗血(紫∨紫褐)	1					5						
398	身－腹	皮发亮∨触波动感	1								10			
399	身－腹	皮下出血(点∨条)状	1							5				
400	身－腹	皮下蓝紫色斑块	1									5		
401	身－腹	下垂	1								10			
404	身瘦	体重减∨体积小∨渐瘦	6			5	5		5	15		5	5	
408	身－胸	出血	1				5							
409	身－胸	水肿∨渗血(紫∨紫褐)	1					5						
410	身－胸	肌苍白∨灰白灰黄条纹	1									5		
412	身－胸	皮下出血(点∨条)状	1							5				
413	身－胸	皮下蓝紫色斑块	1									5		
414	心－血	毛细血管渗血	1									5		
415	心－血	贫血	3		5	5				15				
416	心－血	贫血感染者后代贫血	1		5									
417	心－血	墙∨草∨笼∨槽等见血迹	1							15				
418	心－血	心跳快	1								5			
420	病程	4~8天	1							5				
425	传源	病禽∨带毒菌禽	1			5								
429	传源	水料具垫设备人蝇衣	2	5					5					

148

续 20 组

序	类	症状	统	6 鸡传脑炎	8 马立克病	10 病毒关节炎	13 鸡白血病	19 葡萄球菌	23 曲霉菌病	28 鸡住白虫病	30 肉鸡腹水	31 维E硒缺	33 马杜拉霉毒	59 中暑
430	传源	羽毛皮屑传	1		5									
431	促因	(潮∨雨)暗热∨通风差	2						5		5			
434	促因	长期饲喂霉料	1						5					
436	促因	舍周有树∨草∨池塘	1							5				
442	感途	垂直—经蛋	1	5										
443	感途	多种途径	1	5										
444	感途	呼吸道	1						5					
446	感途	脐带	1					5						
447	感途	伤口皮肤黏膜	1					5						
448	感途	水平	3	5			5	5						
450	感途	消化道	3	5				5	5					
462	病鸡	肉鸡体壮肥胖先死	1											10
483	病龄	龄大敏感性低	1				5							
544	死因	践踏死	1	5										
545	死因	衰竭衰弱死	2				5					5		
579	病因	温>30℃+潮湿+闷∨缺水	1											10
606	殖	睾丸退化	1									5		
607	殖	精子减少∨繁殖力减退	1									5		

21-1 组 腿异常

序	类	症状	统	2 禽流感	6 鸡传脑炎	8 马立克病	12 网皮增殖	19 葡萄球菌	22 肉毒梭菌	31 维E硒缺	33 马杜拉霉毒	36 螺旋体病	38 食盐中毒
		ZPDS		39	25	40	16	28	21	28	35	22	31
303	运—腿	(不全∨突然)麻痹	4			5	5		5	5			
306	运—腿	分开站立	1							5			
307	运—腿	后伸∨向后张开	1								5		
309	运—腿	肌苍白∨灰白灰黄条纹	1							5			
310	运—腿	鳞片紫红∨紫黑	1		5								

序	类	症状	统	2 禽流感	6 鸡传染脑炎	8 马立克病	12 网皮增殖	19 葡萄球菌	22 肉毒梭菌	31 维E硒缺	33 马杜拉霉毒	36 螺旋体病	38 食盐中毒
311	运-腿	麻痹	2									5	5
312	运-腿	毛囊瘤切面淡黄∨皮血污	1			5							
313	运-腿	毛囊肿胀∨豆大瘤	1			5							
314	运-腿	内侧水肿∨渗血紫∨紫褐	1					5					
315	运-腿	劈叉-前后伸	2			5	5						
317	运-腿	软弱无力	2								5	5	
319	运-腿	震颤-阵发性音叉式	1		5								
2	精神	昏睡∨嗜睡∨打瞌睡	2							5		5	
3	精神	乱飞乱跑∨翻滚	1									5	
4	精神	盲目前冲(倒地)	3	5	5						5		
6	精神	兴奋∨不安	1									5	
8	精神	不振	5	5		5		5	5				5
9	精神	沉郁	6	5			5		5		5	5	5
10	精神	全群沉郁	1									5	
12	精神	委顿∨迟钝∨淡漠	2		5	5							
17	体温	升高43℃~44℃	1									5	
23	鼻涕	稀薄∨黏稠∨脓性∨痰性	1										5
33	头冠	黑紫∨黑∨绀	3	5								5	5
35	头冠	贫血∨白∨青∨褪色	1									5	
42	头须	麻痹∨软∨无力∨下垂	2			5			5				
43	头须	向下挛缩	1							5			
44	头须	毛囊肿∨瘤毛血污∨切面黄	1			5							
45	头须	伸直平铺地面	1						5				
47	头须	S状后仰观星∨角弓反张	3	5							5	5	
49	头须	震颤-阵发性音叉式	1		5								
51	头面	苍白	1			5							
52	头面	发绀	1									5	
62	头髯	苍白∨贫血	1										5
64	头髯	绀(紫)∨黑紫∨发黑	3	5								5	5
76	头肿		1	5									
82	眼	充血∨潮红	1	5									

续 21-1 组

序	类	症状	统	2 禽流感	6 鸡传染脑炎	8 马立克病	12 网皮增殖	19 葡萄球菌	22 肉毒梭菌	31 维E硒缺	33 马杜拉霉毒	36 螺旋体病	38 食盐中毒
85	眼	白内障	1				15						
86	眼	闭∨半闭∨难睁	1					5					
89	眼虹膜	缩小	1			5							
91	眼睑	麻痹	1						5				
94	眼睑	肿胀	1					5					
97	眼	结膜色-白∨贫血	1									5	
100	眼	结膜水肿	1	5									
102	眼	晶体混浊∨浅蓝褐色	1		5								
104	眼泪	多(粘∨酪∨脓∨浆)性	1	5									
105	眼球	鱼眼∨珍珠眼	1			5							
106	眼球	增大∨眼突出	2		5		5						
107	眼球	后代眼球大	1		5								
108	眼	失明 障碍	3		5	5							5
111	眼	瞳孔 边缘不整	1			5							
113	叫	尖叫	1								5		
126	呼吸	喘∨张口∨困难∨喘鸣声	2	5									10
127	呼吸	极难	1										10
129	呼吸	啰音∨音异常	1	5									
132	呼吸	道:症轻∨障碍	1					5					
141	消吃	含食盐多病	1										15
144	消粪	含胆汁∨尿酸盐多	2						5		5		
145	消粪	含黏液	1	5									
147	消粪	含血∨血粪	2	5									5
149	消粪	白∨灰白∨黄白∨淡黄	1					5					
153	消粪	绿∨(淡∨黄∨青)绿	4					5	5			5	
157	消粪	泻∨稀∨下痢	6	5				5		5	5	5	5
170	口	流涎∨黏沫	1										5
191	消-饮	口渴∨喜饮∨增强∨狂饮	3								5	5	5
192	消-饮	减少∨废饮	2	5				5					
194	消-食	食欲不振	4	5						5			5
195	消-食	食欲废	4					5			5	5	5

续 21-1 组

序	类	症状	统	2 禽流感	6 鸡传染脑炎	8 马立克病	12 网皮增殖	19 葡萄球菌	22 肉毒梭菌	31 维E硒缺	33 马杜拉霉毒	36 螺旋体病	38 食盐中毒
199	消	嗉囊充满液∨挤流稠饲料	2			5							10
201	消	嗉囊大∨肿大	1										10
204	消	嗉囊松弛下垂	1			5							
208	毛	松乱∨蓬松∨逆立∨无光	5	5		5				5		5	5
209	毛	稀落∨脱羽∨脱落	1									5	
212	毛	胸毛稀少∨脱落	1						5				
214	毛	主翼发育不良	1				5						
215	毛	背翅羽毛逆立∨脱落	1				5						
218	毛	中间部位无羽毛生长	1				15						
226	皮膜	贫血∨苍白	1									5	
234	皮下	水肿	1							5			
244	运一步	蹒跚∨摇晃∨失调∨跟跄	4	5	15					5			5
245	运一翅	下垂∨轻瘫∨麻痹∨松∨无力	3			5			5	5			
248	运一翅	毛囊:瘤破皮毛血污	1			5							
249	运一翅	毛囊:瘤切面淡黄色	1			5							
250	运一翅	毛囊:肿胀∨豆大瘤	1			5							
253	运一翅	震颤—阵发性音叉式	1		5								
254	运一动	跛行∨运障∨病	3			5		5			5		
256	运一动	不愿站	1										5
257	运一动	不愿走	3			5							5
258	运一动	迟缓	2			5					5		
261	运一动	痉抽∨惊厥	1										5
263	运一动	盲目前冲(倒地)	1										5
264	运一动	速度失控	1		5								
265	运一动	行走无力	2			5					5		
267	运一动	运动神经麻痹	1						15				
268	运一动	转圈∨伏地转	3	5							5		5
269	运一股	皮下水肿	1							5			
281	运一脚	节律性(痉挛∨抽搐)	1							5			
283	运一脚	麻痹	2									5	5
290	关节	破溃∨结污黑痂	1					5					

续 21-1 组

序	类	症状	统	2 禽流感	6 鸡传脑炎	8 马立克病	12 网皮增殖	19 葡萄球菌	22 肉毒梭菌	31 维E硒缺	33 马杜拉霉毒	36 螺旋体病	38 食盐中毒
292	关节	炎肿痛	1					5					
293	关节	跖趾炎V波动V溃V紫黑痂	1					5					
294	运一静	侧卧	2		5						5		
295	运一静	蹲坐V伏坐	2		5	5							
296	运一静	瘫伏V轻瘫V瘫V突瘫	2			5					5		
299	运一静	喜卧V不愿站	1					5					
300	运一静	站立不稳	2							5	5		
326	运一走	V站不能	1										5
331	蛋孵	孵化率下降V受精率下降	2	5						5			
332	蛋孵	死胚V出壳(难V弱V死)	1							5			
336	蛋壳	薄V软V易破V品质下降	1	5									
339	蛋壳	畸形(含小V轻)	2	5	5								
340	蛋壳	色(棕V变浅V褪)	1	8									
342	蛋壳	无	1	8									
346	蛋数	急剧下降V高峰时突降	1	8									
347	蛋数	减少V下降	3	5	5						5		
348	蛋数	少V停V下降	1	5									
351	蛋数	逐渐V病3～4周恢复	1		5								
367	死因	衰竭	1										5
368	死因	虚弱V消瘦V衰弱死	1										5
384	身	发育不良V受阻V慢	1				5						
386	身	僵	1										5
387	身	脱水	1								5		
388	身	虚弱衰竭V衰弱V无力	4		5					5		5	5
389	身	有全身症状	1					5					
396	身一腹	大	1					5					
397	身一腹	水肿V渗血(紫V紫褐)	1					5					
400	身一腹	皮下蓝紫色斑块	1							5			
404	身瘦	体重减V体积小V渐瘦	2							5	5		
407	身一卧	喜卧V不愿站V伏卧	1										5
409	身一胸	水肿V渗血(紫V紫褐)	1					5					

序	类	症状	统	2 禽流感	6 鸡传脑炎	8 马立克病	12 网皮增殖	19 葡萄球菌	22 肉毒梭菌	31 维E硒缺	33 马杜拉霉毒	36 螺旋体病	38 食盐中毒
410	身-胸	肌苍白∨灰白灰黄条纹	1							5			
413	身-胸	皮下蓝紫色斑块	1							5			
414	心-血	毛细血管渗血	1							5			
415	心-血	贫血	2			5	5						
416	心-血	贫血感染者后代贫血	1			5							
458	病鸡	各龄	3		5							5	5
464	病季	气温骤变	1	5									
470	病季	四季	4	5	5			5				5	
486	病率	与食入毒素量有关	1						5				
487	病率	低(<10%)	1			5							
488	病率	较低(11%~30%)	2		5	5							
489	病率	高∨(31%~60%)	1			5							
494	病时	食后2~18小时发病	1								5		
495	病时	食后2~4天发病	1								5		
499	病势	无症至全死	1	5									
504	病势	突死	2			5					5		
505	病势	最急性感染10小时死	1	5									
506	病势	突病∨急∨暴发∨流行∨烈	3							5		5	5
507	病势	急	1					5					
509	病势	慢性∨缓和∨症状轻	1					5					
517	死率	<10%	1			5							
518	死率	11%~30%	1			5							
519	死率	31%~50%	4			5	5		5	5			
520	死率	51%~70%	3		5				5				
521	死率	71%~90%	3			5	5		5				
522	死率	91%~100%	3	15		5			5				
525	死情	口流黏液面死	1								5		
526	死情	陆续死	1								5		
527	死情	扑棱翅膀死	1								5		
533	死时	病2~6天死∨很快死	3	5					5		5		
534	死时	出壳后2~5天死	1						5				

续 21-1 组

序	类	症状	统	2 禽流感	6 鸡传脑炎	8 马立克病	12 网皮增殖	19 葡萄球菌	22 肉毒梭菌	31 维E硒缺	33 马杜拉霉毒	36 螺旋体病	38 食盐中毒
537	死时	停喂药料仍死7~10天	1								5		
538	死时	迅速	1						5				
542	死因	昏迷死∨痉挛死	1								5		
543	死因	继发并发症∨管理差死	1	5									
544	死因	践踏死	1		5								
545	死因	衰竭衰弱死	1							5			
547	死因	心、呼吸衰竭死	1						5				
550	病性	高度接触病	1	5									
553	病性	淋巴瘤	1			15							
555	病性	慢性肿瘤病	1				5						
557	病性	中毒病	1						5				
567	易感	体质壮实	1		5								
574	病因	计算错误搅动不均	1								5		
575	病因	马杜拉霉素中毒	1								5		
577	病因	缺硒	1							5			
581	病因	重复用药∨盲目加量	1								5		
586	病症	明显	1		5								
597	潜期	潜伏期:6~7天	1				5						
598	潜期	潜伏期:13天	1				5						
599	潜期	潜伏期:3~4周	2			5	5						
600	潜期	潜伏期:4~30周	1			5							
606	殖	睾丸退化	1							5			
607	殖	精子减少∨繁殖力减退	1							5			

21-2组 腿异常

序	类	症状	统	39 有机磷中毒	43 绦虫病	46 维A缺乏症	47 维B₁缺乏症	48 维B₂缺乏症	50 笼疲劳症	53 痛风	56 包涵体肝炎	58 锰缺乏症
		ZPDS		29	31	32	26	35	21	27	23	18
304	运一腿	不能站立	1									10
305	运一腿	蹲坐V独肢站立	1							10		
308	运一腿	黄色素消失	1			15						
311	运一腿	麻痹	3	5			5	5				
316	运一腿	屈腿蹲立V蹲伏于地	1							10		
317	运一腿	软弱无力	4		5		5	5	5			
318	运一腿	弯曲V扭曲	1									15
320	运一膝	肿大V变扁平V无法负重	1									15
2	精神	昏睡V嗜睡V打瞌睡	3	5				5			10	
8	精神	不振	3	5	5	5						
9	精神	沉郁	3		5	5			5			
13	体温	降低(即<40.5℃)	2	5			5					
18	鼻	喷嚏	1								5	
19	鼻	甩鼻V堵	1								5	
27	头	甩摆V甩鼻V甩头	1					5				
33	头冠	黑紫V黑V绀	3	5	5			5				
34	头冠	黄染	1								5	
35	头冠	贫血V白V青V褪色	7	5	5	5	5	5			5	5
47	头须	S状V后仰观星V角弓反张	2				15	15				
50	头脸	苍白-群病2~3天后	1								10	
51	头面	苍白	1								5	
62	头髯	苍白V贫血	6	5	5	5	5	5			5	
64	头髯	绀(紫)V黑紫V发黑	3	5	5			5				
65	头髯	黄色	1								5	
68	头髯	质肉垂皮结节性肿胀	1							5		
69	头色	蓝紫V黑V青	1				5					
78	头姿	扭头V仰头	2		5			5				
86	眼	闭V半闭V难睁	2				5		5			
87	眼凹		1						5			
88	眼干	维生素A缺致	1			25						

续 21-2 组

序	类	症 状	统	39 有机磷中毒	43 绦虫病	46 维A缺乏症	47 维B1缺乏症	48 维B2缺乏症	50 笼疲劳症	53 痛风	56 包涵体肝炎	58 锰缺乏症
96	眼	角膜干	1			25						
97	眼	结膜色－白V贫血	2		5		5					
98	眼	结膜色－黄	1		10							
99	眼	结膜色－紫V绀V青	1	5								
101	眼	结膜炎V充血V潮红V红	1			5						
103	眼泪	流泪V湿润	2	5		5						
108	眼	失明 障碍	1			5						
109	眼屎	泪多(黏V酪V脓V浆)性	1			5						
123	呼咳		1								5	
126	呼吸	喘V张口V困难V喘鸣声	3	5		5					5	
133	呼吸	快V急促	1								5	
140	消吃	含磷药	1	15								
143	消吃	料:单纯V缺维生素	3			10	10	10				
144	消粪	含胆汁V尿酸盐多	1							5		
145	消粪	含黏液	1		10							
147	消粪	含血V血粪	1		5							
155	消粪	质:石灰渣样	1							15		
157	消粪	泻V稀V下痢	4	5	5		5	5				
161	消肝	细胞内现核内包涵体	1								5	
164	消肛	肛挂虫	1		25							
165	消肛	毛上黏附多量白色尿酸盐	1							5		
170	口	流涎V黏沫	1	5								
171	口	出血点	1			15						
174	口	空咽－频频	1	5								
191	消一饮	口渴V喜饮V增强V狂饮	1		5							
194	消一食	食欲不振	4	5	5	5	10					
195	消一食	食欲废	2	5			10					
197	消一食	食欲正常V增强	5		5	5	5	5	5			
207	尿中	尿酸盐增多	1							5		
208	毛	松乱V蓬松V逆立V无光	3		5	5	5					
209	毛	稀落V脱羽V脱落	4		5	5	5			5		

续表 21-2 组

序	类	症 状	统	39 有机磷中毒	43 绦虫病	46 维A缺乏症	47 维B_1缺乏症	48 维B_2缺乏症	50 笼疲劳症	53 痛风	56 包涵体肝炎	58 锰缺乏症
210	毛	脏污∨脏乱	1						10			
213	毛	生长∨发育不良	1						10			
224	皮膜	红∨炎	1			5						
225	皮膜	黄∨黄疸	2		10						5	
226	皮膜	贫血∨苍白	2		5		5					
228	皮膜	紫∨绀∨青	1	5								
230	皮色	黄色	1								10	
231	皮色	贫血∨苍白	2								5	25
244	运一步	睛瞎∨摇晃∨失调∨踉跄	5	5	5	5	5	5	5			
245	运一翅	下垂∨轻瘫∨麻痹∨松∨无力	2		5			5				
247	运一翅	关节肿胀疼痛	1							15		
254	运一动	跛行∨运障∨痛	1					5				
255	运一动	不能行动一直至饿死	1									5
256	运一动	不愿站	1					5				
257	运一动	不愿走	1					5				
258	运一动	迟缓	1							10		
259	运一动	飞节支地	4	5		5		5	5			
260	运一动	胫跗关节着地	1									10
261	运一动	痉抽∨惊厥	2	5		5						
263	运一动	盲目前冲(倒地)	1	5								
265	运一动	行走无力	1							10		
266	运一动	用跗胫膝走	4	5		5		5	5			
270	运一骨	畸形∨短粗∨变形∨串珠样	2							10		15
271	运一骨	胫跗跖骨粗弯∨循厚	2							10		15
273	运一骨	重量未减∨稍增∨硬度好	1									5
274	运一肌	颤∨痉挛	1	10								
275	运一肌	出血	1								5	
277	运一肌	滑腱∨腓肠腱脱位	1									15
278	运一肌	麻痹	1				10					
279	运一肌	萎缩(骨凸)	1					10				
283	运一脚	麻痹	3	5			5	5				

158

序	类	症 状	统	39 有机磷中毒	43 绦虫病	46 维A缺乏症	47 维B_1缺乏症	48 维B_2缺乏症	50 笼疲劳症	53 痛风	56 包涵体肝炎	58 锰缺乏症
286	关节	跗胫关节∨波动	2							10		10
289	关节	囊骨∨周尿酸盐	1							5		
292	关节	炎肿痛	2							5		5
321	运趾	爪:干瘪∨干燥	1							10		
322	运趾	爪:弯卷难伸	2					10	10			
325	运一姿	观星势∨坐屈腿上	1					15				
326	运一走	∨站不能	6	5	5		5	5	5	5		
327	运一走	∨站不能一不稳一夜现	1							5		
333	蛋孵	∨活率低∨死胚∨弱雏	4			5		5			5	5
336	蛋壳	薄∨软∨易破∨品质下降	2						5			5
342	蛋壳	无	1						5			
348	蛋数	少∨停∨下降	5			5	5	5	5			5
350	蛋数	轻微下降∨影响蛋壳质量	1								5	
353	死峰	病后第3~4天高第5天停	1								15	
362	死时	突死∨突然倒地∨迅速	1							5		
375	雏鸡	骨骼短粗∨生长停滞	1									10
376	雏鸡	神经障碍∨运动失调	1									10
377	鸡胚	快出壳时死∨骨发育差∨胚体水肿	1									15
378	鸡胚	躯∨腿∨翅∨喙短∨头圆球样∨腹突	1									5
386	身	僵	4		5	5	5	5				
387	身	脱水	1							5		
388	身	虚弱衰竭∨衰弱∨无力	4			5	5			15		
406	身一瘫	瘫伏∨轻瘫∨偏瘫∨痪突	4			5	5	5	5			
407	身一卧	喜卧∨不愿站∨∨伏卧	4	5	5			5				
422	病程	慢:1月至1年以上	4		5	5	5	5				
423	传式	垂直和水平	1								5	
455	病鸡	产蛋母鸡	3					5	5	5		
456	病鸡	成鸡	2					5	5			
457	病鸡	雏鸡∨肉用仔鸡	2					5				5
458	病鸡	各龄	2	5		5						
460	病鸡	青年鸡∨青年母鸡	2					5		5		

序	类	症状	统	39 有机磷中毒	43 绦虫病	46 维A缺乏症	47 维B₁缺乏症	48 维B₂缺乏症	50 笼疲劳症	53 痛风	56 包涵体肝炎	58 锰缺乏症
466	病季	春	1			5						
504	病势	突死	1								5	
506	病势	突病V急V暴发V流行V烈	2	5							5	
510	病势	慢性群发	5		5	5	5	5	5			
582	预后	轻48时康复V病3~5天死	1								5	
584	病症	6~9天在全群展现	1							5		
605	诊	确诊剖检-尿酸盐沉积	1							35		

22组 爪异常

序	类	症状	统	5 传法囊病	42 组织滴虫	48 维B₂缺乏症	49 脱肛	50 笼疲劳症	51 恶癣	53 痛风
		ZPDS		36	29	36	6	22	12	27
321	运趾	爪:干瘪V干燥	2	5						10
322	运趾	爪:弯卷难伸	3		10	10		10		
323	运趾	爪:啄趾	1						15	
2	精神	昏睡V嗜睡V打瞌睡	2	5		5				
6	精神	兴奋V不安	1						5	
9	精神	沉郁	2			5		5		
11	精神	闭目V呆滞	1		5					
17	体温	升高43℃~44℃	1	5						
18	鼻	喷嚏	1							5
19	鼻	甩鼻V堵	1							5
25	头	触地V垂地	1							5
33	头冠	黑紫V黑V绀	2		5	5				
35	头冠	贫血V白V青V褪色	2			5				5
42	头颈	麻痹V软V无力V下垂	1		5					
46	头颈	缩颈缩头V向下拏缩	1		5					
47	头颈	S状V后仰观星V角弓反张	1			15				

序	类	症　状	统	5 传法囊病	42 组织滴虫	48 维B2缺乏症	49 脱肛	50 笼疲劳症	51 恶癣	53 痛风
62	头颈	苍白V贫血	1			5				
64	头颈	绀(紫)V黑紫V发黑	2		5	5				
68	头颈	质肉垂皮结节性肿胀	1							5
69	头色	蓝紫V黑青	1		5					
77	头姿	垂头	1		5					
79	头姿	头卷翅下	1		15					
86	眼	闭V半闭V难睁	3	5	5			5		
87	眼凹		3	5	5			5		
123	呼咳		1							5
126	呼吸	喘V张口V困难V喘鸣声	1							5
133	呼吸	快V急促	1							5
143	消吃	料:单纯V缺维生素	1			10				
144	消粪	含胆汁V尿酸盐多	1							5
147	消粪	含血V血粪	1		5					
149	消粪	白V灰白V黄白V淡黄	2	5	5					
153	消粪	绿V(淡V黄V青)绿	1		5					
155	消粪	质:石灰渣样	1							15
156	消粪	水样	1	5						
157	消粪	泻V稀V下痢	3	5	5	5				
158	消粪	黏稠	1	5						
165	消肛	毛上黏附多量白色尿酸盐	1							5
166	消肛	脱肛	1				10			
167	消肛	脏污肛V躯	2				5		5	
168	消肛	啄它鸡肛V啄自己肛	1						15	
192	消-饮	减少V废饮	1	5						
194	消-食	食欲不振	3	5	5		5			
195	消-食	食欲废	1		5					
197	消-食	食欲正常V增强	3			5		5	5	
207	尿中	尿酸盐增多	1							5
208	毛	松乱V蓬松V逆立V无光	2	5	5					
209	毛	稀落V脱羽V脱落	2		5					5
210	毛	脏污V脏乱	1			10				

序	类	症状	统	5 传法囊病	42 组织滴虫	48 维B$_2$缺乏症	49 脱肛	50 笼疲劳症	51 恶癖	53 痛风
211	毛	啄羽	1						15	
213	毛	生长∨发育不良	1			10				
231	皮色	贫血∨苍白	1							5
243	运一步	高跷∨涉水	1		10					
244	运一步	踌躇∨摇晃∨失调∨踉跄	2	5				5		
245	运一翅	下垂∨轻瘫∨麻痹∨松∨无力	3	5	5	5				
247	运一翅	关节肿胀疼痛	1							15
254	运一动	跛行∨运障∨瘸	2			5			5	
256	运一动	不愿站	1			5				
257	运一动	不愿走	1			5				
258	运一动	迟缓	1							10
259	运一动	飞节支地	2			5		5		
265	运一动	行走无力	1							10
266	运一动	用跗胫膝走	2			5		5		
270	运一骨	畸形∨短粗∨变形∨串珠样	1					10		
271	运一骨	胫跗骨粗弯∨臃厚	1					10		
279	运一肌	萎缩(骨凸)	1			10				
283	运一脚	麻痹	1			5				
286	关节	跗胫关节∨波动	1							10
289	关节	囊骨∨周尿酸盐	1							5
292	关节	炎肿痛	1							5
305	运一腿	蹲坐∨独肢站立	1							10
311	运一腿	麻痹	1			5				
317	运一腿	软弱无力	2			5		5		
325	运一姿	观星势∨坐屈腿上	1			15				
326	运一走	∨站不能	4		5	5		5		5
327	运一走	∨站不能∨不稳一夜现	1							5
333	蛋孵	∨活率低∨死胚∨弱雏	1			5				
335	蛋鸡	啄蛋	1						15	
336	蛋壳	薄∨软∨易破∨品质下降	2					5	5	
342	蛋壳	无	2					5	5	
348	蛋数	少∨停∨下降	2			5		5		

続 22 组

序	类	症 状	统	5 传法囊病	42 组织滴虫	48 维B₂缺乏症	49 脱肛	50 笼痰劳症	51 恶癣	53 痛风
362	死时	突死∨突然倒地∨迅速	1							5
371	死率	1%～2%∨低	1					5		
386	身	僵	1			5				
387	身	脱水	3	5	5			5		
388	身	虚弱衰竭∨衰弱∨无力	2			5				15
390	身	震颤	1	5						
406	身—瘫	瘫伏∨轻瘫∨偏瘫∨突瘫	2			5		5		
407	身—卧	喜卧∨不愿站∨伏卧	2			5		5		
420	病程	4～8 天	1	5						
422	病程	慢;1月至1年以上	2		5	5				
427	传源	老鼠、甲虫等	1	5						
429	传源	水料具垫设备人蝇衣	1	5						
432	促因	(卫生∨消毒∨管理)差	1	5						
435	促因	密度大∨冷拥挤	1	5						
440	感率	达 90%～100%	1	5						
455	病鸡	产蛋母鸡	3			5	5	5		
456	病鸡	成鸡	3			5	5	5		
457	病鸡	雏∨肉用仔鸡	2		5	5				
458	病鸡	各龄	1						5	
460	病鸡	青年鸡∨青年母鸡	2		5	5				
470	病季	四季	1	5						
487	病率	低(<10%)	1	5						
488	病率	较低(11%～30%)	1	5						
489	病率	高∨(31%～60%)	1	5						
490	病率	高(61%～90%)	1	5						
506	病势	突病∨急∨暴发∨流行∨烈	2	5	5					
510	病势	慢性群发	3		5	5		5		
512	病势	地方性流行	1	5						
513	病势	散发	2				5		5	
529	死情	死亡曲线呈尖峰式	1	5						
545	死因	衰竭衰弱死	1	5						
550	病性	高度接触病	1	5						

163

续 22 组

序	类	症状	统	5 传法囊病	42 组织滴虫	48 维B₂缺乏症	49 脱肛	50 笼疲劳症	51 恶癣	53 痛风
561	易感	各品种均感	1	5						
584	病症	6~9天在全群展现	1							5
591	免疫	抑制－故致多疫苗失败	1	5						
595	潜期	潜伏期:1~3天	1	5						
605	诊	确诊剖检－尿酸盐沉积	1							35

23 组　蛋孵化异常

序	类	症状	统	1 新城疫	2 禽流感	7 产蛋下降	15 禽沙门菌病	16 大肠杆菌	21 禽结核病	26 支原体病	31 维E硒缺	46 维A缺乏症	48 维B₂缺乏症	56 包涵体肝炎	58 锰缺乏症
		ZPDS		39	44	26	21	42	29	44	28	34	36	24	18
331	蛋孵	孵化率下降V受精率下降	8	5	5	5	5	5	5	5	5				
332	蛋孵	死胚V出壳(难V弱V死)	2				5					5			
333	蛋孵	V活率低V死胚V弱雏	4									5	5	5	5
1	精神	神经病V神经症状V脑病	2	5					5						
2	精神	昏睡V嗜睡V打瞌睡	4	5		5							5	10	
4	精神	盲目前冲(倒地)	3	5	5						5				
5	精神	缩颈	1							5					
7	精神	扎堆V挤堆	1						5						
8	精神	不振	3						5	5		5			
9	精神	沉郁	2						5			5			
10	精神	全群沉郁	1		5										
11	精神	闭目V呆滞	2						5	5					
12	精神	委顿V迟钝V淡漠	1				5								
33	头冠	黑紫V黑V绀	4	15	5		5						5		
34	头冠	黄染	1											5	
35	头冠	贫血V白V青V褪色	4								5	5	5	5	
37	头冠	紫红	2	5			5								
43	头颈	向下挛缩	1								5				

序	类	症状	统	1 新城疫	2 禽流感	7 产蛋下降	15 禽沙门菌病	16 大肠杆菌	21 禽结核病	26 支原体病	31 维E硒缺	46 维A缺乏症	48 维B₂缺乏症	56 包涵体肝炎	58 锰缺乏症
47	头颈	S状V后仰观星V角弓反张	4	5	5							5	15		
50	头脸	苍白—群病2~3天后	1											10	
51	头面	苍白	1											5	
62	头髻	苍白V贫血	4						5				5	5	5
64	头髻	绀(紫)V黑紫V发黑	4	5	5			5					5		
65	头髻	黄色	1											5	
67	头髻	紫红	2	5				5							
76	头肿		2			5			5						
81	眼	眶下窦肿胀	1							5					
82	眼	充血V潮红	1		5										
84	眼	炎V眼球炎	2						5	5					
86	眼	闭V半闭V难睁	3	5						5		5			
88	眼干	维生素A缺致	1									25			
96	眼	角膜干	1									25			
100	眼	结膜水肿	1		5										
101	眼	结膜炎V充血V潮红V红	3						5	5		5			
103	眼泪	流泪V湿润	1									5			
104	眼泪	多(黏V酪V脓V浆)性	1		5										
106	眼球	增大V眼突出	1							5					
108	眼	失明障碍	1									5			
109	眼屎	泪多(黏V酪V脓V浆)性	1									5			
114	叫	排粪时发出尖叫	1					5							
115	叫	声桠	1	5											
123	呼咳		1							5					
126	呼吸	喘V张口V困难V喘鸣声	5	5	5			5		5		5			
129	呼吸	啰音V音异常	3	5	5					5					
132	呼吸	道:症轻V障碍	3	5			5			5					
138	消肠	炎	1						5						
143	消吃	料:单纯V缺维生素	2									10	10		
145	消粪	含黏液	2	5	5										
147	消粪	含血V血粪	2	5	5										

序	类	症　状	统	1 新城疫	2 禽流感	7 产蛋下降	15 禽沙菌病	16 大肠杆菌	21 禽结核病	26 支原体病	31 维E硒缺	46 维A缺乏症	48 维B₂缺乏症	56 包涵体肝炎	58 锰缺乏症
149	消粪	白V灰白V黄白V淡黄	1					5							
153	消粪	绿V(淡V黄V青)绿	4	5	5	5	5								
156	消粪	水样	1			5									
157	消粪	泻V稀V下痢	6	5	5	5		5	5				5		
161	消肝	细胞内现核内包涵体	1											5	
169	消肛	周脏污V粪封	2				5	5							
171	口	出血点	1									15			
180	口喙	啄食不准确	1	9											
191	消一饮	口渴V喜饮V增强V狂饮	1	5											
192	消一饮	减少V废饮	3	5	5					5					
194	消一食	食欲不振	5		5			5	5			5			
195	消一食	食欲废	4	5			5	5							
196	消一食	食欲因失明不能采食	1							5					
197	消一食	食欲正常V增强	2										5	5	
200	消	嗉囊充酸(挤压)臭液	1	5											
202	消	嗉囊积食V硬V充硬饲料	1	5											
208	毛	松乱V蓬松V逆立V无光	5		5			5	5			5			
209	毛	稀落V脱羽V脱落	1									5			
210	毛	脏污V脏乱	1										10		
213	毛	生长V发育不良	1										10		
224	皮膜	红V炎	1									5			
225	皮膜	黄V黄疸	1											5	
230	皮色	黄色	1											10	
231	皮色	贫血V苍白	1											25	
234	皮下	水肿	1								5				
244	运一步	蹒跚V摇晃V失调V踉跄	4	5	5							5	5		
245	运一翅	下垂V轻瘫V麻痹V松V无力	3					5	5				5		
254	运一动	跛行V运障V瘫	3						5	5			5		
255	运一动	不能行动—直至饿死	1												5
256	运一动	不愿站	1										5		
257	运一动	不愿走	2						5				5		

序	类	症状	统	1 新城疫	2 禽流感	7 产蛋下降	15 禽沙菌病	16 大肠杆菌	21 禽结核病	26 支原体病	31 维E硒缺	46 维A缺乏症	48 维B2缺乏症	56 包涵体肝炎	58 锰缺乏症
259	运-动	飞节支地	2									5	5		
260	运-动	胫跗关节着地	1												10
261	运-动	痉抽V惊厥	1									5			
266	运-动	用跗胫膝走	2									5	5		
268	运-动	转圈V伏地转	2	5	5										
269	运-股	皮下水肿	1								5				
270	运-骨	畸形V短粗V变形V串珠样	1												15
271	运-骨	胫跗跖骨粗弯V骺厚	1												15
273	运-骨	重量未减V稍增V硬度好	1												5
275	运-肌	出血	1											5	
277	运-肌	滑腱V腓肠腱脱位	1											15	
279	运-肌	萎缩(骨凸)	1										10		
281	运-脚	节律性(痉挛V抽搐)	1								5				
283	运-脚	麻痹	1										5		
285	关节	跗关节肿胀V波动感	1							5					
286	关节	跗胫关节V波动	1												10
288	关节	滑膜炎持续数年	1							5					
292	关节	炎肿痛	2						5						5
293	关节	跖趾炎V波动V溃V紫黑痂	1							5					
300	运-静	站立不稳	1								5				
303	运-腿	(不全V突然)麻痹	1								5				
304	运-腿	不能站立	1												10
306	运-腿	分开站立	1								5				
308	运-腿	黄色素:消失	1									15			
309	运-腿	肌苍白V灰白灰黄条纹	1								5				
310	运-腿	鳞片紫红V紫黑	1		5										
311	运-腿	麻痹	1										5		
316	运-腿	屈腿蹲立V蹲伏于地	1											10	
317	运-腿	软弱无力	2								5	5			
318	运-腿	弯曲V扭曲	1												15
320	运-膝	肿大V变扁平V无法负重	1												15

序	类	症状	统	1 新城疫	2 禽流感	7 产蛋下降	15 禽沙门菌病	16 大肠杆菌	21 禽结核病	26 支原体病	31 维E硒缺	46 维A缺乏症	48 维B₂缺乏症	56 包涵体肝炎	58 锰缺乏症
322	运趾	爪:弯卷难伸	1										10		
325	运一姿	观星势V坐屈腿上	1										15		
326	运一走	V站不能	1										5		
328	运一足	垫肿	1					5							
330	蛋	卵黄囊炎	1					5							
336	蛋壳	薄V软V易破V品质下降	3		5	5									5
337	蛋壳	沉积(灰白V灰黄)粉	1			15									
338	蛋壳	粗糙V纱布状	1			5									
339	蛋壳	畸形(含小V轻)	3	5	5	5									
340	蛋壳	色(棕V变浅V褪)	2		5	5									
342	蛋壳	无	2		5	5									
343	蛋液	稀薄如水	1			5									
345	蛋数	低产持续4～10周以上	1			5									
346	蛋数	急剧下降V高峰时突降	2		5	5									
347	蛋数	减少V下降	7	5	5	5	5	5	5	5					
348	蛋数	少V停V下降	7	5	5				5	5		5	5		5
350	蛋数	轻微下降V影响蛋壳质量	1											5	
351	蛋数	逐渐V病3～4周恢复	1			5									
353	死峰	病后第3～4天高第5天停	1											15	
365	死因	饿死	1												10
371	死率	1%～2%V低	1									5			
372	死率	高	1									5			
375	雏鸡	骨骼短粗V生长停滞	1												10
376	雏鸡	神经障碍V运动失调	1												10
377	鸡胚	快出壳时死V骨发育差V胚体水肿	1												15
378	鸡胚	躯V腿V翅V喙短V头圆球样V腹突	1												10
380	鸡	淘汰增加	1							5					
384	身	发育不良V受阻V慢	1							5					
386	身	僵	2									5	5		
387	身	脱水	1							5					

序	类	症状	统	1 新城疫	2 禽流感	7 产蛋下降	15 禽沙菌病	16 大肠杆菌	21 禽结核病	26 支原体病	31 维E硒缺	46 维A缺乏症	48 维B2缺乏症	56 包涵体肝炎	58 锰缺乏症
388	身	虚弱衰竭∨衰弱∨无力	4				5				5	5	5		
396	身-腹	大	1					5							
400	身-腹	皮下蓝紫色斑块	1									5			
404	身瘦	体重减∨体积小∨渐瘦	4				5			15	5	5			
406	身-瘫	瘫伏∨轻瘫∨偏瘫∨突瘫	1										5		
407	身-卧	喜卧∨不愿站∨伏卧	1										5		
410	身-胸	肌苍白∨灰白灰黄条纹	1									5			
411	身-胸	囊肿	1							5					
413	身-胸	皮下蓝紫色斑块	1									5			
414	心-血	毛细血管渗血	1									5			
415	心-血	贫血	1							15					
422	病程	慢；1月至1年以上	4							5	5		5		
423	传式	垂直∧水平	1											5	
425	传源	病禽∨带毒菌禽	4	5	5				5	5					
426	传源	飞沫和尘埃	1							5					
429	传源	水料具垫设备人蝇衣	3	5	5					5					
431	促因	(潮∨雨)暗热∨通风差	1							5					
432	促因	(卫生∨消毒∨管理)差	2					5	5						
435	促因	密度大∨冷拥挤	2						5	5					
442	感途	垂直-经蛋	2			5	5								
443	感途	多种途径	3		5			5	5						
444	感途	呼吸道	5		5		5	5	5	5					
445	感途	交配∨精液	3				5	5		5					
448	感途	水平	1			5									
450	感途	消化道	4		5			5	5	5					
454	混感	与新城疫等4病	1							5					
455	病鸡	产蛋母鸡	2										5	5	
456	病鸡	成鸡	1										5		
457	病鸡	雏鸡∨肉用仔鸡	2										5	5	
458	病鸡	各龄	1									5			
460	病鸡	青年鸡∨青年母鸡	2										5	5	

序	类	症状	统	1 新城疫	2 禽流感	7 产蛋下降	15 禽沙菌病	16 大肠杆菌	21 禽结核病	26 支原体病	31 维E硒缺	46 维A缺乏症	48 维B₂缺乏症	56 包涵体肝炎	58 锰缺乏症
464	病季	气温骤变	1		5										
466	病季	春	4	5	5			5				5			
467	病季	夏∨热季	3	5	5			5							
468	病季	秋	3	5	5			5							
469	病季	冬∨冷季∨寒季	3	5	5			5							
470	病季	四季	3	5	5			5							
471	病龄	1～3日龄∨新生雏	1							5					
472	病龄	4～6日龄	2					5		5					
473	病龄	1～2周龄	2					5		5					
474	病龄	2～3周龄	3					5		5	5				
475	病龄	3～4周龄(1月龄)	2							5	5				
476	病龄	4～8周(1～2月龄)	2							5	5				
477	病龄	8～12周(2～3月龄)	1							5					
478	病龄	12～16周(3～4月龄)	1							5					
479	病龄	16周(4月龄)	1							15					
481	病龄	成鸡∨产蛋母鸡	3			5		5	5						
482	病龄	各龄	4	5		5		5	5						
490	病率	高(61%～90%)	1					5							
497	病时	易混合感染他病	1							5					
499	病势	无症至全死	1		5										
501	病势	一旦发病全群连绵不断	1							5					
502	病势	隐性感染	1							5					
504	病势	突死	5	5			5	5				5		5	
505	病势	最急性感染10小时死	1		5										
506	病势	突病∨急∨暴发∨流行∨烈	1											5	
507	病势	急	4	15		5	5	5							
508	病势	急性期后→缓慢恢复期	1							5					
509	病势	慢性∨缓和∨症状轻	4				5	5	5	5					
510	病势	慢性群发	2									5	5		
526	死情	陆续死	1								5				
561	易感	各品种均感	3				5	5	5						

续 23 组

序	类	症状	统	1 新城疫	2 禽流感	7 产蛋下降	15 禽沙菌病	16 大肠杆菌	21 禽结核病	26 支原体病	31 维E硒缺	46 维A缺乏症	48 维B₂缺乏症	56 包涵体肝炎	58 锰缺乏症
562	易感	褐羽 V 褐壳蛋鸡	1			5									
566	易感	生长鸡 V 成年鸡	1					5							
577	病因	缺硒	1								5				
582	预后	轻48天康复 V 病3～5天死	1											5	
602	潜期	潜伏期:长而呈慢性	1							5					
606	殖	睾丸退化	1									5			
607	殖	精子减少 V 繁殖力减退	1									5			
608	殖	器官病 V 死胚	1						5						

24 组　蛋壳异常

序	类	症状	统	1 新城疫	2 禽流感	3 传支	4 传喉	6 鸡传染性脑炎	7 产蛋下降	13 鸡白血病	28 鸡住白虫病	32 磺胺中毒	34 黄曲霉毒	50 笼疲劳症	51 恶癣	57 弧菌性肝炎	58 锰缺乏症	60 新母鸡病
		ZPDS		31	33	27	43	21	21	21	39	19	27	22	12	21	18	13
336	蛋壳	薄 V 软 V 破 V 品质下降	9		5				5	5				5		5	5	
337	蛋壳	沉积(灰白 V 灰黄)粉	1						15									
338	蛋壳	粗糙 V 纱布状	3						5			5				5		
339	蛋壳	畸形(含小 V 轻)	9	5	5	5	5	9	5	5	5	5					
340	蛋壳	色(棕 V 变浅 V 裡)	2						5				5					
341	蛋壳	砂壳 V 沉粉	1													5		
342	蛋壳	无	4		5				5					5	5			
343	蛋液	稀薄如水	3				5		5	5								
1	精神	神经瘵 V 神经症状 V 脑病	1	5														
2	精神	昏睡 V 嗜睡 V 打瞌睡	3						5			5		5				
4	精神	盲目前冲(倒地)	3	5			5		5									
6	精神	兴奋 V 不安	1												5			
7	精神	扎堆 V 挤堆	1			5												
8	精神	不振	1		5													

续24组

序	类	症状	统	1 新城疫	2 禽流感	3 传支	4 传喉	6 鸡传染脑炎	7 产蛋下降	13 鸡白血病	28 鸡住白虫病	32 磺胺类中毒	34 黄曲霉毒	50 笼疲劳症	51 恶癣	57 弧菌性肝炎	58 锰缺乏症	60 新母鸡病
9	精神	沉郁	6		5		5			5	5	5		5				
10	精神	全群沉郁	1		5													
11	精神	闭目V呆滞	1										5					
12	精神	委顿V迟钝V淡漠	2					5					5					
14	体温	怕冷扎堆	1			5												
17	体温	升高43℃~44℃	2			5						5						
18	鼻	喷嚏	1			15												
23	鼻涕	稀薄V黏稠V脓性V痰性	2			15	5											
27	头	甩摆V甩鼻V甩头	1			5												
31	头冠	萎缩V皱缩V变硬V干缩	2							5					10			
32	头冠	针尖大红色血泡	1									5						
33	头冠	黑紫V黑V绀	3	15	5		5											
35	头冠	贫血V白V青V褪色	4							5	5	5				5		
37	头冠	紫红	1	5														
38	头冠	鳞片皮屑V白癣V屑	1												10			
40	头喉	肿胀V糜烂V出血	1				5											
41	头颈	出血灶	1							5								
47	头颈	S状V后仰观星V角弓反张	3	5	5								5					
49	头颈	震颤-阵发性音叉式	1					5										
51	头面	苍白	1									5						
54	头面	黄	1									5						
55	头面	见血迹	1				5											
62	头髻	苍白V贫血	1										5					
63	头髻	出血	1										5					
64	头髻	绀(紫)V黑紫V发黑	2	5	5													
67	头髻	紫红	1	5														
72	头咽	喉:黏液灰黄带血V干酪物	1				5											
76	头肿		2		5							5						
81	眼	眶下窦肿胀	1			5												
82	眼	充血V潮红	2		5	5												
83	眼	出血	1			5												

序	类	症状	统	1 新城疫	2 禽流感	3 传支	4 传喉	6 鸡传脑炎	7 产蛋下降	13 鸡白血病	28 鸡住白虫病	32 磺胺中毒	34 黄曲霉毒	50 笼疲劳症	51 恶癣	57 孤菌性肝炎	58 锰缺乏症	60 新母鸡病
84	眼	炎V眼球炎	1				5											
86	眼	闭V半闭V难睁	2	5											5			
87	眼凹		1												5			
90	眼睑	出血	1									5						
93	眼睑	粘连	1				5											
94	眼睑	肿胀	1				5											
97	眼	结膜色-白V贫血	1							5								
98	眼	结膜色-黄	1							5								
100	眼	结膜水肿	2			5	5											
101	眼	结膜炎V充血V潮红V红	1				5											
102	眼	晶体混浊V浅蓝褐色	1					5										
104	眼泪	多(黏V酪V脓V浆)性	3		5	5	5											
106	眼球	增大V眼突出	1					5										
107	眼球	后代眼球大	1					5										
108	眼	失明障碍	2				5	5										
115	叫	声桎	1	5														
116	叫	声凄鸣	1										5					
121	呼咳	痉挛性V剧烈	1				15											
122	呼咳	受惊吓明显	1				5											
123	呼咳		3			15	5				5							
125	呼痰	带血V黏液	2				15											
126	呼吸	喘V张口V困难V喘鸣声	5	5	5	5	5	15										
129	呼吸	啰音V音异常	4	5	5	15	5											
131	呼吸	道:浆性卡他性炎	1			15												
132	呼吸	道:症轻V障碍	4			5	5	5		5								
136	气管	肿胀糜烂出血	1				5											
145	消粪	含黏液	2	5	5													
146	消粪	含泡沫	1												5			
147	消粪	含血V血粪	2		5	5												
149	消粪	白V灰白V黄白V淡黄	3			5							5	5				
153	消粪	绿V(淡V黄V青)绿	6	5	5	5		5			5		5					

173

续 24 组

序	类	症状	统	1 新城疫	2 禽流感	3 传支	4 传喉	6 鸡传脑炎	7 产蛋下降	13 鸡白血病	28 鸡住白虫病	32 磺胺中毒	34 黄曲霉毒	50 笼疲劳症	51 恶癣	57 弧菌性肝炎	58 锰缺乏症	60 新母鸡病
156	消粪	水样	3			5			5					5				
157	消粪	泻∨稀∨下痢	7	5	5		5		5		5	5	5					
159	消肝	出血	1													15		
160	消肝	坏死	1													15		
162	消肝	脂肪肝	1													10		
163	消肝	肿大	1													15		
167	消肛	脏污肛∨躯	1											5				
168	消肛	啄它鸡肛∨啄自己肛	1												15			
169	消肛	周脏污∨粪封	1								5							
170	口	流涎∨黏沫	1								5							
176	口	排带血黏液	1				5											
178	口喉	见血迹	1				5											
180	口喉	啄食不准确	1	5														
191	消一饮	口渴∨喜饮∨增强∨狂饮	2	5		5												
192	消一饮	减少∨废饮	2	5	5													
194	消一食	食欲不振	5		5		5				5	5	5					
195	消一食	食欲废	3	5		5					5							
197	消一食	食欲正常∨增强	2											5	5			
200	消	嗉囊充酸(挤压)臭液	1	5														
202	消	嗉囊积食∨硬∨充硬饲料	1	5														
206	尿系	肾肿大	1									5						
208	毛	松乱∨蓬松∨逆立∨无光	5			5	5				5	5	5					
210	毛	脏污∨脏乱	1									5						
211	毛	啄羽	1												15			
216	毛	见血迹	1				5											
217	毛	毛囊处出血	1							5								
231	皮色	贫血∨苍白	2							5			5					
233	皮下	出血	3							5	5	5						
242	皮肿	瘤:火山口状	1							5								
244	运一步	蹒跚∨摇晃∨失调∨踉跄	6	5	5			15			5			5	5			
245	运一翅	下垂∨轻瘫∨麻痹∨松∨无力	2								5			5				

· 174 ·

续 24 组

序	类	症状	统	1 新城疫	2 禽流感	3 传支	4 传喉	6 鸡传脑炎	7 产蛋下降	13 鸡白血病	28 鸡住白虫病	32 磺胺中毒	34 黄曲霉毒	50 笼疲劳症	51 恶癖	57 弧菌性肝炎	58 锰缺乏症	60 新母鸡病
246	运-翅	V尖出血	1							5								
253	运-翅	震颤-阵发性音叉式	1					5										
254	运-动	跛行V运障V痛	1													5		
255	运-动	不能行动-直至饿死	1															5
257	运-动	不愿走	1					5										
259	运-动	飞节支地	1											5				
260	运-动	胫跗关节着地	1															10
264	运-动	速度失控	1					5										
266	运-动	用跗胫膝走	1											5				
268	运-动	转圈V伏地转	2	5	5													
270	运-骨	畸形V短粗V变形V串珠样	2											10			15	
271	运-骨	胫跗距骨粗弯V偏厚	2											10			15	
272	运-骨	胫骨肿粗	1							5								
273	运-骨	重量未减V稍增V硬度好	1													5		
277	运-肌	滑腱V腓肠腱脱位	1														15	
280	运-脚	后伸	1										5					
286	关节	跗胫关节V波动	1															10
292	关节	炎肿痛	1													5		
294	运-静	侧卧	1					5										
295	运-静	蹲坐V伏坐	1					5										
296	运-静	瘫伏V轻瘫V瘫V突瘫	1									5						
297	运-静	卧地不起(多伏卧)	2								5	5						
300	运-静	站立不稳	1									5						
310	运-腿	鳞片紫红V紫黑	1		5													
317	运-腿	软弱无力	1											5				
318	运-腿	弯曲V扭曲	1														15	
319	运-腿	震颤阵发性音叉式	1					5										
320	运-膝	肿大V变扁平V无法负重	1														15	
322	运趾	爪:弯卷难伸	1										10					
323	运趾	爪:啄趾	1												15			
326	运-走	V站不能	1											5				

序	类	症 状	统	1 新城疫	2 禽流感	3 传支	4 传喉	6 鸡传脑炎	7 产蛋下降	13 鸡白血病	28 鸡住白虫病	32 磺胺中毒	34 黄曲霉毒	50 笼疲劳症	51 恶癖	57 弧菌性肝炎	58 锰缺乏症	60 新母鸡病
331	蛋孵	孵化率下降∨受精率下降	3	5	5				5									
333	蛋孵	∨活率低∨死胚∨弱雏	1														5	
334	蛋鸡	开产延迟	1													5		
335	蛋鸡	啄蛋	1												15			
344	蛋数	不易达到预期高峰	1													5		
345	蛋数	低产持续4~10周以上	1						5									
346	蛋数	急剧下降∨高峰时突降	2		5				5									
347	蛋数	减少∨下降	10	5	5	5	5	5	5	5	5	5	5					
348	蛋数	少∨停∨下降	8	5	5		5							5	5		5	5
349	蛋数	康复鸡产蛋恢复	1			5												
351	蛋数	逐渐∨病3~4周恢复	2					5	5									
354	死龄	青年鸡死亡率偏高	1												15			
355	死情	产蛋率达20%~80%死最多	1															10
356	死情	冠尖发紫	1															10
359	死情	体重膘份好	1															10
360	死情	越高产鸡发病越高	1															10
361	死时	白天正常第二天晨见死鸡	1															10
362	死时	突死∨突然倒地∨迅速	1															5
365	死因	饿死	1													10		
369	死姿	肛门外翻	1															10
371	死率	1%~2%∨低	1											5				
373	雏鸡	沉郁∨倦怠∨不活泼∨毛乱无光	1													5		
374	雏鸡	恶病质∨腹泻∨黄褐色∨肛污	1													5		
375	雏鸡	骨骼短粗∨生长停滞	1														10	
376	雏鸡	神经障碍∨运动失调	1														10	
377	鸡胚	快出壳时死∨骨发育差∨胚体水肿	1														15	
378	鸡胚	躯∨腿∨翅∨喙短∨头圆球样∨腹突	1														10	
382	鸡	体重下降(40%~70%)	1														10	
384	身	发育不良∨受阻∨慢	1										5					
387	身	脱水	1									5						
388	身	虚弱衰竭∨衰弱∨无力	2					5					5					

续 24 组

序	类	症状	统	1 新城疫	2 禽流感	3 传支	4 传喉	6 鸡传脑炎	7 产蛋下降	13 鸡白血病	28 鸡住白虫病	32 磺胺中毒	34 黄曲霉毒	50 笼疲劳症	51 恶癖	57 弧菌性肝炎	58 锰缺乏症	60 新母鸡病
391	身-背	拱	2			5								5				
394	身-腹	触摸到大肝	1							5								
399	身-腹	皮下出血(点∨条)状	1								5							
404	身瘦	体重减∨体积小∨渐瘦	5					5		5	15			5				
405	身瘦	迅速	1				5											
406	身-瘫	瘫伏∨轻瘫∨偏瘫∨突瘫	2											5				10
407	身-卧	喜卧∨不愿站∨伏卧	1											5				
408	身-胸	出血	1							5								
412	身-胸	皮下出血(点∨条)状	1								5							
415	心-血	贫血	1								15							
417	心-血	墙∨草∨笼∨槽等见血迹	2				5				15							
419	心-血	血凝时间延长	1										5					
455	病鸡	产蛋母鸡	2											5		5		
456	病鸡	成鸡	1											5				
458	病鸡	各龄	1												5			
459	病鸡	拿到笼外饲养1~3天转好	1															10
460	病鸡	青年∨青年母鸡	1													5		
461	病鸡	肉鸡全群发育迟缓	1													10		
484	病率	纯外来种严重	1								5							
487	病率	低(<10%)	1							5								
488	病率	较低(11%~30%)	3			5	5			5								
489	病率	高∨(31%~60%)	1			5												
490	病率	高(61%~90%)	1								15							
497	病时	易混合感染他病	1						5									
499	病势	无症至全死	1		5													
502	病势	隐性感染	1							5								
504	病势	突死	1	5														
505	病势	最急性感染10小时死	1		5													
506	病势	突病∨急∨暴发∨流行∨烈	1			5												
507	病势	急	4	15		5	5		5									
509	病势	慢性∨缓和∨症状轻	1				5											

177

续 24 组

序	类	症　状	统	1 新城疫	2 禽流感	3 传支	4 传喉	6 鸡传脑炎	7 产蛋下降	13 鸡白血病	28 鸡住白虫病	32 磺胺中毒	34 黄曲霉毒	50 笼疲劳症	51 恶癣	57 弧菌性肝炎	58 锰缺乏症	60 新母鸡病
510	病势	慢性群发	1											5				
511	病势	传速快V传染强	2			5	5											
512	病势	地方性流行	1									5						
513	病势	散发	1													5		
515	死龄	雏尤其 40 日龄病死多	1			5												
560	易感	纯种V外来纯种鸡	2									5	5					
561	易感	各品种均感	3				5			5		5						
562	易感	褐羽V褐壳蛋鸡	2				5			5								
565	易感	商品鸡	1							5								
567	易感	体质壮实	1					5										
569	易感	幼禽	1										5					
570	病因	长期喂发霉料	1										5					
572	病因	黄曲霉毒素中毒	1										5					
573	病因	磺胺剂量过V时间长	1									5						
586	病症	明显	2					5			5							
588	免疫	获得坚强免疫力	1			5												
592	免疫	应答力下降V失败	1											15				
603	料肉	比升高V饲料转化率低	1											15				
604	诊	年轻＋产蛋少＋瘫痪＋泻	1															25
610	治	治疗后 2~3 周能恢复	1															10

25 组　身体虚弱衰竭V衰弱V无力

序	类	症　状	统	6 鸡传脑炎	11 传贫	15 鸡沙门菌病	31 维E硒缺	34 黄曲霉毒	35 螺旋体病	36 冠癣	37 传滑膜炎	38 食盐中毒	43 绦虫病	44 虱	45 蟥病	46 维A缺乏症	48 维B₂缺乏症	53 痛风
		ZPDS		25	25	22	28	28	17	25	30	29	34	15	24	32	32	26
388	身	**虚弱衰竭V衰弱V无力**	15	5	5	5	5	5	5	5	5	5	5	5	5	5	5	15
2	精神	昏睡V嗜睡V打瞌睡	2						5								5	
4	精神	盲目前冲(倒地)	2	5				5										

续 25 组

序	类	症状	统	6 鸡传脑炎	11 传贫	15 鸡沙菌病	31 维E硒缺	34 黄曲霉毒	35 冠癣	36 螺旋体病	37 传滑膜炎	38 食盐中毒	43 绦虫病	44 虱	45 螨病	46 维A缺乏症	48 维B₂缺乏症	53 痛风
6	精神	兴奋∨不安	2											5	5			
8	精神	不振	5						5		5	5				5		
9	精神	沉郁	6			5				5	5					5		
11	精神	闭目∨呆滞	1					5										
12	精神	委顿∨迟钝∨淡漠	3	5		5		5										
17	体温	升高43℃~44℃	1								5							
18	鼻	喷嚏	1															5
19	鼻	甩鼻∨堵	1															5
23	鼻涕	稀薄∨黏稠∨脓性∨痰性	1									5						
31	头冠	萎缩∨皱缩∨变硬∨干缩	1								10							
33	头冠	黑紫∨黑∨绀	5			5				5	5		5			5		
35	头冠	贫血∨白∨青∨褪色	8							5	5	5	5		5	5	5	5
37	头冠	紫红	1			5												
38	头冠	鳞片皮屑∨白癣∨屑	1						25									
43	头颈	向下挛缩	1				5											
47	头颈	S状∨后仰观星∨角弓反张	3				5	5									15	
49	头颈	震颤-阵发性音叉式	1	5														
61	头髻	皱缩∨萎缩∨变硬	1								5							
62	头髻	苍白∨贫血	8			5				5	5	5	5		5	5	5	
64	头髻	绀(紫)∨黑紫∨发黑	5			5				5	5		5			5		
67	头髻	紫红	1			5												
68	头髻	质肉垂皮结节性肿胀	1															5
78	头姿	扭头∨仰头	1									5						
86	眼	闭∨半闭∨难睁	1													5		
88	眼干	维生素A缺致	1													25		
96	眼	角膜干	1													25		
97	眼	结膜色—白∨贫血	3							5			5	5				
98	眼	结膜色—黄	1										10					
101	眼	结膜炎—充血∨潮红∨红	1													5		
102	眼	晶体混浊∨浅蓝褪色	1	5														
103	眼泪	流泪∨湿润	1													5		

序	类	症　状	统	6 鸡传脑炎	11 传贫	15 鸡沙菌病	31 维E硒缺	34 黄曲霉毒	35 冠癣	36 螺旋体病	37 传滑膜炎	38 食盐中毒	43 绦虫病	44 虱	45 蟥病	46 维A缺乏症	48 B2缺乏症	53 痛风
106	眼球	增大∨眼突出	1	5														
107	眼球	后代眼球大	1	5														
108	眼	失明障碍	3	5								5				5		
109	眼屎	泪多(黏∨酪∨脓∨浆)性	1													5		
114	叫	排粪时发出尖叫	1			5												
116	叫	声凄鸣	1					5										
119	呼喉	白喉	1												15			
120	呼喉	积黏液∨酪	1						10									
123	呼咳		1															5
126	呼吸	喘∨张口∨困难∨喘鸣声	4			5						10				5		5
127	呼吸	极难	1									10						
133	呼吸	快∨急促	1															5
141	消吃	含食盐多病	1									15						
143	消吃	料:单纯∨缺维生素	2													10	10	
144	消粪	含胆汁∨尿酸盐多	3							5	5							5
145	消粪	含黏液	1										10					
146	消粪	含泡沫	1					5										
147	消粪	含血∨血粪	2										5	5				
149	消粪	白∨灰白∨黄白∨淡黄	1								5							
153	消粪	绿∨(淡∨黄∨青)绿	4			5		5		5	5							
155	消粪	质:石灰渣样	1															15
156	消粪	水样	1					5										
157	消粪	泻∨稀∨下痢	6					5		5	5	5	5			5		
164	消肛	肛挂虫	1										25					
165	消肛	毛上黏附多量白色尿酸盐	1															5
169	消肛	周脏污∨粪封	1			5												
170	口	流涎∨黏沫	1									5						
171	口	出血点	1													15		
177	口喉	苍白	1		5													
191	消-饮	口渴∨喜饮∨增强∨狂饮	3								5	5	5					
194	消-食	食欲不振	7					5			5	5	5	5	5	5		

序	类	症状	统	3 传支	5 传法囊病	20 坏死肠炎	22 肉毒梭菌	23 曲霉菌病	27 鸡球虫病	36 螺旋体病	37 传滑膜炎	38 食盐中毒	39 有机磷中毒	40 呋喃西林中毒	41 CO中毒	42 组织滴虫	56 包涵体肝炎
141	消吃	含食盐多病	1									15					
144	消粪	含胆汁∨尿酸盐多	3						5		5	5					
147	消粪	含血∨血粪	4			5			5			5				5	
149	消粪	白∨灰白∨黄白∨淡黄	4	5	5						5					5	
150	消粪	红色胡萝卜样	1						5								
152	消粪	咖啡色∨黑	2				5		5								
153	消粪	绿∨(淡∨黄∨青)绿	4					5		5	5					5	
156	消粪	水样	2	5	5												
157	消粪	泻∨稀∨下痢	9		5	5		5	5	5	5	5	5			5	
158	消粪	黏稠	1														5
161	消肝	细胞内现核内包涵体	1														5
170	口	流涎∨黏沫	2									5	5				
174	口	空咽一频频	1										5				
191	消一饮	口渴∨喜饮∨增强∨狂饮	4	5						5				5			
192	消一饮	减少∨废饮	1				5									5	
194	消一食	食欲不振	9	5		5		5	5			5	5		5	5	
195	消一食	食欲废	8	5			5			5	5	5	5			5	
199	消	嗉囊充满液∨挤流稠饲料	2						5			10					
201	消	嗉囊大∨肿大	1									10					
208	毛	松乱∨蓬松∨逆立∨无光	10	5	5	5		5	5	5			5		5	5	
209	毛	稀落∨脱羽∨脱落	5							5	5				5	5	
225	皮膜	黄∨黄疸	1														5
226	皮膜	贫血∨苍白	2						5	5							
228	皮膜	紫∨绀∨青	2					5					5				
229	皮色	发绀∨蓝紫	2					5							25		
230	皮色	黄色	1														10
231	皮色	贫血∨苍白	1														25
232	皮色	着色差	1						5								
238	皮性	炎疡烂痂∨结节	1								5						
240	皮性	肿∨湿∨渗液	1									10					
243	运一步	高跷∨涉水	1													10	

续 29 组

序	类	症状	统	3 传支	5 传法囊病	20 坏死肠炎	22 肉毒梭菌	23 曲霉菌病	27 鸡球虫病	36 螺旋体病	37 传滑膜炎	38 食盐中毒	39 有机磷中毒	40 呋喃西林中毒	41 CO中毒	42 组织滴虫	56 包涵体肝炎
244	运一步	蹒跚∨摇晃∨失调∨踉跄	6		5			5				5	5	5	5		
245	运一翅	下垂∨轻瘫∨麻痹∨松∨无力	4		5		5		5								5
251	运一翅	强直	2											10	10		
254	运一动	跛行∨运障∨痈	2						5	5							
256	运一动	不愿站	2								5	5					
257	运一动	不愿走	2								5	5					
259	运一动	飞节支地	1									5					
261	运一动	痉抽∨惊厥	3									5		5	5		
262	运一动	乱(窜∨飞∨撞∨滚∨跳)	1										25				
263	运一动	盲目前冲(倒地)	4									5	5	5	5		
266	运一动	用跗胫膝走	1										5				
267	运一动	运动神经麻痹	1			15											
268	运一动	转圈∨伏地转	2									5		5			
274	运一肌	颤∨痉挛	1										10				
275	运一肌	出血	1														5
282	运一脚	痉挛∨抽搐∨强直	2											10	10		
283	运一脚	麻痹	3						5		5	5					
287	关节	关节不能动	1							10							
292	关节	炎肿痛	1							5							
297	运一静	卧地不起(多伏卧)	1					5									
303	运一腿	(不全∨突然)麻痹	1				5										
311	运一腿	麻痹	3						5		5	5					
316	运一腿	屈腿蹲立∨蹲伏于地	1														10
321	运趾	爪:干瘪∨干燥	1		5												
322	运趾	爪:弯卷难伸	1												10		
326	运一走	∨站不能	3								5	5				5	
329	运一足	轻瘫	1					5									
333	蛋孵	∨活率低∨死胚∨弱雏	1														5
339	蛋壳	畸形(含小∨轻)	1	5													
343	蛋液	稀薄如水	1	5													
347	蛋数	减少∨下降	2	5				5									

214

续 29 组

序	类	症状	统	3 传支	5 传法囊病	20 坏死肠炎	22 肉毒梭菌	23 曲霉菌病	27 鸡球虫病	36 螺旋体病	37 传滑膜炎	38 食盐中毒	39 有机磷中毒	40 呋喃西林中毒	41 CO中毒	42 组织滴虫	56 包涵体肝炎
349	蛋数	康复鸡产蛋难恢复	1	5													
350	蛋数	轻微下降V影响蛋壳质量	1														5
353	死峰	病后第3~4天高第5天停	1														15
364	死因	败血V神症V呼痹	1										5				
366	死因	痉抽V挣扎死	2											5	5		
367	死因	衰竭	1								5						
368	死因	虚弱V消瘦V衰弱死	1								5						
371	死率	1%~2%V低	1									5					
379	鸡群	均匀度差	1						5								
384	身	发育不良V受阻V慢	2					5	5								
386	身	僵	3									5	5		5		
387	身	脱水	2			5										5	
388	身	虚弱衰竭V衰弱V无力	3								5	5	5				
390	身	震颤	1			5											
391	身—背	拱	1	5													
404	身瘦	体重减V体积小V渐瘦	2						5	5							
407	身—卧	喜卧V不愿站V伏卧	4									5	5	5		5	
420	病程	4~8天	1			5											
422	病程	慢;1月至1年以上	3						5			5				5	
423	传式	垂直和水平	1														5
427	传源	老鼠、甲虫等	1				5										
429	传源	水料具垫设备人蝇衣	3				5			5	5						
431	促因	(潮V雨)暗热V通风差	3		5		5	5									
432	促因	(卫生V消毒V管理)差	1				5										
433	促因	不合理用药物添加剂	1					5									
434	促因	长期饲喂霉料	1						5								
435	促因	密度大V冷拥挤	3		5	5	5										
437	促因	突然(变天V变料)	1		5												
438	促因	营养(差V缺)	1		5												
455	病鸡	产蛋母鸡	2								5						5
456	病鸡	成鸡	1								5						

续 29 组

序	类	症状	统	3 传支	5 传法囊病	20 坏死肠炎	22 肉毒梭菌	23 曲霉菌病	27 鸡球虫病	36 螺旋体病	37 传滑膜炎	38 食盐中毒	39 有机磷中毒	40 呋喃西林中毒	41 CO中毒	42 组织滴虫	56 包涵体肝炎
457	病鸡	雏鸡∨肉用仔鸡	4								5				5	5	5
458	病鸡	各龄	6							5	5	5	5	5	5		
460	病鸡	青年鸡∨青年母鸡	3								5					5	5
465	病季	温暖潮湿∨多雨∧库蚊多	2					5	5								
466	病季	春	4	5		5		5	5								
467	病季	夏∨热季	4			5		5	5								
468	病季	秋	3			5			5								
469	病季	冬∨冷季∨寒季	3			5			5								
470	病季	四季	4	5	5	5			5								
471	病龄	1~3日龄∨新生雏	1						5								
472	病龄	4~6日龄	1						5								
473	病龄	1~2周龄	1						5								
474	病龄	2~3周龄	3		5	5			5								
475	病龄	3~4周龄(1月龄)	3		5	5			5								
476	病龄	4~8周(1~2月龄)	2			5			5								
477	病龄	8~12周(2~3月龄)	5			5			5								
478	病龄	12~16周(3~4月龄)	1			5											
479	病龄	16周(4月龄)	1			5											
482	病龄	各龄	1	5													
486	病率	与食入毒素量有关	1				5										
503	病势	出现症后2~3小时死	1					5									
504	病势	突死	2			5											5
507	病势	急	3	5		5		5									
509	病势	慢性∨缓和∨症状轻	1					5									
510	病势	慢性群发	1												5		
511	病势	传速快∨传染强	1	5													
512	病势	地方性流行	1		5												
515	死龄	雏尤其40日龄病死多	1	5													
517	死率	<10%	3	5		5			5								
518	死率	11%~30%	2	5				5									
519	死率	31%~50%	2				5	5									

216

续 29 组

序	类	症 状	统	3 传支	5 传法囊病	20 坏死肠炎	22 肉毒梭菌	23 曲霉菌病	27 鸡球虫病	36 螺旋体病	37 传滑膜炎	38 食盐中毒	39 有机磷中毒	40 呋喃西林中毒	41 CO中毒	42 组织滴虫	56 包涵体肝炎
520	死率	51%~70%	2				5		5								
521	死率	71%~90%	2				5		5								
522	死率	91%~100%	1				5										
529	死情	死亡曲线呈尖峰式	1		5												
538	死时	迅速	1				5										
545	死因	衰竭衰弱死	1		5												
547	死因	心、呼吸衰竭死	1				5										
550	病性	高度接触病	2	5	5												
557	病性	中毒病	1				5										
561	易感	各品种均感	2		5				5								
564	易感	平养鸡	1			5											
569	易感	幼禽	1					5									
582	预后	轻48小时康复V病3~5天死	1														5
585	病症	不明显	1						5								
591	免疫	抑制-故致多疫苗失败	1		5												
594	潜期	潜伏期:短	1	5													
595	潜期	潜伏期:1~3天	1		5												
603	料肉	比升高V饲料转化率低	1						5								

30 组　病 势 急

序	类	症 状	统	1 新城疫	3 传支	4 传喉	7 产蛋下降	9 鸡痘	10 病毒关节炎	11 传贫	15 禽沙门菌病	16 大肠杆菌	19 葡萄球菌	20 坏死肠炎	23 曲霉菌病
		ZPDS		29	33	37	23	31	20	26	22	31	28	20	27
507	病势	急	12	15	5	5	5	5	5	5	5	5	5	5	5
1	精神	神经瘫V神经症状V脑病	3	5								5			5
2	精神	昏睡V嗜睡V打瞌睡	2	5				5							

序	类	症状	统	1 新城疫	3 传支	4 传喉	7 产蛋下降	9 鸡痘	10 病毒关节炎	11 传贫	15 禽沙菌病	16 大肠杆菌	19 葡萄球菌	20 坏死肠炎	23 曲霉菌病
4	精神	盲目前冲(倒地)	1	5											
7	精神	扎堆∨挤堆	2		5								5		
8	精神	不振	2					5					5		
9	精神	沉郁	5			5					5		5	5	5
11	精神	闭目∨呆滞	1									5			
12	精神	委顿∨迟钝∨淡漠	2								5				
14	体温	怕冷扎堆	1		5										
17	体温	升高43℃~44℃	1		5										
18	鼻	喷嚏	1		15										
23	鼻涕	稀薄∨黏稠∨脓性∨痰性	2		15	5									
27	头	甩摆∨甩鼻∨甩头	1		5										
33	头冠	黑紫∨黑∨绀	4	15		5					5				5
35	头冠	贫血∨白∨青∨褪色	1										5		
37	头冠	紫红	2	5							5				
62	头髯	苍白∨贫血	1							5					
64	头髯	绀(紫)∨黑紫∨发黑	3	5							5				5
67	头髯	紫红	2	5							5				
70	头咽	坏死假膜—纤维素性	1					5							
101	眼	结膜炎∨充血∨潮红∨红	3			5						5			5
104	眼泪	多(黏∨酪∨脓∨浆)性	2		15	5									
106	眼球	增大∨眼突出	1												5
108	眼	失明障碍	1			5									
110	眼	瞬膜下黄酪样小球状物	1												5
114	叫	排粪时发出尖叫	1								5				
115	叫	声粗	1	5											
118	呼肺	炎∧小结节	1												5
121	呼咳	痉挛性∨剧烈	1			15									
125	呼痰	带血∨黏液	1			15									
126	呼吸	喘∨张口∨困难∨喘鸣声	6	5	5	15		5			5				5
129	呼吸	啰音∨音异常	3	5	15	5									
130	呼吸	时发嘎嘎声	1					5							

续 30 组

序	类	症状	统	1 新城疫	3 传支	4 传喉	7 产蛋下降	9 鸡痘	10 病毒关节炎	11 传贫	15 禽沙菌病	16 大肠杆菌	19 葡萄球菌	20 坏死肠炎	23 曲霉菌病
131	呼吸	道:浆性卡他性炎	1		15										
132	呼吸	道:症轻∨障碍	6	5	5	5	5	5					5		
134	气管	黄白(小结∨酪性假膜)	1					5							
135	气管	炎∧小结节	1												15
147	消粪	含血∨血粪	2	5										5	
149	消粪	白∨灰白∨黄白∨淡黄	3			5							5	5	
152	消粪	咖啡色∨黑	1											5	
153	消粪	绿∨(淡∨黄∨青)绿	5	5		5	5				5			5	
156	消粪	水样	2		5		5								
157	消粪	泻∨稀∨下痢	6	5		5	5						5	5	5
169	消肛	周脏污∨粪封	2										5	5	
172	口	坏死假膜-纤维素性	1					15							
173	口	黄白(小结∨酪性假膜)	1					5							
176	口	排带血黏液	1			5									
177	口喉	苍白	1							5					
178	口喉	见血迹	1			5									
180	口喉	啄食不准确	1	5											
191	消一饮	口渴∨喜饮∨增强∨狂饮	2	5	5										
192	消一饮	减少∨废饮	2	5									5		
194	消一食	食欲不振	6			5			5		5		5	5	5
195	消一食	食欲废	8	5	5	5					5	5	5	5	5
200	消	嗉囊充酸(挤压)臭液	1	5											
202	消	嗉囊积食∨硬∨充硬饲料	1	5											
205	消	吞咽困难	1					5							
208	毛	松乱∨蓬松∨逆立∨无光	3		5								5	5	
212	毛	胸毛稀少∨脱落	1										5		
216	毛	见血迹	1			5									
219	皮痘	坏死痂∨脱落∨癍痕	1					5							
221	皮痘	疣结融合干燥	1					5							
222	皮痘	在无∨少毛皮处	1					5							
223	皮痘	疹大∨绿豆大∨棕∨黄∨灰黄	1					5							

序	类	症 状	统	1 新城疫	3 传支	4 传喉	7 产蛋下降	9 鸡痘	10 病毒关节炎	11 传贫	15 禽沙菌病	16 大肠杆菌	19 葡萄球菌	20 坏死肠炎	23 曲霉菌病
227	皮膜	同时出痘	1					5							
228	皮膜	紫V绀V青	1												5
229	皮色	发绀V蓝紫	1												5
231	皮色	贫血V苍白	1							5					
233	皮下	出血	1							5					
241	皮疹	无毛处灰白结V红小丘疹	1					5							
244	运一步	蹒跚V摇晃V失调V跛跄	3	5					5						5
246	运一翅	V尖出血	1							5					
254	运一动	跛行V运障V瘫	2						5				5		
257	运一动	不愿走	2						5				5		
268	运一动	转圈V伏地转	1	5											
275	运一肌	出血	1							5					
276	运一肌	腓肠肌 断裂	1						15						
285	关节	跗关节肿胀V波动感	1										5		
290	关节	破溃V结污黑痂	1										5		
292	关节	炎肿痛	2									5	5		
293	关节	跗趾炎V波动V溃V紫黑痂	1										5		
297	运一静	卧地不起(多伏卧)	1												5
299	运一静	喜卧V不愿站	2						5				5		
301	运一式	单脚跳	1						5						
314	运一腿	内侧水肿V渗血紫V紫褐	1										5		
328	运一足	垫肿	1										5		
330	蛋	卵黄囊炎	1										5		
331	蛋孵	孵化率下降V受精率下降	4	5			5				5	5			
332	蛋孵	死胚V出壳(难V弱V死)	1								5				
336	蛋壳	薄V软V易破V品质下降	1				5								
337	蛋壳	沉积(灰白V灰黄)粉	1				15								
338	蛋壳	粗糙V纱布状	1				5								
339	蛋壳	畸形(含小V轻)	4	5	5	5	5								
340	蛋壳	色(棕V变浅V褪)	1				5								
342	蛋壳	无	1				5								

续 30 组

序	类	症状	统	1 新城疫	3 传支	4 传喉	7 产蛋下降	9 鸡痘	10 病毒关节炎	11 传贫	15 禽沙菌病	16 大肠杆菌	19 葡萄球菌	20 坏死肠炎	23 曲霉菌病
343	蛋液	稀薄如水	2		5		5								
345	蛋数	低产持续4~10周以上	1				5								
346	蛋数	急剧下降∨高峰时突降	1				5								
347	蛋数	减少∨下降	8	5	5	5	5	5	5			5	5		
348	蛋数	少∨停∨下降	4	5		5			5				5		
349	蛋数	康复鸡产蛋难恢复	1		5										
351	蛋数	逐渐∨病3~4周恢复	1				5								
384	身	发育不良∨受阻∨慢	3						5	5					5
385	身	活力减退	1						5						
386	身	僵	1							15					
388	身	虚弱衰竭∨衰弱∨无力	2							5	5				
389	身	有全身症状	1										5		
391	身—背	拱	1		5										
396	身—腹	大	2										5	5	
397	身—腹	水肿∨渗血(紫∨紫褐)	1											5	
404	身瘦	体重减∨体积小∨渐瘦	6			5			5	5	5	5			5
405	身瘦	迅速	1			5									
409	身—胸	水肿∨渗血(紫∨紫褐)	1											5	
415	心—血	贫血	2						5	15					
416	心—血	贫血感染者后代贫血	1							5					
431	促因	(潮∨雨)暗热∨通风差	4		5	5								5	5
432	促因	(卫生∨消毒∨管理)差	1									5			
433	促因	不合理用药物添加剂	1											5	
434	促因	长期饲喂霉料	1												5
435	促因	密度大∨冷拥挤	4		5	5						5		5	
437	促因	突然(变天∨变料)	1											5	
438	促因	营养(差∨缺)	2		5	5									
440	感率	达90%~100%	1			5									
442	感途	垂直—经蛋	3							5	5	5			
443	感途	多种途径	2								5	5			
444	感途	呼吸道	6		5	5					5	5	5		5

续 30 组

序	类	症状	统	1 新城疫	3 传支	4 传喉	7 产蛋下降	9 鸡痘	10 病毒关节炎	11 传贫	15 禽沙菌病	16 大肠杆菌	19 葡萄球菌	20 坏死肠炎	23 曲霉菌病
445	感途	交配V精液	2				5					5			
446	感途	脐带	1										5		
447	感途	伤口皮肤黏膜	2						5				5		
448	感途	水平	4					5	5	5	5				
449	感途	蚊叮	1					5							
450	感途	消化道	6		5	5				5	5	5			5
452	混感	加重病情V阻愈V死多	1							5					
453	混感	他病引起暴发	1							5					
471	病龄	1~3日龄V新生雏	1							5					
472	病龄	4~6日龄	1									5			
473	病龄	1~2周龄	3						5			5	5		
474	病龄	2~3周龄	6		5				5			5	5	5	
475	病龄	3~4周龄(1月龄)	5		5				5			5	5		
476	病龄	4~8周(1~2月龄)	5				5		5				5	5	
477	病龄	8~12周(2~3月龄)	3			5			5						
478	病龄	12~16周(3~4月龄)	3			5			5						
479	病龄	16周(4月龄)	3			5			5						
481	病龄	成鸡V产蛋母鸡	3				5	5				5			
482	病龄	各龄	7	5	5	5	5			5		5			
483	病龄	龄大敏感性低	1						5						
485	病率	龄越大敏感性越低	1						5						
502	病势	隐性感染	1						5						
503	病势	出现症后2~3小时死	1												5
504	病势	突死	4	5								5	5	5	
506	病势	突病V急V暴发V流行V烈	3		5								5	5	
509	病势	慢性V缓和V症状轻	6			5				5		5	5		5
511	病势	传速快V传染强	2		5	5									
515	死龄	雏尤其40日龄病死多	1		5										

31组 病势慢性∨缓和∨症状轻

序	类	症状	统	4 传喉	10 菊毒关节炎	15 贪沙门菌病	16 大肠杆菌	19 葡萄球菌	21 禽结核病	23 曲霉菌病	26 支原体病	35 冠癣	42 组织滴虫	43 除虫菊	44 氟	45 蒲菊	46 维A缺乏症	47 维B_1缺乏症	48 维B_2缺乏症	50 疲劳乏力症
	病势	ZPDS		42	20	19	27	28	25	30	36	17	28	35	15	24	33	27	33	21
509	病势	慢性∨缓和∨症状轻	8	5	5	5	5	5	5	5	5		5	5		5	5	5	5	5
510	病势	慢性群发	9	5		5				5			5	5			5	5	5	
1	精神	神经质∨神经症状∨脑病	2							5										5
2	精神	昏睡∨嗜眠∨打瞌睡	1						5											
5	精神	缩颈	1						5											
6	精神	兴奋∨不安	2												5				5	
7	精神	扎堆∨挤堆	1				5								5	5				
8	精神	不振	5					5	5	5		5					5			5
9	精神	沉郁	8				5	5	5	5		5	5	5			5			
11	精神	闭目∨呆滞	3	5			5		5				5							
12	精神	委顿∨迟钝∨淡漠	2			5				5										
13	体温	降低(即<40.5℃)	1															5		
21	鼻实	炎肿	1								5									
22	鼻腔	肿胀	1								5									
23	鼻涕	稀薄∨粘稠∨脓性∨浆性	1									5								
24	鼻周	粘阿料∨垫草	1								5									
31	头冠	萎缩∨皱缩∨变硬∨干瘪	2						5		5									

续 31 组

序	类	症 状	统	4 传喉	10 病毒关节炎	15 禽沙门菌病	16 大肠杆菌病	19 葡萄球菌	21 禽结核菌病	23 曲霉菌病	26 支原体病	35 冠癣	42 组织滴虫	43 绦虫病	44 氯	45 蟎菊	46 维生素A缺乏症	47 维生素B₁缺乏症	48 维生素B₂缺乏症	50 笑发劳症
33	头冠	黑紫V黑V甘	6	5		5													5	
35	头冠	贫血V白V青V褪色	7							5	5	5		5					5	
37	头冠	紫红	1			5						5		5						
38	头冠	鳞片皮屑V白癣V屑	1									25								
40	头喉	肿胀V喙烂V出血	1	5																
42	头须	麻痹V软V无力V下垂	1										5							
46	头须	缩须缩头V向下挛缩	1										5							
47	头须	S状V后仰观星V角弓反张	3							5								15	15	
55	头面	见血迹	1	5																
62	头耳	苍白V贫血	7						5			5	5	5		5	5	5	5	
64	头耳	甘(紫)V黑紫V发黑	5			5				5			5	5		5	5	5	5	
67	头耳	紫红	1			5														
69	头色	蓝紫V黑V青	2				5										5			
72	头喝	喉紫素灰黄带血V干酪物	1	5												5		5		
76	头肿	垂头	1																	
77	头姿	歪姿	1																	
78	头姿	扭头V仰头	2											5				5		
79	头姿	头卷翘下	1										15							

序	类	症状	续	4 传喉	10 鸡葡关节炎	15 食沙菌病	16 大肠杆菌	19 葡萄球菌	21 禽结核病	23 曲霉菌病	26 支原体病	35 冠癣	42 组织滴虫	43 绦虫病	44 氟	45 蠕螨	46 维A缺乏症	47 维B_1缺乏症	48 维B_2缺乏症	50 疲劳衰竭症
81	眼	眶下窦肿胀	2																	
82	眼	充血V潮红	1	5																
83	眼	出血	1	5																
84	眼	炎V眼球炎	4	5			5				5									
86	眼	闭V半闭V难睁	5					5	5				5				5			5
87	眼凹		2																	5
88	眼干	Va缺乏	1										5							
93	眼睑	粘连	1	5																
94	眼睑	肿胀	2	5																
95	眼角	中央溃疡	1					5												
96	眼	角膜干	1							5										
97	眼	结膜色-白V贫血	3											5		5	25			
98	眼	结膜色-黄	1											10						
100	眼	结膜水肿	1	5																
101	眼	结膜炎V充血V潮红V红	5	5			5				5						5	5		
103	眼泪	流泪V湿润	1														5			
104	眼泪	多(稀V稠V酪V脓V浆)性	1	5																
106	眼球	增大V眼球突出	2							5	5									

序	类	症状	统	4 传喉	10 病毒关节炎	15 禽沙门菌病	16 大肠杆菌病	19 葡萄球菌	21 禽结核病	23 曲霉菌病	26 支原体病	35 冠菌原病	42 组织滴虫	43 绦虫病	44 氨	45 黄菊	46 维A缺乏症	47 维B_1缺乏症	48 维B_2缺乏症	50 衰弱劳症
108	眼	失明障碍	2	5													5			
109	眼睑	泪多(浆V脓V血V浆)性	1														5			
110	眼	瞬膜下黄酪样小凝块物	1							5										
114	叫	排粪时发出尖叫	1																	
118	呼肺	炙入小结节	1													15				
119	呼喉	白喉	1																	
120	呼喉	积黏液V酪	1									10								
121	呼咳	经挛性V剧烈	1	15																
125	呼咳	带血V黏液	1	15																
126	呼吸	喘V张口V困难V喘鸣声	5	15		5				5	5						5			
129	呼吸	啰音V音异常	2	5							5									
132	呼吸	道:症轻V障碍	3	5				5			5									
135	气管	炙入小结节	1							15										
138	消肠	炙	1				5													
143	消吃	料:单纯V缺集	3														5			
145	消粪	含黏液	1											10						
147	消粪	含血V血粪	2										5	5						
149	消粪	白V灰白V黄白V黄V浅黄	3										5	5			10	10	10	

续 31 组

序	类	症 状	续	4 传喉	10 病毒关节炎	15 禽沙门菌病	16 大肠杆菌	19 葡萄球菌	21 禽结核病	23 曲霉菌病	26 支原体病	35 冠癣	42 组织滴虫	43 蛔虫病	44 虱	45 螨病	46 维A缺乏症	47 维B1缺乏症	48 维B2缺乏症	50 笼疲劳症
153	清粪	绿V浓V黄V青V绿	4	5									5							
157	消粪	肾V稀V黄下痢	9	5		5	5	5	5	5			5	5				5	5	
164	消肛	肛挂虫	1					5		5				25						
169	消肛	周腊污V粪封	2	5		5	5													
171	口	出血点	1		5	5											15			
191	消一饮	口渴V喜饮V增强V狂饮	1											5						
192	消一饮	减少V废饮	2					5			5									
194	消一食	食欲不振	13			5	5	5	5	5	5		5		5	5				
195	消一食	食欲废	6			5	5	5	5				5			5	5	8		
196	消一食	食欲因失明不能采食	1								5							8		
197	消一食	食欲正常V增强	8							5		5	5	5	5	5	5	5	5	5
208	毛	松瓦V蓬松V逆立V无光	10				5		5		5	5	5	5	5	5	5	5		
209	毛	稀落V脱羽V脱落	7									5	5	5	5	5	5	5		
210	毛	脏污V脏乱	1																	
212	毛	胸毛稀少V脱落	1					5											10	
213	毛	生长V发育不良	1																	
216	毛	见血迹	1	5															10	
220	皮痘	似痘	1													15				

续 31 组

序	类	症状	统	4 传喉	10 病毒关节炎	15 禽沙门菌病	16 大肠杆菌	19 葡萄球菌	21 禽结核病	23 曲霉菌病	26 支原体病	35 冠癣	42 组织滴虫	43 蛔虫病	44 氟	45 霉病	46 维A缺乏症	47 维B₁缺乏症	48 维B₆缺乏症	50 衰竭疲劳症
224	皮膜	红V炎	1														5			
225	皮膜	黄V黄疸	1											10						
226	皮膜	贫血V苍白	3											5		5		5		
228	皮膜	紫V绀V青	1							5										
229	皮色	发绀V蓝紫	1							5										
235	皮性	粗糙	1													25				
236	皮性	伤	1									5								
237	皮性	水肿	1									5								
238	皮性	炎场烂脑V结节	2									5				5				
239	皮性	掉毛有氚卵	1												25					
243	运一步	高跷V步水	1										10							
244	运一步	蹒跚V滥见V失调V跛起	6		5								5	5		5	5	5		
245	运一步	下垂V轻瘫V松V无力	4		5				5		5		5							
254	运一动	跛行V运麻V运痪	6		5			5	5								5		5	5
256	运一动	不愿站	1					5												
257	运一动	不愿走	4					5	5								5		5	
259	运一动	飞节支地	3														5		5	5
261	运一动	经抽V皆质	2														5	5		

228 ·

序	类	症 状	统	4 传喉	10 病毒关节炎	15 禽沙菌病	16 大肠杆菌	19 葡萄菜菌	21 禽结核病	23 曲毒菌病	26 文原体病	35 冠羣菌	42 组织滴虫	43 绦虫病	44 氟	45 蛔虫	46 维A缺乏症	47 维B1缺乏症	48 维B2缺乏症	50 衰竭劳症
266	运—动	用附跗胫踵走	3														5		5	5
270	运—骨	畸形∨短粗∨变形∨串珠样	1																	10
271	运—骨	胫跗骨粗短弯∨增厚	1																	10
276	运—肌	腓肠肌断裂	1		15													10		
278	运—肌	麻痹	1																	
279	运—肌	萎缩(骨凸)	1																10	
283	运—脚	麻痹	2															5	5	
284	运—脚	石灰脚	1													25		5		
285	关节	跗关节肿胀∨波动感	2		5						5									
288	关节	滑膜炎持续数年	1								5									
290	关节	破渡∨结污黑痂	1				5	5												
292	关节	炎肿痛	2				5	5												
293	关节	趾趾炎∨波动∨渍∨紫黑痂	2					5			5									
297	运—静	卧地无力(多伏卧)	1							5										
299	运—静	喜卧∨不愿站	2		5			5												
301	运—式	单脚跼跳	1		5												15			
308	运—腿	黄色素∨消失	1																	
311	运—腿	麻痹	2																	

续 31 组

序	类	症 状	统	4 传喉	10 病毒关节炎	15 禽沙门菌病	16 大肠杆菌	19 葡萄球菌	21 葡萄球菌病	23 曲霉菌病	26 支原体病	35 恶癣	42 组织滴虫	43 绦虫病	44 虱	45 螨病	46 维A缺乏症	47 维B₁缺乏症	48 维B₂缺乏症	50 维疲劳症
314	迟—腿	内侧水肿V渗血紫V紫褐	1					5												
317	迟—腿	软弱无力	4															5	5	5
322	迟—趾	爪:弯曲难伸	3										10	5					10	10
325	迟—姿	观星姿势V坐卧腿上	1																15	
326	迟—走	V站不能	5								5			5				5	5	5
328	迟—足	垫肿	1																5	
330	蛋	卵黄囊炎	1				5													
331	蛋鲜	孵化率下降V受精率下降	4			5	5	5	5				5							
332	蛋鲜	死胚V出壳(雌V弱V死)	1			5							5							
333	蛋鲜	V活率低V死胚V死雏V弱雏	2														5			
336	蛋壳	薄V软V易破V品质下降	1																	
339	蛋壳	畸形(含小V轻)	1	5																5
342	蛋壳	无	1	5																
347	蛋数	减少V下降	6	5		5	5	5	5		5			5	5	5	5			
348	蛋数	少V停V下降	10	5		5	5	5	5		5	5		5	5	5	5	5	5	5
367	死因	衰竭	3											5	5	5	5			
368	死因	虚弱V消瘦V衰弱死	3											5	5	5	5			
371	死率	1%~2%V低	5											5	5	5				5

续 31 组

序	类	症状	统	4 传喉	10 病毒关节炎	15 禽沙门菌病	16 大肠杆菌病	19 葡萄球菌病	21 禽结核菌病	23 曲霉菌病	26 支原体病	35 冠薹	42 组织滴虫	43 绦虫病	44 氨	45 蛔虫病	46 维A缺乏症	47 维B₁缺乏症	48 维B₂缺乏症	50 笼养疲劳症
372	死率	高 死亡增加	1														5			
380	鸡	淘汰增加	1								5									
384	身	发育不良V受阻V慢	3		5					5	5									
385	身	活力减退	1		5															
386	身	僵	6												5	5	5	5	5	5
387	身	脱水	3			5	5	5												
388	身	虚弱衰竭V衰弱V无力	7					5				5	5	5	5	5	5		5	
389	身	有全身症状	1							5										
396	身-腹	大	2											5		5				
397	身-腹	浮肿V瘀血(紫V紫褐)	1	5																
404	身瘦	体重减少V体积小V渐瘦	6	5					15	5	5			5		5				
405	身瘦	恶速	1	5																
406	身-瘫	瘫状V轻瘫V偏瘫V突瘫	4											5				5	5	5
407	身-卧	喜卧V不愿站V伏卧	3								5			5				5		
409	身-胸	水肿V瘀血(紫V紫褐)	1					5												
411	身-胸	囊肿	1					5												
415	心-血	贫血	2		5				15											
417	心-血	嗉V草V嗉V槽V嗉见血迹	1	5																

续表 31 组

序	类	症状	统	传喉(4)	病毒关节炎(10)	黄沙菌病(15)	大肠杆菌病(16)	葡萄球菌(19)	食盐核病(21)	曲霉菌病(23)	支原体病(26)	冠癣(35)	组织滴虫(42)	绦虫病(43)	氟(44)	螨(45)	维A缺乏症(46)	维B₁缺乏症(47)	维B₂缺乏症(48)	衰竭劳症(50)
421	病程	15日左右	1	5																
422	病程	慢,1月至1年以上	11	5										5	5	5	5	5	5	
425	传源	病膏V带毒菌禽	4	5	5															
426	传源	飞沫和尘埃	1	5																
429	传源	水料具垫设备人鸟衣	2	5																
431	促因	(潮V雨)暗热V通风差	3	5						5	5									
432	促因	(卫生V消毒V管理差	2				5		5	5	5									
434	促因	长期饲喂霉料	1							5										
435	促因	密度大V冷拥挤	3	5			5		5											
485	病率	龄越大敏感性越低	1		5															
488	病率	较低(11%~30%)	1	5																
490	病率	高(61%~90%)	1				5													
491	病率	最高(91%~100%)	1		5															
501	病势	一旦发病全群连绵不断	1								5									
502	病势	隐性感染	2		5					5										
503	病势	出现症后2~3小时死	1								5									
504	病势	突死	2			5	5													
506	病势	突病V急V暴发V流行V烈	2						5				5							

续 31 组

序	类	症状	续	4 传染喉	10 菌毒关节炎	15 禽沙菌	16 大肠杆菌	19 葡萄球菌	21 禽结核菌	23 曲霉菌菊	26 支原体菊	35 冠菌霉	42 组织滴虫	43 绦虫菊	44 氨	45 蛔虫	46 维A缺乏症	47 维B₂缺乏症	48 维B₁缺乏症	50 衰竭劳症
507	菊势	急 急性期后→缓慢恢复期	6	5	5	5	5	5		5										
508	菊势	慢性期V缓慢恢复期	1	5	5	5	5				5									
509	菊势	慢性V缓和V症状轻	8	5	5	5	5	5	5	5	5									
510	菊势	慢性群发	9									5	5	5	5	5	5	5	5	5
511	菊势	传速快V传染强	1	5																
533	死时	病2~6天死V很快死	2	5				5												
534	死时	出壳后2~5天死	1				5	5												

· 233 ·

32组 衰竭衰弱死

序	类	症 状	统	4 传喉	5 传法囊病	10 病毒关节炎	21 禽结核病	22 肉毒梭菌	25 毛滴虫病	26 支原体病	31 维E硒缺
		ZPDS		33	25	21	22	20	17	31	26
545	死因	衰竭衰弱死	7	5	5	5	5		5	5	5
547	死因	心、呼吸衰竭死	1					5			
2	精神	昏睡∨嗜睡∨打瞌睡	2		5			5			
4	精神	盲目前冲(倒地)	1								5
5	精神	缩颈	1				5				
8	精神	不振	2				5	5			
9	精神	沉郁	1	5							
11	精神	闭目∨呆滞	1				5				
17	体温	升高 43℃～44℃	1		5						
20	鼻窦	黏膜病灶似口腔的	1						5		
21	鼻窦	炎肿	1							5	
22	鼻腔	肿胀	1							5	
23	鼻涕	稀薄∨黏稠∨脓性∨痰性	1	5							
24	鼻周	粘饲料∨垫草	1							5	
25	头	触地∨垂地	1		5						
31	头冠	萎缩∨皱缩∨变硬∨干缩	2				5			5	
35	头冠	贫血∨白∨青∨褪色	1							5	
40	头喉	肿胀∨糜烂∨出血	1	5							
42	头颈	麻痹∨软∨无力∨下垂	1					5			
43	头颈	向下挛缩	1								5
45	头颈	伸直平铺地面	1					5			
47	头颈	S状∨后仰观星∨角弓反张	1								5
55	头面	见血迹	1	5							
62	头冀	苍白∨贫血	1				5				
74	头咽	喉:黏膜病灶似口腔的	1						5		
86	眼	闭∨半闭∨难睁	2		5		5				
87	眼凹		1		5						
91	眼睑	麻痹	1					5			
121	呼咳	痉挛性∨剧烈	1	15							
123	呼咳		2	5						5	
125	呼炎	带血∨黏液	1	15							

序	类	症状	统	4 传喉	5 传法囊病	10 病毒关节炎	21 禽结核病	22 肉毒梭菌	25 毛滴虫病	26 支原体病	31 维E硒缺
126	呼吸	喘∨张口∨困难∨喘鸣声	3	15					5	5	
144	消粪	含胆汁∨尿酸盐多	1					5			
149	消粪	白∨灰白∨黄白∨淡黄	1		5						
153	消粪	绿∨(淡∨黄∨青)绿	2	5				5			
156	消粪	水样	1		5						
157	消粪	泻∨稀∨下痢	4	5	5		5	5			
158	消粪	黏稠	1		5						
176	口	排带血黏液	1	5							
178	口喉	见血迹	1	5							
183	口膜	灰白结节∨黄硬假膜	1						5		
185	口膜	溃疡坏死	1						15		
186	口膜	灶周有1窄充血带	1						5		
187	口膜	针尖大干酪灶∨连片	1						5		
192	消一饮	减少∨废饮	2		5					5	
194	消一食	食欲不振	5	5	5	5	5			5	
195	消一食	食欲废	1				5				
196	消一食	食欲因失明不能采食	1							5	
205	消	吞咽困难	1						5		
208	毛	松乱∨蓬松∨逆立∨无光	4		5		5	5		5	
216	毛	见血迹	1	5							
234	皮下	水肿	1								5
244	运一步	踌躇∨摇晃∨失调∨踉跄	3		5	5					5
245	运一翅	下垂∨轻瘫∨麻痹∨松∨无力	4		5		5	5			5
254	运一动	跛行∨运障∨瘫	3			5	5			5	
257	运一动	不愿走	2			5	5				
267	运一动	运动神经麻痹	1					15			
269	运一股	皮下水肿	1								5
276	运一肌	腓肠肌断裂	1			15					
281	运一脚	节律性(痉挛∨抽搐)	1								5
285	关节	跗关节肿胀∨波动感	2			5				5	
288	关节	滑膜炎持续数年	1							5	
293	关节	跗趾炎∨波动∨溃∨紫黑痂	1							5	

序	类	症状	统	4 传喉	5 传法囊病	10 病毒关节炎	21 禽结核病	22 肉毒梭菌	25 毛滴虫病	26 支原体病	31 维E硒缺
299	运一静	喜卧V不愿站	1			5					
300	运一静	站立不稳	1								5
301	运一式	单脚跳	1			5					
303	运一腿	(不全V突然)麻痹	2					5			5
306	运一腿	分开站立	1								5
309	运一腿	肌苍白V灰白灰黄条纹	1								5
317	运一腿	软弱无力	1								5
321	运趾	爪:干瘪V干燥	1		5						
331	蛋孵	孵化率下降V受精率下降	3				5			5	5
332	蛋孵	死胚V出壳(难V弱V死)	1								5
339	蛋壳	畸形(含小V轻)	1	5							
347	蛋数	减少V下降	4	5		5	5			5	
348	蛋数	少V停V下降	2	5			5				
380	鸡	淘汰增加	1							5	
384	身	发育不良V受阻V慢	2			5				5	
385	身	活力减退	1			5					
387	身	脱水	2		5					5	
388	身	虚弱衰竭V衰弱V无力	1								5
390	身	震颤	1		5						
400	身一腹	皮下蓝紫色斑块	1								5
404	身瘦	体重减V体积小V渐瘦	5	5		5	15			5	
405	身瘦	迅速	1	5							
410	身一胸	肌苍白V灰白灰黄条纹	1								5
411	身一胸	囊肿	1						5		
413	身一胸	皮下蓝紫色斑块	1								5
414	心一血	毛细血管渗血	1								5
415	心一血	贫血	2			5	15				
417	心一血	墙V草V笼V槽等见血迹	1	5							
441	感途	哺喂'鸽乳'	1					5			
444	感途	呼吸道	3	5			5			5	
445	感途	交配V精液	1							5	
448	感途	水平	1			5					

续 32 组

序	类	症 状	统	4 传喉	5 传法囊病	10 病毒关节炎	21 禽结核病	22 肉毒梭菌	25 毛滴虫病	26 支原体病	31 维E硒缺
450	感途	消化道	3	5			5		5		
454	混感	与新城疫等4病	1							5	
463	病季	潮湿∧与鸽同养	1						5		
465	病季	温暖潮湿∨多雨∧库蚊多	1					5			
467	病季	夏∨热季	2	5					5		
483	病龄	龄大敏感性低	1			5					
485	病率	龄越大敏感性越低	1			5					
486	病率	与食入毒素量有关	1					5			
487	病率	低(<10%)	2		5				5		
488	病率	较低(11%~30%)	2	5	5						
489	病率	高∨(31%~60%)	1		5						
490	病率	高(61%~90%)	2		5				5		
491	病率	最高(91%~100%)	1			5					
501	病势	一旦发病全群连绵不断	1							5	
502	病势	隐性感染	2			5				5	
504	病势	突死	1								5
506	病势	突病∨急∨暴发∨流行∨烈	2		5			5			
507	病势	急	2	5		5					
508	病势	急性期后→缓慢恢复期	1							5	
509	病势	慢性∨缓和∨症状轻	4	5		5	5			5	
511	病势	传速快∨传染强	1	5							
512	病势	地方性流行	1		5						
517	死率	<10%	2	5					5		
518	死率	11%~30%	2	5					5		
519	死率	31%~50%	4	5				5	5		5
520	死率	51%~70%	2	5				5			
521	死率	71%~90%	2	5				5			
522	死率	91%~100%	1					5			
526	死情	陆续死	1								5
529	死情	死亡曲线呈尖峰式	1		5						
577	病因	缺硒	1								5

二、3个鸡病诊断附表

见附表 2-1 至附表 2-3

附表 2-1　由病名找病组提示

病序	病名	进组号	病序	病名	进组号
1	新城疫	7组	22	肉毒梭菌	29组
2	禽流感	6组	23	曲霉菌病	29组
3	传支	10-1组	24	念珠菌病	13组
4	传喉	10-1组	25	毛滴虫病	32组
5	传法囊病	7组	26	支原体病	5-1组
6	鸡传脑炎	17-1组	27	鸡球虫病	29组
7	产蛋下降	24组	28	鸡住白虫病	5-1组
8	马立克氏病	6组	29	鸡蛔虫病	26组
9	鸡痘	17-1组	30	肉鸡腹水	5-1组
10	病毒关节炎	17-1组	31	维E硒缺	17-1组
11	传贫	27组	32	磺胺类中毒	5-1组
12	网皮增殖	15组	33	马杜拉霉毒	4组
13	鸡白血病	16组	34	黄曲霉毒	1组
14	鸡肿头征	6组	35	冠癣	5-2组
15	禽沙菌病	12组	36	螺旋体病	29组
16	大肠杆菌	11-1组	37	传滑膜炎	19组
17	禽巴氏杆	11-1组	38	食盐中毒	29组
18	传鼻	3组	39	有机磷中毒	29组
19	葡萄球菌	15组	40	呋喃类中毒	29组
20	坏死肠炎	29组	41	一氧化碳中毒	17-2组
21	禽结核病	5组	42	组织滴虫病	1组

病序	病　名	进组号	病序	病　名	进组号
43	绦虫病	4组	52	嗉囊阻塞	13组
44	虱	31组	53	痛风	21-2组
45	螨病	31组	54	肠毒综合征	28组
46	维A缺乏症	7组	55	腺胃炎	15组
47	维B$_1$缺乏症	16组	56	包涵体肝炎	29组
48	维B$_2$缺乏症	15组	57	弧菌性肝炎	26组
49	脱肛	12组	58	锰缺乏症	24组
50	笼养蛋鸡疲劳症	7组	59	中暑	28组
51	恶癖	12组	60	新母鸡病	28组

说明：1～34是农业部原首席兽医师贾幼陵主编禽病手册的病，35～52是补充1997年出版的《鸡病数值诊断与防治》中的18种鸡病，53～60是新补充的8种鸡病。如果知道病名要做核实诊断，请用此表找到病组，再取卡诊断。

附表 2-2　鸡病其他症状查找诊断卡提示

序	类	症　状	诊断卡	出现本症状组
2	精神	神经麻痹	11组　腹泻Ⅴ粪便异常	1. 新城疫,5. 传法囊病,7. 产蛋下降,22. 肉毒梭菌,33. 马杜拉霉素,34.黄曲霉毒素中毒,39. 有机磷中毒,41.一氧化碳中毒,48. 维生素 B$_2$ 缺乏症,56.包涵体肝炎,59. 中暑
			28组　突死	
4		盲目前冲	17组　蹒跚Ⅴ摇晃Ⅴ失调	1. 新城疫,2. 禽流感,6. 鸡传脑炎,31. 维生素 E硒缺,38. 食盐中毒,39. 有机磷中毒,40. 呋喃类药物中毒,41. 一氧化碳中毒
6		兴奋不安	14组　毛乱Ⅴ脱Ⅴ脏	33. 马杜拉霉毒,40. 呋喃类药物中毒,44. 虱,45. 螨病,51. 恶癖,54. 肠毒综合征
13～16	体温	体温低Ⅴ怕冷	10组　呼吸困难Ⅴ喘鸣	3. 传支,39. 有机磷中毒,47. 维生素 B$_1$ 缺乏症,55. 腺胃炎,59. 中暑
			11组　腹泻Ⅴ粪便异常	
17		体温升高 43℃～44℃	13组　嗉囊异常	3. 传支,5. 传法囊病,17. 禽巴氏杆,28. 鸡住白细胞原虫病,36. 螺旋体病,54. 肠毒综合征,59. 中暑
			14组　毛乱Ⅴ脱Ⅴ脏(一)(二)	
27	头部	甩头Ⅴ甩鼻	9组　眼泪异常	3. 传支,18. 传鼻,39. 有机磷中毒,40. 呋喃类药物中毒

续表 2-2

序	类	症　状	诊断卡	出现本症状的病组
31		冠萎缩Ⅴ变硬Ⅴ干缩	5组　冠贫血Ⅴ白Ⅴ青Ⅴ褪色	13.鸡白血病,17.禽巴氏杆,21.禽结核病,26.支原体病,30.肉鸡腹水,37.传滑膜炎,57.弧菌性肝炎
36,37		冠先红后绀(紫红)	4组　冠黑紫Ⅴ黑Ⅴ发绀	1.新城疫,15.禽沙菌病,30.肉鸡腹水,59.中暑
42,43		头颈麻痹Ⅴ下垂	14组　毛乱Ⅴ脱Ⅴ脏	8.马立克病,22.肉毒梭菌,31.维生素E硒缺,42.组织滴虫
47		头颈S状Ⅴ后仰观星Ⅴ角弓反张	11组　腹泻Ⅴ粪便异常	1.新城疫,2.禽流感,23.曲霉菌病,31.维E硒缺,33.马杜拉霉素,34.黄曲霉毒,40.呋喃类药物中毒,41.一氧化碳中毒,47.维生素B_1缺乏症,48.维生素B_2缺乏症
70~75		咽喉异常	10组　呼吸困难Ⅴ粪便异常 14组　毛乱Ⅴ脱Ⅴ脏	4.传喉,9.禽痘,24.念珠菌病,25.毛滴虫病
76		头肿	10组　呼吸困难Ⅴ喘鸣 11组　腹泻Ⅴ粪便异常	2.禽流感,14.鸡肿头征,16.大肠杆菌,28.鸡住白细胞原虫病
84	眼	眼炎Ⅴ眼球炎	8组　眼结膜炎Ⅴ充血Ⅴ潮红	4.传喉,16.大肠杆菌,18.传鼻,23.曲霉菌病,26.支原体病
94		眼睑肿胀	9组　眼泪异常	4.传喉,14.鸡肿头征,18.传鼻,19.葡萄球菌
97		眼结膜色-白Ⅴ贫血	5组　冠贫血Ⅴ白Ⅴ青Ⅴ褪色	28.鸡住白细胞原虫病,36.螺旋体病,43.缘虫病,45.螨病,47.维生素B_1缺乏症
106		眼球增大Ⅴ眼突出	10组　呼吸困难Ⅴ喘鸣 21组　腿异常	6.鸡传脑炎,12.网皮增殖,23.曲霉菌病,26.支原体病
108	声	眼失明Ⅴ障碍	10组　呼吸困难Ⅴ喘鸣 18组　翅异常	4.传喉,6.鸡传脑炎,8.马立克病,46.Ⅴa缺乏症,55.腺胃炎
113~117	声	叫声异常	14组　毛乱Ⅴ脱Ⅴ脏 28组　突死	1.新城疫,15.禽沙菌病,33.马杜拉霉毒,34.黄曲霉毒,40.呋喃类药物中毒,54.肠毒综合征
123	呼吸	咳	10组　呼吸困难Ⅴ喘鸣	3.传支,4.传喉,14.鸡肿头征,24.念珠菌病,26.支原体病,28.鸡住白细胞原虫病,53.痛风,55.腺胃炎

序	类	症状	诊断卡	出现本症状的病组
129		呼吸啰音∨音异常	10组 呼吸困难∨喘鸣	3. 传支,4. 传喉,14. 鸡肿头征,24. 念珠菌病,26. 支原体病,28. 鸡住白细胞原虫病,53. 痛风,55. 腺胃炎
132		呼吸道:症轻∨障碍	10组 呼吸困难∨喘鸣	1. 新城疫,3. 传支,4. 传喉,7. 产蛋下降,9. 鸡痘,19. 葡萄球菌,26. 支原体病
			11组 腹泻∨粪便异常	
133	呼吸	呼吸快∨急促	4组 冠黑紫∨黑∨发绀	17. 禽巴氏杆,30. 肉鸡腹水,53. 痛风,59. 中暑
144	消化	粪含胆汁∨尿酸盐多	14组 毛乱∨脱∨脏	22. 肉毒梭菌,36. 螺旋体病,37. 传滑膜炎,53. 痛风
145		粪含黏液	11组 腹泻∨粪便异常	1. 新城疫,2. 禽流感,29. 鸡蛔虫病,43. 绦虫病
147		粪含血∨血粪	11组 腹泻∨粪便异常	1. 新城疫,2. 禽流感,20. 坏死肠炎,27. 鸡球虫病,29. 鸡蛔虫病,38. 食盐中毒,42. 组织滴虫,43. 绦虫病
			14组 毛乱∨脱∨脏	
149		粪白∨灰白∨黄白∨淡黄	11组 腹泻∨粪便异常	3. 传支,5. 传法囊病,16. 大肠杆菌,19. 葡萄球菌,28. 鸡住白细胞原虫病,32. 磺胺中毒,37. 传滑膜炎,42. 组织滴虫
			30组 病势急	
153		粪绿(淡绿∨黄绿∨深绿)	11组 腹泻∨粪便异常	1. 新城疫,2. 禽流感,4. 传喉,7. 产蛋下降,15. 禽沙菌病,17. 禽巴氏杆,19. 葡萄球菌,22. 肉毒梭菌,28. 鸡住白细胞原虫病,34. 鸡曲霉菌,36. 螺旋体病,37. 传滑膜炎,42. 组织滴虫
			14组 毛乱∨脱∨脏	
156		粪便水样	11组 腹泻∨粪便异常	3. 传支,5. 传法囊病,7. 产蛋下降,34. 黄曲霉毒素
			24组 蛋壳异常	
170		口流涎∨黏沫	11组 腹泻∨粪便异常	17. 禽巴氏杆,28. 鸡住白胞原虫病,38. 食盐中毒,39. 有机磷中毒
177~181		喙异常	11组 腹泻∨粪便异常	1. 新城疫,4. 传喉,11. 传贫,24. 念珠菌病,54. 肠毒综合征
			26组 身瘦	
191		饮:口渴∨喜欢∨增强∨狂饮	10组 呼吸困难难∨喘鸣	1. 新城疫,3. 传支,33. 马杜拉霉毒,36. 螺旋体病,38. 食盐中毒,40. 呋喃类药物中毒,43. 绦虫病,59. 中暑
			11组 腹泻∨粪便异常	
192		饮减少∨废饮	10组 呼吸困难∨喘鸣	1. 新城疫,2. 禽流感,5. 传法囊病,19. 葡萄球菌,26. 支原体病,55. 腺胃炎
			11组 腹泻∨粪便异常	

序	类	症　状	诊断卡	出现本症状的病组
205		吞咽困难	10组　呼吸困难∨喘鸣	9. 鸡痘,24. 念珠菌病,25. 毛滴虫病
			11组　腹泻∨粪便异常	
228 29	皮	皮肤黏膜紫∨绀∨青	17组　蹒跚∨摇晃∨失调	23. 曲霉菌病,30. 肉鸡腹水,39. 有机磷中毒,41. 一氧化碳中毒
225 230		皮膜黄∨冠、鬓、眼黄	5组　冠贫血∨白∨青∨褪色	14. 鸡肿头征,28. 鸡住白细胞原虫病,43. 绦虫病,56. 包涵体肝炎
233		皮下出血	23组　蛋孵化异常	11. 传贫,13. 鸡白血病,28. 鸡住白细胞原虫病,32. 磺胺中毒
			26组　身瘦	
238		皮炎∨溃疡∨烂∨痂∨结节	14组　毛乱∨脱∨脏	35. 冠癣,37. 传滑膜,45. 螨病
245	运动	翅下垂∨轻瘫∨麻痹∨无力	14组　毛乱∨脱∨脏	5. 传法囊病,8. 马立克病,21. 禽结核病,22. 肉毒梭菌,27. 鸡球虫病,28. 鸡住白细胞原虫病,29. 鸡蛔虫病,30. 肉鸡腹水,31. 维生素E硒缺,34. 黄曲霉毒素,42. 组织滴虫,43. 绦虫病,48. 维生素 B_2 缺乏症,52. 嗉囊阻塞
			26组　身瘦	
256 257		不愿站∨不愿走		6. 禽传脑,10. 病毒关节炎,19. 葡萄球菌,21. 禽结核病,37. 传滑膜炎,38. 食盐中毒,48. 维生素 B_2 缺乏症
258		运动迟缓	14组　毛乱∨脱∨脏	8. 马立克病,29. 鸡蛔虫病,33. 马杜拉霉毒,53. 痛风
259	运动	飞节支地	5组　冠贫血∨白∨青∨绀	39. 有机磷中毒,46. 维生素A缺乏症,48. 维生素 B_2 缺乏症,50. 笼疲劳症
261		痉抽∨惊厥	17组　蹒跚∨摇晃∨失调	38. 食盐中毒,40. 呋喃类药物中毒,41. 一氧化碳中毒,46. 维生素A缺乏症,47. 维生素 B_1 缺乏症
265		行走无力	14组　毛乱∨脱∨脏	8. 马立克病,29. 鸡蛔虫病,33. 马杜拉霉毒,53. 痛风
266		用蹠胫膝走	21组　腿异常	39. 有机磷中毒,46. 维生素A缺乏症,48. 维生素 B_2 缺乏症,50. 笼疲劳症
268		围圈∨伏地转	11组　腹泻∨粪便异常	1. 新城疫,2. 禽流感,33. 马杜拉霉毒,38. 食盐中毒,40. 呋喃类药物中毒
			17组　蹒跚∨摇晃∨失调	
283		脚麻痹	21组　腿异常	36. 螺旋体病,38. 食盐中毒,39. 有机磷中毒,47. 维生素 B_1 缺乏症,48. 维生素 B_2 缺乏症
292 293		关节肿痛	14组　毛乱∨脱∨脏	16. 大肠杆菌,17. 马巴氏杆,19. 葡萄球菌,26. 支原体病,37. 传染性滑膜炎,53. 痛风,58. 锰缺乏症
			21组　腿异常	

序	类	症状	诊断卡	出现本症状的病组
296 406		瘫	14组 毛乱∨脱∨脏	8. 马立克病,28. 鸡住白细胞原虫病,33. 马杜拉霉毒,43. 绦虫病,47. 维生素 B_1 缺乏症,48. 维生素 B_2 缺乏症,50. 笼疲劳症,60. 新母鸡病
			24组 蛋壳异常	
326 327		走站不稳∨不能	11组 腹泻∨类便异常	38. 食盐中毒,39. 有机磷中毒,42. 组织滴虫,43. 绦虫病,47. 维生素 B_1 缺乏症,48. 维生素 B_2 缺乏症,50. 笼疲劳症,53. 痛风,54. 肠毒综合征
			23组 蛋孵化异常	
343 339	蛋	蛋液如水	24组 蛋壳异常	3. 传支,7. 产蛋下降,13. 鸡白血病
390	身	颤∨痉挛	17组 蹒跚∨摇晃∨失调	5. 传法囊病,6. 鸡传脑炎,39. 有机磷中毒,54. 肠毒综合征
			27组 心-血:异常	
384		身体发育不良∨慢	26组 身瘦	10. 病毒关节炎,11. 传贫,12. 网皮增殖,23. 曲霉菌病,26. 支原体病,27. 球虫病,29. 鸡蛔虫病,30. 肉鸡腹水,34. 黄曲霉毒素
386		身僵	14组 毛乱∨脱∨脏	11. 传贫,37. 传滑膜炎,38. 食盐中毒,40. 呋喃类药物中毒,43. 绦虫病,44. 虱,45. 螨病,46. 维生素 A 缺乏症,47. 维生素 B_1 缺乏症,48. 维生素 B_2 缺乏症
			18组 翅异常	
387		身体脱水	14组 毛乱∨脱∨脏	5. 传法囊病,26. 支原体病,33. 马杜拉霉毒,42. 组织滴虫,50. 笼疲劳症,54. 肠毒综合征
391 393		背异常	14组 毛乱∨脱∨脏	3. 传支,8. 马立克病,29. 鸡蛔虫病,34. 黄曲霉毒素
394~401		腹部异常	10组 呼吸困难∨喘鸣	13. 鸡白血病,16. 大肠杆菌,19. 葡萄球菌,28. 鸡住白细胞原虫病,30. 肉鸡腹水,31. 维生素 E 硒缺
			20组 蹲∨卧∨坐∨站异常	
406		瘫伏(轻瘫∨偏瘫∨突瘫)	21组 腿异常	43. 绦虫病,47. 维生素 B_1 缺乏症,48. 维生素 B_2 缺乏症,50. 笼疲劳症,60. 新母鸡病
407		喜卧∨不愿站∨伏卧	11组 腹泻∨类便异常	37. 传滑膜炎,38. 食盐中毒,39. 有机磷中毒,41. 一氧化碳中毒,43. 绦虫病,48. 维生素 B_2 缺乏症,50. 笼疲劳症
			17组 蹒跚∨摇晃∨失调	
408~413		胸异常	20组 蹲∨卧∨坐∨站异常	13. 鸡白血病,19. 葡萄球菌,26. 支原体病,28. 鸡住白细胞原虫病,31. 维生素 E 硒缺
			26组 身瘦	
511~512	病势	传播快∨传染强	10组 呼吸困难∨喘鸣	3. 传支,4. 传喉,5. 传法囊病,14. 鸡肿头征,28. 鸡住白细胞原虫病
			14组 毛乱∨脱∨脏	
533	病势	病 2~6 天死∨很快死	11组 腹泻∨类便异常	2. 禽流感,4. 传喉,11. 传贫,19. 葡萄球菌,33. 马杜拉霉毒
			30组 病势急	

243

说明:①附表 2-2 中的 61 个症状,都曾为诊断卡,优点便于读者查找,缺点是书的篇幅偏大,重复较多。为精练文字,编辑中做了删减,同时为便于读者查找,特列出此表

②本书鸡病的症状有统一的序号,如神经麻痹的序号为"2",盲目前冲的序号为"4"。凭表中绐的序号可找到本症状和出现本症状的病组,然后通过问诊、打点、统点、找大、逆诊,即可对疾病做出初步诊断

附表 2-3 鸡病辅检项目提示

疾病名称	辅检项目
1. 新城疫	诊断参照免疫程序和血凝滴度;确诊要做病毒分离和实验室其他检查
2. 禽流感	感染者可无症状,但可以检测到抗体。初诊必须排除新城疫,因为症状和病变两者有些相似;确诊要由国务院认可实验室采病料病毒分离鉴定;琼扩简便特异对未接苗者有益;可检A 抗原但难分新旧感染。血凝试验及血凝抑制试验;对新分离病毒鉴定,尤其对 HA 亚型鉴定有重要意义。但不用作诊断,抑制试验可做免疫监测。他法如荧光抗体技术、中和试验、酶联免疫吸附试验、补体结合反应、免疫放射试验均可用于诊断
3. 鸡传染性支气管炎	要依靠实验室的病毒学,血清学,分子生物学检测
4. 鸡传染性喉气管炎	依据流行病学、症状、病变;确诊需要实验室病毒分离,鸡胚接种,包涵体检查,血清学检查,分子生物学检查
5. 鸡传染性法氏囊病	接种;琼扩试验;中和试验;单克隆荧光抗体
6. 鸡传染性脑脊髓炎	依症状做出初诊;确诊依病理组织检查、病毒分离、中和试验、琼扩试验等。
7. 鸡产蛋下降综合征	依产蛋突降且蛋异常,结合症状及病变做初诊;确诊要靠病毒分离,血清试验如琼扩试验、血凝抑制试验、免疫荧光等
8. 鸡马立克氏病	初诊靠症状、流行病学、剖检病变;确诊要依靠实验室的病理组织学、病毒分离,血清学,分子生物学检测
9. 鸡痘	依据症状或病变即可做出准确诊断;确诊做病毒分离鉴定、血清学试验
10. 鸡病毒性关节炎	初诊断较难,因与他病分不开。初诊依症状和流行特点。确诊依病毒分离和血清学方法

疾病名称	辅检项目
11. 鸡传染性贫血	要依靠中和试验、间接免疫荧光试验和酶联免疫吸附试验
12. 禽网状内皮组织增生症	病毒分离:采血或肿瘤接种鸡胚成纤维细胞,传 3 代,做荧光抗体试验;采血清做酶联免疫吸附试验
13. 鸡白血病	初诊依流行病学、症状、病变;确诊要靠实验室病毒分离和血清学(荧光抗体、酶联免疫吸附试验)检查
14. 鸡肿头综合征	确诊靠病毒分离、中和试验、酶联免疫吸附试验
15. 禽沙门氏菌病	初诊依流行病学、症状、病变;确诊要靠实验室细菌分离鉴定和血清学试验
16. 鸡大肠杆菌病	初诊依流行病学、病史、症状、病变;确诊要靠实验室细菌分离鉴定和致病性试验
17. 禽巴氏杆菌病	初诊依发病特点、症状、病变;确诊要靠细菌分离鉴定和实验室检查
18. 鸡传染性鼻炎	初诊依流行病学特点、症状、病变;确诊要靠细菌分离鉴定和血清学检查
19. 鸡葡萄球菌病	初诊依流行病学特点、症状、病变;确诊要靠细菌分离鉴定和动物试验
20. 鸡坏死性肠炎	初诊依流行病学特点和特征性病变;确诊要靠病料涂片镜检和病菌分离鉴定
21. 禽结核病	初诊依流行病学特点、症状和病变;确诊要靠病菌分离鉴定、变态反应和血清学试验
22. 鸡肉毒梭菌病中毒	初诊依特征性症状;确诊要靠实验室毒素检查。
23. 、鸡曲霉菌病	初诊依流行病学特点、症状和典型结节;确诊要靠病菌分离鉴定
24. 鸡念珠菌病	诊断依口、食管、嗉囊及肠黏膜特征性颗粒状凸起的干酪样物、溃疡灶及伪膜,嗉囊肿大、内容物酸臭;确诊要靠酵母菌和假菌丝分离鉴定
25. 鸡毛滴虫病	初诊依典型症状和典型病变;确诊要采嗉囊、食管和口腔刮取黏液,加少许生理盐水做压片镜检到运动的毛滴虫
26. 鸡支原体病	初诊依流行病学特点、症状和病变;确诊要靠病原分离鉴定和血清学检验

疾病名称	辅检项目
27. 鸡球虫病	初诊依症状;确诊要靠镜检粪便或肠黏膜刮取物发现球虫
28. 鸡住白细胞原虫病	初诊依症状、病变和季节;确诊要靠病原检查:采血或脏器涂片染色镜检,发现虫体;或做血清学检查
29. 鸡蛔虫病	确诊:发现大量虫体或粪便检查发现大量虫卵
30. 肉鸡腹水综合征	初诊依发病鸡群特点、症状、典型病变(腹大积液);注意与其他传染病鉴别,排除其他病
31. 维生素 E 硒缺乏症	分析饲料维 E 和硒含量,结合症状、年龄、病变,不难诊断
32. 磺胺类药物中毒	依据磺胺用量、症状和病变可诊断。必要时做药物检测
33. 马杜拉霉素毒	初诊依症状、病变结合生产用药情况;确诊要靠实验室检验
34. 黄曲霉毒素中毒	初诊依发病规律、症状、病变和检饲料有无霉变(仔细)及动物试验;确诊靠真菌分离、毒素毒型检测
35. 冠癣	症状很具特征性。为确诊可采头部病料送检真菌
36. 螺旋体病	送病料检螺旋体
38. 食盐中毒	化验饲料食盐含量
41. 一氧化碳中毒	化验鸡血内的碳氧血红蛋白
42. 组织滴虫病	送盲肠和肝做虫体检查
43. 绦虫病	在粪便发现虫体节片,送粪便检查虫卵,剖检在肠发现虫体
44. 虱	在毛间可发现虱子和虮子
45. 螨病	刮皮送检找螨
53. 痛风	采病料或快死鸡送检
54. 肠毒综合征	采病料或快死鸡送检
55. 腺胃炎	采腺胃病料送检
56. 、包涵体肝炎	采病料或病鸡或才死鸡的病料送检
57. 弧菌性肝炎	采病料或将、新死的鸡送检
58. 锰缺乏症	采病料或送病鸡活检

说明：本书介绍的 60 种鸡病中，其中 37 病（传染性滑膜炎）、39 病（有机磷中毒）、40 病（呋喃类药物中毒），46 病（维生素 A 缺乏症）、47 病（维生素 B_1 缺乏症）、48 病（维生素 B_2 缺乏症）、49 病（脱肛）、50 病（笼养蛋鸡疲劳症）、51 病（恶癖）、52 病（嗉囊阻塞）、59 病（中暑）、60 病（新母鸡病）等 12 种鸡病，凭本书智能卡即可确诊，不用做辅检。

第三章 鸡病防治

一、当前我国鸡病发生流行的特点

(一)鸡病毒病仍是养鸡生产的主要威胁

据富民家禽养殖网资料介绍,目前我国发生的鸡病有 80 多种,涉及病毒性疾病、细菌性疾病、寄生虫病、营养代谢病和中毒性疾病等。其中病毒性疾病仍是养鸡生产的主要威胁,并给养鸡生产造成重大的经济损失。我国养鸡生产中鸡只发病多、死亡率高,既有鸡舍环境差、病原变异等客观原因,也有饲管人员对鸡病预防制度的重要性认识并不那么清楚,重视程度和执行力不够等主观原因。鸡群管理不科学,免疫制度和卫生消毒制度不健全。比如对于病毒性疾病,目前尚没有特效的治疗药物,最行之有效的方法是接种疫苗,不可大意;对于细菌性疾病和病毒性疾病,除平时加强饲养管理外,还要辅以药物预防。

(二)病原体呈现变异,临床症状呈非典型化

近年来,在鸡病发生和流行的过程中,一些鸡病的病原体出现了变异,导致临床症状非典型化。鸡马立克氏病毒在 20 世纪 60 年代为中毒型(经典型),至 70 年代为强毒型,至 80 年代后期为超强毒型(ＶＶ＋ＭＤＶ)。传染性法氏囊病病毒,近几年已经出现超强毒株,目前已认定的有四个毒株,用常规疫苗很难有预防效果,建议选择多价法氏囊疫苗进行接种预防。鸡新城疫病毒(ND),20 世纪 90 年代以前,鸭、鹅不发病,90 年代以后,鸡、鸭、鹅均发病,而且可互相传播。为有效防控新城疫,建议 60 日龄、120

日龄使用新城疫Ⅰ系苗。蛋鸡开产后,用Ⅳ系投苗做黏膜接种十分重要,不可忽视。冬季2～3个月接种1次。总之,及时了解主要病毒性疾病的毒株变异情况,制订合理的免疫程序,才可控制这类疾病的发生。

(三)某些细菌性疫病和寄生虫病的危害性增大

随着集约化养鸡场的规模不断扩大,造成鸡场内、外部环境污染严重,一些细菌病和寄生虫病发病率升高,危害性加大。如鸡大肠杆菌病、沙门氏菌病、葡萄球菌病、绿脓杆菌病、支原体病、球虫病、鸡住白细胞原虫病,这些疾病的病原体普遍存在于养鸡场中,成为常在菌,导致常发病。这些细菌性疫病和寄生虫病,不但使鸡群发病率和死亡率上升,造成肉、蛋产品品质下降,影响场家的信誉和效益,而且有的病原体甚至污染了肉蛋产品,威胁着消费者的健康。为此,养鸡场必须高度重视平时饲养管理和消毒,做好细菌性疫病和寄生虫病的预防工作。

(四)多病原同时感染,使疫病更为复杂

在现实生产中,尤其是在集约化鸡场遇见的病例往往是由两种或两种以上的病原同时致病,如有两种病毒病或者两种细菌病同时发生,或者病毒病与细菌病、病毒病与寄生虫病、细菌病与寄生虫病同时发病。这种多病原的同时感染,给诊断和防治工作带来难度。

治疗病毒病和细菌病混合感染的疾病,要遵循以防制病毒病为主、治疗细菌病为辅的原则。即鸡群疫病发生时,一般情况下应紧急接种疫苗。因为鸡群发病时,不可能所有的鸡只都发病;尽管紧急接种疫苗可能会加速一些危重病鸡的死亡,但能及时挽救大多数未感染得病的鸡只,是非常值得的。

二、鸡病综合防治措施

对于养鸡户来说，最大的顾虑就是怕鸡发病，尤其是病毒性传染病。

鸡只发生疫病，有效的治疗措施较少，治疗的经济价值也较低。有些鸡病即使治好了，对鸡的生产性能和产品质量也受到影响，经济上不合算。因此，要认真做好预防工作，从预防隔离、饲养管理、环境卫生、免疫接种、药物预防等方面，全面抓好商品鸡场的综合防病工作。概括起来，综合性防疫措施主要有如下几点。

(一)把好引种进雏关

雏鸡应来自种鸡质量好、鸡场防疫严格、出雏率高的厂家。雏鸡应尽量购自无败血支原体等蛋传递性疾病的健康种鸡群；初生雏经挑选、雌雄鉴别、注射马立克氏病疫苗后，要在 48 小时内运回场。为了不把运雏箱上黏附的病原带进鸡舍，在雏鸡进入鸡舍之前，要盖上箱盖在舍外进行喷雾消毒。

(二)生态隔离

隔离就是防止疫病从外部传入或场内相互传染。有调查表明，病原的 90% 以上都是由人和进鸡时传入的。所以，进雏的选择及进雏后的隔离饲养等都必须严格按规定执行。鸡舍入口处应设有一个较大的消毒池，并保证池内常有新鲜的消毒液；工作人员进入鸡舍须换工作服和鞋，入舍前洗手并消毒，鸡舍中应做到人员、用具和设备相对固定使用；严禁外人入舍参观，也不去参观他人的鸡场；绝对不从外购入带病鸡只及产品；非同批次的鸡群不得混养。

(三)保证饲料和饮水卫生

购买饲料时,一定要严把质量关,对有虫蛀、结块发霉、变质、污染毒物的原料,千万不要贪图便宜或购买方便而购进,特别是对鱼粉、肉骨粉等质量不稳定的原料,要经严格检验后才能购进。饲喂全价饲料应定时定量,不得突然更换饲料。

生产中必须确保全天供应水质良好的清洁饮水,不能直接使用河水、坑塘水等地表水,如果只能使用这种水,用时必须经沉淀、过滤和消毒处理。建议使用深井水和自来水。目前,一般鸡场都用水槽饮水,由于水面暴露在空气中,容易受到尘埃、饲料和粪便的污染。所以,鸡的饮水必须注意消毒,消毒药可用高锰酸钾、次氯酸钠、百毒杀、漂白粉等,并每天清洗水槽1次。生产中若改水槽为乳头式饮水器可减少饮水污染。

(四)创造良好的生活环境

创造一个适宜的生活环境,是保证鸡只正常生长发育和产蛋的重要条件。由于鸡的抗病能力差,对光线敏感,且易受惊吓而引起骚动。所以,鸡舍环境要保持安静。饲养管理人员在舍内要穿戴工作衣帽,工作认真,严格遵守操作规程,搞好清洁卫生工作,保持舍内干燥,做到鸡体、饲料、饮水、用具和垫料干净。鸡舍周围的垃圾和杂草是昆虫孳生的场所,一定要清除干净。鸡舍、饲料间周围建5米的防鼠带,消灭老鼠和蚊蝇,防止猫、狗、鸟等进入。病死鸡要清出场外,不能堆放在场内,并进行无害化处理。鸡舍内部要保持空气新鲜,通风良好,温、湿度适宜,并按鸡体生理要求,提供一定时间和强度的光照。

为创造良好的生活环境,必须定期消毒,尤其是带鸡消毒。消毒是杀死鸡体外病原体的唯一手段。对鸡舍、用具设备和鸡舍周围环境进行消毒是切断病原传播的有效措施。食槽、饮水器及一些简单用具经消毒后,在阳光下暴晒2~3次即可起到杀灭病原的作用,亦可洗净后用 0.1%新洁尔灭或 0.05%高锰酸钾溶液浸泡5～10 分钟。

鸡场应进行带鸡消毒。带鸡消毒能杀死鸡舍内空气中和鸡体表面的病原微生物,净化舍内的粉尘和空气,夏季还起到防暑降温的作用。

(五)加强饲养管理,实行"全进全出"饲养制度

实行"全进全出"饲养制度,可使鸡舍每年都有一段空闲时间。此时集中进行全场的彻底清理和消毒。这对控制那些在鸡体外不能长期存活的致病因子是最有效的办法。果园林地散养的鸡群,可采用轮牧的放养制度,使放养场地也在鸡出售后得到清理和消毒。

除了做好以上几项综合性防疫措施外,还需解决一些观念上的问题和纠正一些错误做法。

第一,盲目认为接种了疫(菌)苗,鸡场就万事大吉了。疫(菌)苗能有效地预防传染病的发生,但不是绝对的。由于疫(菌)苗的质量、接种的方式、接种的时间、鸡体的状况等因素的影响,疫(菌)苗接种不可能对鸡群产生百分之百的保护。因此,平时的综合性防疫措施任何时候都不能放松。

第二,邻居围观。在农村,每当谁家购进一批小鸡时,常常可以看到街坊邻居前来观看祝贺。作为主人,因碍于情面,有口难言,或贪图热闹和吉利。岂不知这既增加了鸡群应激,又增加了传染病发生的机会。

第三,养鸡户用饲料销售部门的包装袋盛装饲料。在饲料购销上不注意专袋专用,定期消毒。有的为图省事干脆用饲料销售部门的麻袋,用完归还。这样同一个麻袋可能在几个养鸡场周转,带上不同的传染病原,从而增加疾病传播的机会。一些不具备条件的专业户,私自销售饲料,这样也会增加疾病的传播。为杜绝这一现象,除养鸡者自身注意外,饲料销售部门也应予以配合,对饲

料袋应定期消毒后使用。

第四,病死鸡不做无害化处理。处理病死鸡最方便的方法是深埋或焚烧。但在农村,死鸡随便乱扔,或不经处理而拿去喂狗,或认为深埋可惜而食用的现象很普遍。这样无异于人为地散播病原,从而引起传染病的流行。

第五,不按要求消毒。在消毒问题上存在几种错误看法:①以为只要定期消毒即可,而不注意消毒前的清扫、洗涤,在鸡舍、水槽、食槽等肮脏不堪的情况下即进行消毒,结果仍无多大作用,传染病照样发生;②使用消毒剂不按比例稀释,任意加大或缩小浓度;③不注意消毒剂的存放,不注意防潮防晒,以至药效大减,不能起到应有的消毒作用。

第六,养鸡户相互串门。养鸡户之间相互交流经验对促进养鸡业的发展是有益的,但是在农村不经消毒、更衣便相互聚在一起讨论问题的现象很普遍,甚至将来人直接引入鸡舍现场说教,或将死鸡从一场拿到另一场解剖,这样相互间的直接接触或间接接触,无疑都会增加疫病传播的机会。

第七,饲管人员及用具不固定。有些人进入鸡舍根本不消毒,绝大部分只注意脚下消毒而不注意更换衣帽。农村饲养员不如大鸡场的专业饲养员固定,往往流动性大,里里外外一把手,所以自身消毒更应注意。有的鸡场料桶、料勺、水桶和水勺等不固定,随拿随用。有的在水中加药无专用搅水棍而随用随找。这些无疑也会增加疫病发生的机会。因此,各种用具不但应当专用,还应定期消毒。

三、免疫接种及预防性投药

(一)免疫接种

1. 免疫的目的及意义 免疫是通过给鸡体接种某种抗原物

质(疫苗或菌苗),刺激鸡体使之产生特异性抗体,从而提高鸡群对该种病原微生物侵袭的抵抗力,达到预防此病的目的,减少发生该种疾病的机会。

2. 常用疫苗 常用的疫苗(或菌苗)有马立克氏病疫苗、禽流感疫苗、新城疫疫苗、传染性法氏囊病疫苗、鸡痘疫苗、传染性支气管炎疫苗、传染性喉气管炎疫苗、传染性鼻炎疫苗、鸡减蛋综合征疫苗、鸡脑脊髓炎疫苗、禽霍乱疫苗、大肠杆菌病疫苗等。

3. 疫苗的接种方法

疫苗的接种方法主要有注射、饮水、滴鼻、点眼、气雾、刺种、口服等,在使用前一定要认真阅读疫苗使用说明书,按其所注明的方法接种。

(1)**注射法** 分为肌内注射和皮下注射,肌内注射的位置一般选在胸肌、腿肌(外侧)等肌肉较发达的部位,胸肌注射时选择胸肌最发达的部位,针头斜向扎入,防止因注入太深刺伤内脏器官导致死亡;腿肌注射选在外侧血管、神经较少的部位,避免造成跛行。皮下注射是将疫苗注射在皮下,常选择在皮肤较松弛的部位,如颈部皮下等。注射时用大拇指与食指捏起颈部皮肤,将注射器针头扎入两层皮之间,然后注入药液。

(2)**饮水法** 将疫苗按要求的浓度配成水溶液,让鸡饮服。饮水免疫时应准备充足的饮水器,饮水前停水2~3个小时(冬季适当延长停水时间),疫苗稀释后30分钟内饮完,饮苗水前后24小时内禁止饮服高锰酸钾或含漂白粉的自来水,杜绝经水投服其他药物。

(3)**点眼、滴鼻法** 用滴管吸取已稀释好的疫苗,滴入鸡的眼内或鼻孔中。接种时应注意确实将疫苗滴入眼或鼻中。

(4)**气雾法** 用高压喷雾器将疫苗喷洒于鸡头方向,距鸡头上方50厘米高,气雾粒子直径以30~50微米为宜,鸡可通过呼吸道吸入疫苗。气雾法只能用于60日龄以上的鸡,免疫时应关闭所有的通风口,15分钟后再打开。另外,操作人员要做好自身的防护工作,如带上防毒面罩或口罩,穿上防毒服装等。

(5)刺种法 用消毒的蘸水钢笔尖或刺种针蘸取已稀释好的疫苗,刺于鸡的翅内侧无血管区的皮下,旋转半圈,适用的疫苗有鸡痘疫苗等。接种后5~7天对接种效果进行检查,方法是打开鸡的翅膀,观察接种疫苗部位,若发现已结痂则说明接种成功,否则应重新接种。

另外,还有一些其他的免疫方法如毛囊刺种、肛门涂抹等,因使用较少,不再介绍。

4. 免疫程序 根据本地区、本鸡场、本季节疾病的流行情况、鸡群状况、疫苗特性而规定应接种的疫苗种类、接种方法和接种时间称为免疫程序。每一鸡场都有适合于自己的免疫程序,所以场与场之间是有差异的。鸡群与鸡群之间也有差异。

表 3-1 至表 3-3 分别列出种鸡(包括蛋、肉种鸡)、商品蛋鸡、肉用仔鸡的免疫程序,供参考。

表 3-1 种鸡免疫程序

日 龄	疫 苗	接种方法	备 注
1	马立克 CVI 988 细胞结合苗	颈部皮下注射	接种后需隔离 1 周
7	新城疫、传染性支气管炎、肾型传染性支气管炎二价三联苗(CLONE 30＋H_{120}＋28/86)	滴鼻或点眼	污染区可提前 2 日
12	传染性法氏囊中等毒力苗	饮水或滴鼻	饮水中加入 0.5%脱脂奶粉
18	支原体冻干苗	点 眼	非疫区不使用
22	传染性法氏囊中等毒力苗	饮水或滴鼻	

日　龄	疫　苗	接种方法	备　注
30	新城疫Ⅳ系＋传染性支气管苗 H$_{52}$ 新城疫、肾型传染性支气管炎二联油苗	点眼、滴鼻 皮下注射	
	传染性喉气管炎疫苗、鸡痘苗	滴鼻、点眼、翅膜刺种	疫区鸡痘苗可提前刺种
45	传染性鼻炎油苗	肌内注射	
55	禽流感疫苗	肌内注射	
60	新城疫、肾型传染性支气管炎二联油苗	肌内注射	
70	支原体油苗	肌内注射	疫区使用
90	传染性喉气管炎疫苗	点　眼	
100	大肠杆菌油苗	肌内注射	疫区使用
120	新城疫、传染性支气管炎、减蛋综合征三联油苗或新城疫、减蛋综合征二联油苗	肌内注射	
125	禽流感疫苗	肌内注射	

注：产蛋后，每 1.5～2 个月饮新城疫Ⅳ系疫苗 1 次，每 3 个月接种禽流感疫苗 1 次。或根据抗体水平确定疫苗接种时间

表 3-2　商品蛋鸡免疫程序

日　龄	疫　苗	接种方法	备　注
1	马立克 CⅤⅠ 988 细胞结合苗	颈部皮下注射	接种后需隔离 1 周
7	新城疫、传染性支气管炎、肾型传染性支气管炎二价三联苗（CLONE 30＋H₁₂₀＋28/86）	滴鼻或点眼	污染区可提前 2 日
12	传染性法氏囊中等毒力苗	饮水或滴鼻	饮水中加入 0.5%脱脂奶粉
22	传染性法氏囊中等毒力苗	饮水或滴鼻	
30	新城疫Ⅳ系＋传染性支气管炎苗 H₅₂，新、肾二联油苗	点眼、滴鼻，皮下注射	
45	传染性鼻炎油苗	肌内注射	疫区使用
55	禽流感疫苗	肌内注射	
60	新城疫、肾型传染性支气管炎二联油苗	肌内注射	
100	大肠杆菌油苗	肌内注射	疫区使用
115	禽流感疫苗	肌内注射	
125	新城疫、传染性支气管炎、减蛋综合征三联油苗，或新城疫、减蛋综合征二联油苗	肌内注射	

注：产蛋后，每 1.5～2 个月饮新城疫Ⅳ系疫苗 1 次，每 3 个月接种禽流感疫苗 1 次。或根据抗体水平确定疫苗接种时间

表 3-3   商品肉用仔鸡免疫程序

日　龄	疫苗种类	接种方法
1	马立克氏病疫苗	颈部皮下注射
7	新城疫Ⅳ系(Lasota)、传支 H_{120}	点眼或滴鼻
14	新城疫Ⅳ系(Lasota)	点眼或滴鼻
14	传染性法氏囊病疫苗	饮　水
21	传染性法氏囊病疫苗	饮　水
35	新城疫Ⅳ系(Lasota)、传染性支气管炎 H_{52}	点眼、滴鼻或饮水

5. 免疫时应注意的问题　为了保证免疫效果,在制定免疫程序及免疫过程中,应注意以下问题。

第一,根据当地疫病的流行情况确定接种疫苗的种类。疾病的流行和发生有一定的地域性,如果该地区始终没有某一疾病发生过,就不要进行此种疫苗的接种,因为有些活苗接种后等于给鸡群和鸡场带来了病原,以后必须每一批都要接种,否则就要发病。

第二,接种疫苗的时间要适宜。确定疫苗接种时间的最科学方法是根据体内抗体水平的高低,而抗体水平的高低又受母源抗体高低、疫苗特性、鸡群健康状况等的影响。雏鸡体内母源抗体水平高、疫苗作用时间长、鸡群产生抗体的能力强时,接种疫苗的时间可延长。相反,应提前接种。有条件的鸡场应经常检测鸡体内抗体的高低,以此作为确定接种时间的依据。

第三,疫苗的质量要保障,接种方法要适当。每一种疫苗都有其特定的保存环境、保存期,在使用时一定要严格按要求保管,坚决杜绝使用过期或失效的疫苗。购疫苗应从保质量、守信誉的大厂家直接进货,尽量减少中间环节。接种前应认真阅读使用说明书,按说明的方法接种。

第四,尽量减少接种应激。接种疫苗本身是一种应激因素,或多或少会给鸡带来影响。为了减小这种应激作用,在免疫前后2～3天增加饲料中维生素的含量(一般增加2～3倍)。在接种疫苗的同时不要进行断喙、转群、换料等工作,否则将影响抗体的产生。

(二)预防性投药

有些疾病的发生具有明显的流行特点,如年龄、季节、环境条件等,当鸡群处于这种不利状态时,往往容易发生此病,而这类病又无有效的疫苗进行预防。所以,在发病之前,进行预防投药是控制疾病的有效方法,属于此类情况的疾病有鸡白痢、鸡球虫病、大肠杆菌病等。

鸡白痢多发于15日龄以内的雏鸡,最早发生于3日龄,所以预防药物应从2日龄起投服,一般一种药物连用5天后,改换另一种药物再连用5天即可。常用药物有氯苯胍、磺胺间二甲氧嘧啶、磺胺喹噁啉、敌菌净等。

球虫病多发于42日龄以内的鸡只,最早发生于10日龄。球虫对药物易产生抗药性,在预防用药时必须几种药物交替使用,一般从10日龄开始用至42日龄,其间一种药物用5～7天后停2～3天,改用另一种药物。常用药物如:氯苯胍30克/千克饲料,或敌菌净20克/千克饲料,均有良效。

大肠杆菌病在卫生条件差时容易发生,所以在鸡舍环境条件差时,要进行大肠杆菌病的预防。在转群时,由于捉鸡对鸡造成较强烈的刺激,机体抗病力下降,要在饲料或饮水中加入2～3倍量的维生素和适量的抗生素,防止疾病暴发。

转群、预防接种和气候突变等,易使鸡只感染大肠杆菌病或霉形体病。此时应在饲料中添加药物预防,可投服高敏药物如恩诺沙星或环丙沙星,每升水50毫克,饮水,连用3～5天。也可用新霉素、卡那霉素等。

四、常见鸡病防治

(一)新城疫

又称亚洲鸡瘟。是由鸡新城疫病毒引起的高度接触性传染病。常呈急性败血经过。四季均可发生。病鸡和带毒鸡是主要传染源。机械携带也可传播本病。近年出现了非典型鸡瘟,发病率、死亡率均不高,但对幼鸡的生长发育和蛋鸡产蛋都有很大影响。

【治　疗】　目前尚无有效办法。

【预　防】　杜绝传染源,经常消毒,加强检疫,定期免疫,强化监测。

(1)杜绝病原　要有严格的防疫制度,防止带毒鸡(雏、蛋)、鸟、污物(人、车、料)进场;购鸡要检疫并隔离观察2周,还要接种免疫,总之要引进健康鸡,最好自繁自养。种鸡、孵化室、育雏、育成和生产鸡群也需分开饲养;加强种鸡群疫病监测。

(2)严格消毒制度　场门口设消毒池,进场的人、物、衣、靴、车、具等均要消毒;肉鸡场采用全进全出饲养法,进鸡前(售出后)对鸡舍进行1~2次严格消毒,平时对舍周也应定期消毒。

(3)合理疫苗接种　依当地疫情、鸡场制度、鸡情(饲养类型、鸡种)、机体抗体情况等,制订并严格执行免疫制度。目前常用疫苗有:一系(中等毒力)、二系(弱毒)、三系和四系及油苗。

一系苗:专供2月龄以上鸡用。稀释后皮下刺种或肌内注射,3~5天产生免疫力;

二系苗:毒力比一系弱,适用于刚出壳的雏鸡和不同日龄的鸡,稀释后滴鼻或点眼,7天后可产生免疫力;

三系和四系苗:比二系稍弱。因安全,使用最多。用法同二系;

油佐剂苗:多用 Lasota 株灭活与油佐剂乳化而成,雏鸡0.25

毫升,成鸡 0.5 毫升。市售油佐剂苗除单苗外,还有二联或三联油苗,请按说明使用。关于新城疫疫苗的保存、用量、用法及免疫程序,一定要参照厂家说明和业务领导的指示,不能自作主张。

免疫应注意:①疫苗必须合乎要求,如冷藏存放有效期内的;②针头的更换及消毒;③建议短时间对一个村的鸡全部接种;④稀释、保存看说明;⑤当天用完。

(4)建立免疫监测制度　它是制订免疫程序的依据。依鸡体新城疫抗体效价,确定首免和再免时间最科学;具体做法由实验室定。

(5)发病时措施　一旦发病,立即采取紧急措施,防止扩大疫情。

第一,隔离饲养,报告疫情,划定疫区,进行封锁。

第二,及时紧急接种。顺序是:假定健康群→可疑群→病鸡群。即使病鸡群,也能减少死亡;高免血清或卵黄抗体注射也能控制病情发展,待稳定后再疫苗接种。

第三,紧急消毒。用漂白粉、火碱、抗毒威等,对鸡舍、鸡舍周围场地和用具等彻底消毒,30 分钟后清扫,再将垃圾、粪便、污物等无害化处理,然后再行第二次消毒。

第四,病死鸡尸体、内脏、污物,进行烧埋,或煮后作肥料。

第五,禁止将病鸡拿到市场上出售。

(二)禽流感

是由 A 型流感病毒引起的禽类的感染,流行形式多种多样。严重程度取决于病毒毒株的毒力、有无并发症及其他条件。1878 年,首次报道在意大利,当时称为鸡瘟,即现在说的"真性鸡瘟、欧洲鸡瘟"。1955 年证实,病原为 A 型流感病毒。1981 年,在首届国际禽流感学术会议上,改称高致病性禽流行性感冒。至今,该病几乎遍布全世界。

【治　疗】　目前无切实可行的特异治疗方法。也不主张治疗,以免扩大疫情。盐酸金刚烷胺有一定疗效,但并不确定。应用抗生素主要是防止和减轻细菌性并发和继发感染。

【预　防】　应该从各方面加以防范。否则,一旦暴发,将造成严重的经济损失,甚至是毁灭性的。

第一,防止禽流感从国外传入我国。一定要严防高致病性禽流感病毒从国外传入。海关应对进口的禽类,包括家禽、野禽、观赏鸟类及其产品进行严格检疫,把好国门。

第二,一旦发生可疑禽流感时,要组织专家及早确诊,鉴定血清亚型、毒力和致病性。划定疫区,严格封锁,扑杀所有感染的禽类,并进行彻底地消毒。

第三,各地在引进禽类及其产品时,一定要选自无禽流感的养禽场。

第四,对查出血清阳性禽场,要加强监测,密切注视流行动向,防止疫源扩散。

第五,未有本病发生的地区和养禽场,应加强兽医卫生和检疫工作,定期检测禽群,防止禽流感的传入。

第六,疫苗我国已经大面积应用,效果良好。所有鸡群,应按禽流感免疫程序接种疫苗。

(三)鸡传染性支气管炎

简称传支,是由传染性支气管炎病毒引起的急性接触性传染病。各龄鸡均易感。幼鸡以喘为主,蛋鸡产蛋量和品质下降。如果病原不是肾型或无并发症,死亡率很低。

【治　疗】　尚无特效办法。但因本病常与细菌病并发,故用抗菌药显得有效。如有人用青霉素、链霉素肌内注射;对症治疗也可减少死亡,如有人在饮水中加0.5%碳酸氢钠,以减轻肾肿大和尿酸盐中毒。有人用金银花、连翘、板蓝根等中药制成煎剂拌喂。

【预　防】

1. 贯彻综合措施　严格消毒,加强饲养管理(饲料蛋白质不应过多,磺胺类药经肾排出增加肾脏负担),鸡舍合理间隔,严防病鸡入群,从无该病鸡场购鸡;"全进全出",批间闲置和消毒,减少诱发呼吸道病的因素(受冷、舍氨过多、应激、缺乏维生素 A)。

2. 疫苗　本病主要危害幼鸡。引进的荷兰 H_{120}、H_{52} 株与国内流行株——M 株、肾病变型毒株,能交叉免疫。是国内使用最广的疫苗毒株。H_{120} 苗对 14 日龄雏安全有效(免疫后 3 周保护率达 90%);H_{52} 对 14 日龄雏产生严重反应,不宜使用;但对 90～120 日龄却安全。使用方法有:滴鼻、喷雾、饮水等。以饮水为最简便,但应很好清洗饮具(因苗抵抗力低)。二联苗:新城疫、传染性支气管炎二联苗。这种联合不是临床医生将两种疫苗拿来同时注射能成的,而是由疫苗生产单位提供的。

自制苗。有的地方,筛选当地鸡传染性支气管炎病毒毒株做疫苗,效果也很好。

(四)鸡传染性喉气管炎

由病毒引起急性接触性上部呼吸道传染病。1925 年在美国首报,现已遍及全世界。

【治　疗】　尚无特效办法。病鸡隔离或淘汰;病群服抗菌药,对防止继发感染有一定作用。对症治疗(服牛黄解毒丸、喉症丸、中药)有益,减少死亡。病群,立即紧急接种弱毒苗,可控制疫情。

【预　防】

(1)舍具消毒　严格执行卫生消毒制度。

(2)疫苗接种　本地有此病,应该用弱毒苗滴鼻、点眼、饮水免疫。疫苗毒力较强,接种鸡出现反应,甚至死亡。因此,要严格按说明书进行免疫。

自然感染本病病毒后,可产生免疫力 1 年或终生;接苗鸡可获得保护力 6～12 个月;母源抗体可传仔鸡,但保护力甚差,也不干扰接种免疫。甘孟侯先生认为,当地若无本病,最好不用弱毒苗免疫,更不能用自然强毒接种。否则,不仅可使疫源长期存在,还可能散布其他疾病。

(五)鸡传染性法氏囊病

即传染性法氏囊病。法氏囊又叫腔上囊。是由传染性法氏囊病病毒引起的严重危害雏鸡的免疫抑制性高度接触性的传染病。此囊在直肠靠近肛门的上方。法氏囊在 10 周龄左右发达,以后逐渐萎缩,到性成熟时就消失了。法氏囊是免疫器官。本病特点,发病率高、病程短,并可诱发多种疫病或使多种疫苗免疫失败。北京市农林科学院周蛟研究员是我国鸡传染性法氏囊病研究的专家。本处主要引用他的资料。

【治　疗】　尚无办法。但良好饲养管理和保暖,可以减轻危害。为防继发感染,饲料中可拌以抗生素和磺胺类药物。

【预　防】　在接种疫苗的同时,要采取综合性的防制措施。

(1)严格消毒　传染性法氏囊病毒对环境有高度耐受性,一旦污染环境就长期存在。因此,应严格消毒。消毒程序应是:先对环境、鸡舍、笼、槽、工具等消毒,静置 4～6 小时,彻底清扫,再用高压水冲舍、笼、地面等,尤其注意底网、粪盘、缝隙处的冲洗消毒,隔日再消毒,隔 1～2 天后,再冲洗 1 遍;放回消毒好的用具,再用福尔马林熏蒸消毒 10 小时;进鸡前通风换气。经过上述方法消毒的鸡舍,可以认为是把传染性法氏囊病毒的量降低到了最低限度。

(2)免疫接种　这是控制传染性法氏囊病的主要方法,包括主动免疫和被动免疫。为此,建立合理的免疫程序十分重要。免疫程序应根据本病流行特点、饲养管理条件、疫苗毒株的特点和鸡群母源抗体状况等制定。

①种鸡群　2 周龄和 5 周龄时接种 IBDV 活苗,20 周龄时用传染性法氏囊病病毒灭活油乳剂苗预防注射。

②雏鸡　来源于接种过油乳剂苗的种鸡后代,在高感染区中饲养,应在 3 周龄左右接种传染性法氏囊病活苗。

③商品蛋鸡和肉用仔鸡　来源于接种过活毒苗种鸡的后代,

根据生长期的长短,可在 2 周龄和 5 周龄时接种传染性法氏囊病活苗。

④无母源抗体的雏鸡　可于 1 日龄用无毒的弱毒疫苗进行饮水免疫,2～3 周龄后再用 1 次毒力较强的弱毒疫苗免疫。

⑤用抗传染性法氏囊病的高免卵黄抗体或高免血清预防　首次于 14 日龄注射 1 毫升,25 日龄第二次注射 1 毫升,根据情况间隔 15 天左右重复注射 1 毫升。

(3)发病后的处理　当鸡群发生法氏囊病时可采取如下措施。

第一,检查一下发病鸡舍的舍温是否合适,空气是否污浊,鸡只的密度是否适当。

第二,在饲料中可增加倍量的多维素,若疑有细菌病并发,可适当使用抗生素,在饮水中加入 5% 的糖或口服补液盐,确保能饮进足够的水分。若有条件,可对病鸡逐个用滴管进行滴服,以防脱水。

第三,对发病初期的病鸡和同群尚未发病的假定健康鸡,全部使用法氏囊病高免血清或高免卵黄抗体进行紧急预防和治疗,一般都能获得良好的效果。

(六)鸡传染性脑脊髓炎

鸡传染性脑脊髓炎(AE)是病毒性传染病。我国不少地方有其发生。黄骏明通过鸡胚敏感试验,许多产蛋鸡群早已被感染,证明此病广在,是危害养鸡的又一大敌。又名流行性震颤。

【治　疗】　尚无特效办法。将轻症鸡隔离饲养,加强管理,给予抗生素、维生素 E、维生素 B_1、谷维素等,可获改善;重症鸡淘汰。全群鸡肌内注射抗 AE 的卵黄抗体(康复鸡抗体滴度高,用这种鸡所产的蛋制成),每雏 0.5～1.0 毫升,每日 1 次,连用 2 天。

【预　防】

(1)消毒隔离　不从疫区引进种苗和种蛋;鸡感染后 1 个月内所产的蛋不宜孵化。

（2）免疫接种

①活毒苗 用1143毒株制成，饮水接种。免疫后排毒。小于8周龄不用此苗；产蛋鸡也不能用。应在10周龄至开产前4周接种；接后4周内所产的蛋不用于孵化，以防仔鸡发病。二联苗：AE活苗与鸡痘弱毒苗制成。应在10周龄至开产前4周翼膜刺种；接种后4天，接种部现微肿、痘斑、痘痂等；为防漏接，应抽查5％的鸡做痘痂检查。无痘痂者，应再次接种。有的接种后2周内可出现神经症状的不良反应。

②灭活苗 用鸡传染性脑脊髓炎野毒或 AR-AE 胚适应株接种无特定病原体鸡胚，取其病料灭活制成油乳剂苗。

用于开产前18～20周或产蛋鸡做紧急预防接种。其优点效果确实、安全性好、不排毒、不带毒、特别适用无 AE 病史的鸡群。缺点价格较高、逐只注射。

（七）鸡产蛋下降综合征

鸡产蛋下降综合征（EDS-76）是由禽腺病毒引起的使蛋鸡产蛋率下降（15％～40％）的病毒性传染病。流行日趋严重，已引起高度关注。

【治 疗】 尚无特效办法。添加维生素、钙、蛋白无济于事。只能从加强饲养管理，淘汰病鸡，喂给抗生素，预防混合感染。

【预 防】

（1）无本病鸡场，严防传入 引种时必须从无本病的鸡场引入，且经隔离观察后，再混群。因本病是经蛋垂直传播的，故最好办法是用未感染本病鸡群的种蛋孵鸡。

（2）有本病场，为防止水平传播，要严格执行卫生制度 如隔离感染鸡，淘汰病鸡，做好消毒，粪便无害化处理，工具不混用，人员不互串，针头、器械消毒，可疑蛋不留作种用。饲料要平衡，保证氨基酸、维生素、微量元素营养需要，饮井水或加氯水。扑杀血清反应阳性鸡。

(3)接种疫苗　EDS-76 病毒 127 株油佐剂灭活苗；EDS-76 与新城疫二联油佐剂灭活苗；我国台湾地区生产的新城疫和 EDS-76 二联油佐剂灭活苗，接种 16～20 周龄无不良反应，接种 25 周后用新城疫和 EDS-76 强毒攻击，证明效果良好。产蛋前 4～10 周初次接种，产蛋前 3～4 周二免。

(八)鸡马立克氏病

是淋巴组织增生性疾病。以单核细胞浸润和肿瘤形成为特征。病原是疱疹病毒。各国都有发生。常造成流行。偶有免疫失败现象。因本病引起严重免疫抑制，使鸡对白痢、球虫病、新城疫等敏感性增高。鸡马立克氏病(MD)是迄今为止能用疫苗进行有效防制的肿瘤性疾病。

【治　疗】　目前本病无特效药物治疗。预防本病应采取接种疫苗，并结合卫生消毒综合防疫措施。

【预　防】

(1)免疫接种　目前预防鸡马立克氏病的疫苗有以下 4 种。

①致弱疫苗(血清Ⅰ型疫苗，CVI 988)　系细胞结合型疫苗，需－196℃低温液氮保存。

②自然弱毒疫苗(血清Ⅱ型疫苗)　是从自然界分离的弱毒株培养制成的自然弱毒疫苗，具有高度的免疫原性，可抵御马立克氏病强毒的感染。系细胞结合型，需存放在－196℃低温的液氮中保存。

③火鸡疱疹病毒疫苗(血清Ⅲ型疫苗)　为 1 株火鸡疱疹病毒(HVT)，能抑制鸡马立克氏病毒肿瘤的发生，主要起干扰作用。属脱离细胞型疫苗，可以冻干。

④多价疫苗　含血清Ⅰ型、Ⅱ型、Ⅲ型疫苗毒的联苗，它比只含 1 种血清型的单价疫苗更能有效地抵抗各种不同的马立克氏病强毒。经 HVT 接种无效的鸡群，用多价苗可获得良好的效果。

不论何种疫苗，使用时应注意以下问题。

第一,1日龄雏鸡就要接种。稀释疫苗应放在冰瓶或冰箱内,并要在2小时内用完。

第二,疫苗接种要有足够的剂量。HVT疫苗的效价,我国目前的标准剂量是2 000 PFU(蚀斑单位)/只,而实际使用往往不足,最好用加倍量。国外HVT疫苗剂量4 000～5 000 PFU/只,效果是可靠的。

第三,防止雏鸡早期感染。雏鸡的日龄越小,对鸡马立克氏病的易感性越大,即使正确有效地接种疫苗,最早也需7天才能产生足够的免疫力。为此,种蛋入孵前对外壳要彻底消毒,孵化箱和孵化室要彻底消毒,育雏舍、笼具也要彻底消毒。雏鸡应在严格的隔离条件下饲养,不同日龄的鸡不能混养。

(2)综合防疫措施 对鸡群应加强饲养管理,坚持自繁自养的原则,并注意培育对鸡马立克氏病有抗病力的品系作为种鸡。若要引种应先隔离饲养,经检疫健康者方可合群饲养。已感染本病的鸡场,应在产蛋1个周期后全部淘汰,彻底消毒鸡舍和一切饲养用具,空舍1个月再进雏。坚持全进全出的饲养管理制度。

(九)鸡 痘

是急性接触性传染病。易造成流行。使鸡消瘦、减蛋;若并发他病也可引起死亡。

【治 疗】 目前尚无特效药,主要对症治疗。皮型痘:可不治疗,或剥痂后,涂碘酊或紫药水;白喉型痘:剥掉喉部假膜,涂碘甘油;擦去眼部酪样物,用2%硼酸液或0.1%高锰酸钾溶液冲洗,再滴5%蛋白银。废弃物应烧掉,以防散播传染。饲料中添加维生素A、鱼肝油增强抵抗力;饮水中加0.2%抗生素可防继发感染。

【预 防】 康复鸡,终生免疫。疫苗:鹌鹑化鸡痘弱毒疫苗。

按实含组织量用50%甘油生理盐水稀释100倍,用消过毒的钢笔尖或针蘸取疫苗,在翅内侧无毛无血管处刺种。1月龄内刺1下,1月龄外刺2下,接种后2～3周产生免疫力,雏鸡保护2个月,3周龄保护4~5个月。刺种后6天,若80％的鸡,在刺部有痘痂,表示刺种成功。否则,应重新接种。

(十)鸡病毒性关节炎

是由呼肠孤病毒引起的鸡的重要传染病。侵害关节滑膜、腱鞘和心肌,发炎。使饲料利用率降低,淘汰率增加。

【治　疗】　尚无特效办法。

【预　防】

(1)综合措施　加强饲养管理和卫生措施,定期消毒(3％氢氧化钠),坚持"全进全出",坚决淘汰病鸡。

(2)疫苗　对雏鸡提供免疫保护是防疫的重点。目前已有许多种疫苗,包括活苗和灭活苗:皮下接种弱的活苗可以有效地产生主动免疫。但用S1133弱毒苗与马立克氏病疫苗同时免疫时,S1133会干扰后者疫苗的免疫效果,故两种疫苗接种时间应间隔5天以上。无母源抗体雏,可在6~8日龄用活苗首免,8周龄时再用活苗加强免疫,在开产前2~3周注射灭活苗,一般可使雏在3周内不受感染。这是已被证明的有效控制该病的方法。

(十一)鸡传染性贫血

是由鸡圆环病毒(CIAV)引起的雏鸡以再生障碍性贫血和全身淋巴组织萎缩为特征的传染病。该病是免疫抑制性疾病。经常合并、继发或加重其他疾病,危害很大。我国鸡群感染率为40％~70％。

【治　疗】　尚无特效办法。常用广谱抗生素控制与其相关的细菌性疾病。

【预　防】

(1)综合措施　加强饲管和卫生措施,及时接种法氏囊病和马立克氏病疫苗;加强检疫防止带毒鸡传入。

(2)疫苗　国外已有二种活苗。

①鸡胚生产的有毒力 CIAV 活疫苗　饮水免疫。对种鸡,在13～15 周龄接种,可有效地防止子代发病。注意,不得在产蛋前3～4 周接种。以防经蛋传播病毒。

②减毒的 CIAV 活疫苗　肌内或皮下接种种鸡,十分有效。但若后备种鸡血清呈阳性,则不宜接种。

(十二)禽网状内皮组织增生症

该病是由网状内皮组织增生症病毒引起的一种肿瘤性传染病。病鸡表现为贫血、消瘦,生长缓慢等。病理解剖特点是肝脏、肠道、心脏和其他器官有淋巴瘤,胸腺和法氏囊萎缩,腺胃炎。本病能侵害机体的免疫系统,可导致机体免疫功能下降继发其他疾病。

【治　疗】　本病目前尚无有效的防治方法,但及时淘汰通过血清学方法查出的阳性鸡,是行之有效的预防措施。

【预　防】

(1)加强卫生消毒　严格控制该病毒感染的病鸡进入鸡场。

(2)严禁使用污染该病毒的弱毒疫苗　避免因接种污染的疫苗而造成感染发病。建议使用由无特定病原体鸡蛋生产的疫苗。

(十三)鸡白血病

是由反转录病毒中的禽白血病肉瘤病毒群中的病毒引起的,以成年鸡产生淋巴样肿瘤和产蛋下降为特征的传染病。是危害严重的禽病之一。几乎波及所有商品鸡群。垂直传播为主,难以控制。对其他生物制品影响很大。我国抽样调查,鸡群阳性率20％～100％。必须十分重视。

【治　疗】　尚无有效办法。

【预　防】　因目前对鸡白血病尚无有效的疫苗可供免疫使用,故控制它要从建立无鸡白血病的净化鸡群着手。即,对每批即将产蛋鸡群,都经血清学方法检测,阳性鸡一次性淘汰。每批鸡只要这样淘汰,经 3～4 代淘汰后,此病将会显著降低,并逐渐消灭。净化重点在原种鸡场、种鸡场。但其他场为提高生产力也应净化。

(十四)鸡肿头综合征

鸡肿头综合征是由禽肺炎病毒引起并继发致病性大肠杆菌等感染的一种鸡的传染病,以肿头和特征性神经症状为主要特征,产蛋鸡还可发生产蛋率下降,孵化率降低。

【治　疗】　磺胺类药物及抗生素进行治疗,控制大肠杆菌等病原菌继发感染。如庆大霉素 1 万单位/千克体重,肌内注射,每日 2 次;同时在饮水中添加盐酸环丙沙星,每升水中加 1.25 克,每日 2 次,连用 3 天,疗效显著。

【预　防】　①加强饲养管理和定期消毒,减低饲养密度,加大通风量,降低空气中的氨气浓度,改善鸡舍卫生条件,减少本病的发生。②做好病鸡隔离和鸡舍消毒,对病鸡要及早隔离,鸡舍用 0.4％过氧乙酸带鸡消毒,每天 1 次。③防止创伤感染,注意网上平养设备的维护。

(十五)禽沙门氏菌病

是由禽沙门氏菌引起的传染病。雏鸡常呈急性全身性感染,成鸡以慢性或局部感染为常见。经卵传播为主,造成死胚、死雏和弱雏。世界性分布,先进国家发病已经很低或接近于零。我国已建立一批无或基本无白痢的种鸡群。对未严格执行检疫和淘汰阳性鸡制度的鸡群,该病往往造成严重损失。

【治　疗】　药物治疗可减少死亡,但愈后仍带菌,也易产生抗药性和增加成本。

(1)磺胺类　磺胺二甲基嘧啶与磺胺增效剂(TMP)5∶1 并用,混料,浓度 0.02％。磺胺类药物仅有短期价值,因为它抑制鸡生长、干扰饲料饮水的摄入和产蛋。

(2)土霉素等多种抗生素　土霉素为 200～500 毫克/千克饲料。

为防止耐药菌株出现,各类药物应交叉使用。

【预　防】

(1)消灭带菌鸡　因本病是经蛋传播,故严格清除种鸡群的带菌鸡是关键。检测种鸡群,淘汰阳性鸡。因凝集素产生与感染有时差(迟几天),故应隔2~4周再检测1次,直至连续两次均为阴性,而且间隔不少于21天。重检2~3次足以检出所有感染鸡。

(2)综合措施　能防止病原的一般方法也可用于防止白痢。从确知无白痢鸡群引进种蛋和雏鸡,至少也要从已知阳性率较低的种鸡群引鸡。种蛋孵化时也不应与有白痢的蛋混孵;孵化器与出雏器用福尔马林熏蒸可减少白痢散播,还可防止孵化批次间残留的感染。任何时候都不应将无白痢鸡与未确知无白痢鸡混养。这一原则,以鸡场为单位。因为一鸡场中的感染鸡,即使是隔离饲养,也对该场所有鸡只都构成威胁。

(十六)鸡大肠杆菌病

由致病性大肠杆菌引起的急性或慢性细菌性传染病。在病毒性传染病有效控制之后,该病已上升为主要的传染病之一,其发生和流行有越发严重的趋势,给养鸡业造成严重损失,已引起人们的关注。本病的临床表现十分复杂,危害最烈的是急性败血型,次之为卵黄性腹膜炎和生殖器官病。

【治　疗】　大肠杆菌极易产生抗药性,因此分离本地或本场大肠杆菌并筛选高效药物用以治疗,才能收到治疗效果。如果无条件做药敏试验,治疗时可选下列药物:氟哌酸,混料3~5天;敌菌净,按0.02%比例溶于饮水中,用3天。一定要混匀。因混不匀,反而造成大批死亡,将后悔莫及。其他混料药,也应注意这一点。庆大霉素、卡那霉素、链霉素注射,每天1次,连用3天。

【预　防】

(1)综合措施　搞好卫生,加强饲养管理,育雏保温,育雏密度要合理,舍具消毒,及时收蛋,脏蛋要以洁净细河沙擦拭。尤其应注意水源,应无污染。

(2)疫苗 制造使用自家灭活苗。此法安全可靠,效果确实。即使对1日龄雏注射1毫升也无不良反应,对大鸡产蛋也无妨。使用:在本病发生高峰期前10~15天,视鸡大小,肌内注射0.5~1毫升。免疫期至少3个月。

(十七)禽巴氏杆菌病

即巴氏杆菌病、出血性败血症。是由多杀性巴氏杆菌引起的禽接触性传染病。世界性分布。危害仅次于新城疫,南方各地常年流行。

【治 疗】 发病时,要对舍、具、环境冲洗消毒,堆肥发酵粪便和污物,烧埋死鸡;如果发病较多,在严防病菌扩散条件下,可急宰,肉经加工后利用,其他深埋。发病群中未发病的鸡,在饲料中拌喂抗生素或磺胺类药物。

治疗用药如多种抗生素、磺胺类药物、氟哌酸都很有效。

(1)青霉素 肌内注射5万~10万单位/只·次,2次/日,连用2~3天。饮水,0.5万~1万单位/天·只,1~2小时饮完。

(2)链霉素 成鸡注射10万单位(100毫升)/只·次,2次/日,连用2~3天。注意,有的鸡敏感,出现中毒死亡。

(3)土霉素或四环素 肌内注射,40毫克/千克体重,连用2~3天;或按0.05%~0.1%的比例添加到饲料中,连用3~5天。

(4)磺胺类药物 磺胺二甲基嘧啶、磺胺嘧啶、磺胺-5-甲氧嘧啶等,混料,比例为0.1%~0.2%,即每千克饲料加1~2克,连用3天,停1~2天,再用3~4天;或在饮水中混药0.1%浓度,饮3~4天。

(5)氟哌酸 按0.1%拌料,或饮水。

(6)喹乙醇 按20~30毫克/千克体重·次,口服,1次/日,连用3~5天;需要时,再用1个疗程,但疗程之间要停药3~5天。料中添加0.04%,有一定预防作用。因该菌对上述药物有一定的抗药性,故最好做药敏试验,以选用最有效的药物。

【预　防】

(1)综合措施　加强饲养管理,不拥挤,不潮湿,不长途运输,无内寄生虫,定期消毒;自繁自养,引种要从无病场引,且要隔离观察 15 天。

(2)免疫接种　疫苗不够理想。常发地区可考虑使用。国内有弱毒菌苗和灭活菌苗。

①弱毒菌苗　禽霍乱 731 弱毒菌苗、禽霍乱 G190E40 弱毒菌苗,免疫期 3～3.5 个月。6～8 周龄首免,10～12 周二免,饮水接种。

②灭活菌苗　有禽霍乱氢氧化铝菌苗、禽霍乱油乳剂灭活菌苗等,免疫期 3～6 个月。10～12 周龄首免,肌内注射 2 毫升,16～18 周龄,二免;有条件场,可用病鸡肝脏做灭活苗,肌内注射 2 毫升/只;或从病死鸡分离菌株,制成氢氧化铝甲醛菌苗,用于当地禽霍乱的预防,可取得良好的免疫效果。

(十八)鸡传染性鼻炎

是由副鸡嗜血杆菌引起的鸡急性呼吸道传染病。该病分布较广。因病鸡发育停滞,淘汰增加,产蛋减少,危害较大。

【治　疗】　磺胺类药物、多种抗生素均有良效。

(1)红霉素　按 0.2%～0.4%饮水。

(2)土霉素　按 0.1%～0.2%混料喂服,连用 3～5 天。

(3)链霉素　0.2 毫克/只·次,肌内注射,2 次/日,连用 3 天;同时,料中添加北里霉素辅助治疗。

(4)卡那霉素　按 5000 单位/只,喷雾。

(5)长效注射剂菌炎净-10　肌内注射,0.1 毫升/只。

(6)青霉素、链霉素　联合肌内注射,2 次/日,连用 3 天。可缩短病程。

(7)0.3%过氧乙酸　带鸡消毒,可促进治疗,可预防其他细菌病继发感染。

（8）紧急接种　病初，一边治，一边接种鸡传染性鼻炎油乳剂灭活苗。虽可激发本病，但发病较轻恢复较快，损失较小。总体上，可有效地控制其流行。

【预　防】

（1）综合措施　①舍内氨气过多诱发本病，应通风或安装供暖设备。②加强水具消毒。③寒冷干燥、空气污浊、尘土飞扬，应通过带鸡消毒，降低粉尘、净化空气。④谢绝参观，工作人员严格执行更衣、洗澡、换鞋制度；多人入舍后，应立即消毒。⑤鸡舍应执行严格消毒制度，周转的空舍严格执行：一清，彻底清污；二冲，高压冲洗；三烧，火焰消毒器喷烧地面、底网、隔网、墙壁、杂物；四喷，2%火碱溶液或 0.3%过氧乙酸溶液喷洒；五熏，福尔马林 42 毫升/米³，熏蒸消毒，且密闭 24～48 小时，再闲置 2 周；进鸡前，再熏蒸 1 次。经检验合格后方可进鸡。⑥环境中的杂草、污物，也应清除和消毒；

（2）免疫接种　国内已有鸡传染性鼻炎油乳剂灭活苗，安全有效，疫区和非疫区均可用；25～30 日龄首免，120 日龄左右二免，可保护整个产蛋期；若仅在中鸡免疫，免疫期 6 个月。

（十九）鸡葡萄球菌病

是鸡的急性败血性（雏鸡）或慢性（成鸡）传染病。是集体养鸡中危害严重的疾病之一。近年来，人医和兽医广泛注意它，因为它除了引起炎症外，还能引起食物中毒。

【治　疗】　一旦发病，全群立即给药。

（1）庆大霉素　肌内注射 3 000～5 000 单位/千克体重·次，2次/日，连用 3 天。

（2）卡那霉素　肌内注射 1 000～1 500 单位/千克体重·次，2次/日，连用 3 天。肌内注射效果好，但抓鸡费时费工惊鸡。口服效果不好。

(3)红霉素　按 0.01%～0.02%混料喂服,连用 3～5 天。

(4)土霉素、四环素、金霉素　按 0.2%混料喂服,连用 3～5 天。

(5)链霉素　成鸡按 10 万单位/只·次,肌内注射,2 次/日,连用 3～5 天;或按 0.1%～0.2%浓度饮水。

(6)磺胺类药物　磺胺二甲基嘧啶、磺胺嘧啶按 0.5%混料喂服,连用 3～5 天;或用其钠盐,按 0.1%～0.2%浓度饮水,连用 2～3 天。

上述药有效,但不一定适用所有鸡场,因为经常使用抗菌药,使此菌产生了抗药性。最好分离细菌,做药敏试验,找出最敏感的药物来使用。

【预　防】

(1)防止锐物外伤　做好外伤消毒,如断喙、剪趾等;及时接种鸡痘疫苗。

(2)搞好卫生和消毒　用 0.3%过氧乙酸进行带鸡消毒,已在全国推广。

(3)加强饲养管理,供给足够的维生素和矿物质　鸡舍通风,保持干燥,鸡群不宜过大,避免拥挤;适当光照,适时断喙防止互啄。

(4)做好卵、孵化器及孵化全过程的卫生消毒,防止人为污染或散播葡萄球菌(鉴别雏雌雄的人)　出雏器是金黄色葡萄球菌的大本营,在孵化出雏过程采用福尔马林熏蒸消毒法是可行的。

(5)疫苗接种　发病较多的鸡场,用葡萄球菌多价苗,给 20 日龄左右雏鸡注射,安全有一定效果。

(二十)鸡坏死性肠炎

鸡坏死性肠炎又称肠毒血症,是由魏氏梭菌引起的一种急性传染病。主要表现为排出红褐色乃至黑褐色煤焦油样稀便,病死鸡小肠后段黏膜坏死是本病的特征性症状。

【治　疗】

（1）青霉素　雏鸡每只每次 2000 单位,成鸡每只每次 2 万～3 万单位,混料或饮水,每日 2 次,连用 3～5 天。

（2）杆菌肽　内服量:雏鸡每 100 只每次 2000～5600 单位,青年鸡每 100 只 4000～1000 单位,成年鸡每 100 只 1 万～2 万单位,拌料,每日 2～3 次,连用 5 天。

（3）红霉素　每日每千克体重 15 毫克,分 2 次内服;或拌料,每千克饲料加 0.2～0.3 克,连用 5 天。

（4）林可霉素　拌料,每千克体重 15～30 毫克,每日 1 次,连用 3～5 天。

【预　防】　应加强饲养管理,搞好鸡舍卫生和消毒工作,保管好动物性蛋白质饲料,防止有害菌污染。也可在饲料中添加药物进行预防。

(二十一)禽结核病

是由分枝杆菌引起的慢性接触性传染病。国内外都有。也可以暴发,造成损失。肉鸡因很快屠宰,较少发现。种鸡饲养时间长些但污染面不大,发病率较低。加之,其他疾病严重,故对它有一定忽视。以至流行情况不明,一旦发现也不治疗,多以屠宰了事。因为结核病有公共卫生意义,所以应十分重视。

【预　防】

第一,发现结核病病死鸡,及时烧埋;舍及环境,清扫消毒,铲去表层土壤,堆肥发酵(清除污地病原困难,在土中保持毒力数年)。

第二,若鸡群经常出现结核病(尸检见结核灶)应将病鸡、产蛋少和老鸡淘汰,将全群淘汰更好。将患病鸡群,在第一产蛋高峰后,把全群淘汰,是最经济、最好的措施。

第三,必要时,用禽结核菌素对种鸡做变态反应或平板快速凝集反应检查,将阳性鸡立即淘汰,全群淘汰更好。

第四,病鸡产的蛋,不能做种用。

第五,从无结核病鸡群引进新鸡,应检疫,建新群是经济合算的。

(二十二)鸡肉毒梭菌中毒

又名软颈症。是由 C 型肉毒梭菌产生的外毒素引起的中毒病。1917 年首次报道鸡肉毒梭菌中毒。世界分布。近年也有密集饲养的肉鸡场多次发生本病的报道。孙伟(1991)报道肉毒梭菌引起大批鸡死亡的情况。

【治　疗】　尚无特效治疗办法,只能对症治疗。

轻病鸡,内服硫酸钠或高锰酸钾洗胃,饮 5%～7%硫酸镁,再饮链霉素糖水,都有一定的疗效;杆菌肽(100 克/吨饲料)、链霉素(1 克/升),均可降低死亡率。

一旦暴发流行,饲喂低能量饲料可降低死亡率。

【预　防】

(1)综合措施　加强管理,及时清除或烧埋死鸡及其他死亡动物;不让鸡接触或吃到腐败的动物尸体;不吃腐败的肉、鱼粉、蔬菜、死鸡;在疫区,及时清除污染的垫料和粪便,并用次氯酸或福尔马林彻底消毒,以减少环境中的肉毒梭菌芽孢(芽孢存在于舍周土壤中);灭蝇以减少蛆数,对预防本病也有益。

(2)疫苗接种　类毒素制剂保护鸡、鸭试验获得成功。但因成本原因生产上并未广泛接种疫苗。

(二十三)鸡曲霉菌病

是由真菌中的曲霉菌引起的多种禽类、哺乳动物和人的真菌性的传染病。以幼禽多发。常见急性暴发,发病率和死亡率较高,成年禽多为散发。多因饲料和垫草发霉所致。

【治　疗】　目前尚无特效治疗方法。

(1)制霉菌素　有一定防治效果,100 只雏鸡用 50 万单位,拌料喂服,2 次/日,连用 2～3 天。姜元海用制霉菌素治星杂 579(鸡)曲霉菌病 520 只,5 000 单位/日·只,治愈率 93.7%。

（2）**克霉唑（三苯甲咪唑）** 100只雏鸡用1克，拌料喂，连用2～3天。

（3）**两性霉素B** 可试用。确诊后，立即更换垫料、停喂霉变饲料，清扫消毒鸡舍，给予链霉素饮水，料中添加土霉素等抗菌药，可预防继发感染，可降低发病和死亡，从而控制本病。

【**预　防**】　①不使用发霉垫料、饲料是防本病关键。最好不用，若用，也要经常翻晒、更换，尤其梅雨季节更应严格。②加强孵化室卫生管理，对空气进行监测，防止雏鸡感染霉菌。③育雏舍按常规处理后（尤其不能缺少熏蒸消毒），才能进雏。要保持清洁、干燥；每日温差不要过大，要按日龄逐步降温；合理通风，减少霉菌孢子；保持舍内及物品的干燥清洁；料槽和饮水器经常清洗，防霉菌孳生；注意消毒。

（二十四）鸡念珠菌病

本病是由白色念珠菌感染引发的鸡病，病鸡口腔、食管可见有假膜，呼吸有酸臭味。最突出的是嗉囊黏膜增厚、皱褶加深、附有多量的豆腐渣样坏死物，所以又称"软嗉症""鹅口疮""酸臭嗉囊病"等，是鸡在夏秋季节的常见病。

【**治　疗**】　①本病菌抵抗力不强，用3%～5%来苏儿溶液对鸡舍、垫料消毒，能有效地杀死该菌。②治疗用0.1%结晶紫饮水，也可用制霉菌素或土霉素，每千克饲料各1片，连喂3天，治愈率达95%。

【**预　防**】　本病的传播途径是由发霉变质的饲料、垫料或污染饮水等在鸡群中间传播。因此，不用霉变饲料与垫料，有良好的卫生措施，保持鸡舍清洁、干燥、通风能有效防止本病。

潮湿雨季，在鸡的饮水中加入0.02%结晶紫或0.07%硫酸铜，每周喂2次可有效预防本病。

(二十五)鸡毛滴虫病

鸡毛滴虫病是一种原虫性疾病,可引起病鸡严重的坏疽性溃疡性病变。病鸡排出浅黄色稀便或硫磺样泡状排泄物,嗉囊、食管和腺胃常有白色小结节,内含干酪样物。肝的损害类似盲肠肝炎,但形状不规则和呈颗粒状,凸出肝表面。

【治　疗】　二甲硝咪唑:预防量 0.01%,饮水。治疗量按 40～50 毫克/千克体重拌料,喂 3～5 天,以后半量喂 10～15 天,同时,10%糖水自饮,效果很好。

【预　防】　首先应保持鸡舍的清洁卫生,必要时可使用二甲硝咪唑药物预防。

(二十六)鸡支原体病

曾称霉形体病、慢性呼吸道病。世界性分布,国内也很普遍。目前还未培育出无支原体感染的种鸡群,可以说所有鸡场都存在。随时可能暴发,引起死亡。

【预　防】

(1)综合措施　加强饲养管理,饲料平衡,清洁卫生,舍不积粪,笼不拥挤,避免应激。给鸡接种其他病的疫苗时,应严格选择无支原体污染的疫苗(有些病毒活苗中常有其污染)。

(2)清除种卵内病原　阻断卵传对防治本病意义重大。

①抗生素法　将孵化前的种蛋加温到 37℃,然后放入 5℃左右的抗支原体的抗生素液中浸泡 15～20 分钟。国内有人以支原净(泰妙霉素)、红霉素液处理蛋,菌数降低,支原净处理的能降低 32%,红霉素处理的降低 3%～21%,但孵化率也降低 8%。

②加热法　将孵化器中的蛋,压入热空气,使温度在 12～14 小时内均匀上升到 46.1℃,而后移入正常孵化温度中进行孵化。这样可以收到比较满意的灭此病原的效果,但孵化率下降 8%～12%。国内有人用恒温 45℃温箱处理 14 小时,而后转入正常孵

化,收到消灭支原体比较满意的效果,并对孵化率无碍。

3. 疫苗接种

①弱毒活苗 是 F 株疫苗。给 1 日龄、3 日龄、20 日龄雏滴眼,不引起任何症状或气囊变化,也不影响增重;与新城疫活苗 B₁ 或 Lasota 株同时接种既不增强致病力,也不影响各自的免疫力。保护 85％以上,免疫力 7 个月,每只鸡还多产蛋 7 个。

②灭活苗 油乳剂灭活苗。既防止本病,又减少诱发其他疾病,还增加产蛋量。

(4)培育无支原体鸡群 支原体虽然存在普遍,但对环境、药物、温度很脆弱。借此,可以培育无支原体鸡群(多产蛋 0.5～1 千克)。程序如下:①选抗生素处理种鸡,以降低母鸡支原体的带菌率和带菌强度;②用恒温 45℃经 14 小时,处理种蛋,消灭蛋中的支原体;③小批量(100～200 个蛋)孵蛋,减少雏鸡相互间的传染;④小群分群饲养,定时血清学检查,发现阳性,立即将小群淘汰;⑤要全程做好孵化箱、孵化室、用具、房舍的消毒和隔离,防止外来感染进入群内。

这样育出来鸡群,产蛋前全部血清学检查 1 次,必须是无阳性群,才能做种用。这样的鸡群所生的蛋,不经药物或热力处理孵出的子代鸡群,经几次检测,都未检出 1 只阳性鸡,才可认为已建立成无支原体鸡群。

(二十七)鸡球虫病

是常见且危害十分严重的原虫病。主要危害雏鸡,它造成的经济损失是惊人的,死亡率一般在 10％～40％。最近几年,由于认识的提高和采取了综合防治措施,死亡率已大大降低了。

【治 疗】 ①选用氯苯胍、抗球王、球痢灵、盐霉素钠盐、莫能霉素等抗球虫药。按治疗量混料,连续喂 5～7 天。②选用杀球王饮水剂。每 100 克混水 100 升,每天早、晚各 1 次,连续用药 3～5 天。③青霉素、链霉素合剂注射,治疗细菌继发感染和菌血症问题。根据鸡只大小,青霉素钾盐 0.8 万～2.4 万单位,链霉素 1 万～3 万单位,用生理盐水稀释,每只肌内注射 0.3～0.5 毫升,每日 1 次,连治 2～3 天。同时配合上述疗法。④加强饲养管理,如及时更换垫料,保持料槽和饮水卫生,适当增加多种维生素和维生素 A、维生素 D₃ 的添加量。

【预 防】

(1)卫生管理 对育雏舍,在进雏前要认真搞好清扫、消毒和熏蒸,并空舍 1 周;进雏后,及时清粪和更换垫草,粪便要堆肥发酵。

(2)加强饲管 雏鸡密度适中,选用钟式饮水器和筒式漏料槽,以减少粪便对饲料和饮水的污染;饲料中要添加维生素 A、维生素 D₃、多种维生素和微量元素预混料。

(3)药物预防 三阶段给药法。

①幼雏阶段 球虫净(尼卡巴嗪),按 125 毫克/千克饲料混饲(千万要混匀)。

②21～45 日龄阶段 选用氯苯胍或马杜拉霉素铵盐粉剂,杀球王饮水剂,交替使用。氯苯胍粉剂按 0.01%混料,连用 5～7 天,停药 3～5 天,再用马杜拉霉素,混饲 3～5 天。

③46～90 日龄中雏阶段 用球痢灵粉剂,按 0.025%混料,连用 5～7 天,停药 3～5 天,再用 3～5 天。

(二十八)鸡住白细胞原虫病

本病是由住白细胞原虫侵害血液和内脏器官的组织细胞而引起的原虫病。我国南方比较严重,常呈地方性流行;近年来北方也发生。对雏鸡危害严重,常引起大批死亡。本病的传播与库蠓和蚋密切相关,因为住白细胞原虫的孢子繁殖阶段在库蠓和蚋体内完成。

【治 疗】 用于治疗本病的主要药物有:①泰灭净粉剂,100 毫克/千克饲料,连用 14 天;或用泰灭净钠粉,每升水加入 0.1 克,连用 14 天；②磺胺二甲氧嘧啶,500 毫克/升饮水 2 天,再用 300 毫克/升饮水 2 天；③磺胺二甲氧嘧啶,40 毫克/千克饲料加乙胺嘧啶 4 毫克/千克饲料,混料 1 周后改用预防量。

【预 防】 要铲除鸡舍附近的杂草、树丛,搞好环境卫生。清除鸡场内外的水洼、小河沟等,消灭蚋、蠓的孳生地。在此类吸血昆虫活动的季节,可定期在其孳生地及鸡舍周围喷洒杀虫剂,以尽量减少它的密度,减轻对鸡的威胁。常用的杀虫剂有 0.1%敌杀死、0.01%速灭杀丁。为了防止此类吸血昆虫叮咬鸡体,在其活动季节,鸡舍的门窗等应设置纱网,所用纱网的规格为 24 目或更细些,可有效地防止此类昆虫的进入。及时地检出、隔离、治疗病鸡、隐性感染带虫鸡,可有效地消灭感染来源,也是预防本病的关键。

在流行地区,于每年流行发病季节之初,提前对鸡进行药物预防,是极有效的预防措施之一。药物预防可及时消灭侵入鸡体的虫体,保护鸡免遭感染。一般而言,用于预防鸡球虫病的抗生素和磺胺类药物均可用于本病的预防。常用的有：①泰灭净粉剂 30 毫克/千克混料,做长期预防;或泰灭净钠粉,每升水加 0.03 克,做长期预防;②磺胺二甲氧嘧啶,25～75 毫克/千克,混料或饮水;③磺胺喹噁啉,50 毫克/千克,混料或饮水;④乙胺嘧啶,1 毫克/千克,混料。

(二十九)鸡蛔虫病

鸡蛔虫寄生在小肠,雄虫长 26～70 毫米,雌虫长 65～110 毫米,是消化道中最大的线虫。从感染外界含幼虫的虫卵到发育为成虫,需 35～50 天。

【治 疗】 ①丙硫咪唑(抗蠕敏):15～20 毫克/千克体重,一次口服。②驱蛔灵配成 1%水溶液任其饮用,或以 2000 毫克/千克体重混料。麻痹虫体,借肠蠕动将虫排出。③磷酸左旋咪唑:以 20～25 毫克/千克体重,一次口服。

【预 防】 虽然在现代化养鸡场,蛔虫已构不成威胁,但在农村若采用平地养鸡方式,蛔虫感染仍很严重,必须加以预防。其措施是:①改善环境卫生,将粪便和污物发酵;②将雏鸡和成鸡分开饲养,对病鸡及时治疗;③定期驱虫,每年1~2次。驱出的虫体和粪便要发酵。

(三十)肉鸡腹水综合征

是危害快速生长幼龄肉鸡的非传染病。引起的原因复杂:慢性缺氧、寒冷、肥胖、通风差、氨气多、维生素 E 缺乏、硒缺乏、磷缺乏、料或水中钠量过高、料中油脂过高、高能量饲喂、快速生长、霉菌中毒等,并且与遗传、品种、年龄有关。

【治　疗】　暂无好办法。因为发病原因多,治疗方法也多,虽对减少发病和减少死亡,有一定帮助,但效果不尽相同,很难评价。甘孟侯认为,该病一旦发生和出现临床症状,多以淘汰和死亡告终。

【预　防】

(1)改善管理和环境是关键　调整密度,防止拥挤;通风良好,减少二氧化碳和氨的含量,有较充足的氧气流通,控制舍温,防止过冷。

(2)供给优质平衡饲料　减少高油脂饲料;合理给盐;注意维生素 E、硒、磷的补充,力求钙、磷平衡。

(3)补充维生素 C　南美洲补维生素 C 控制腹水取得良好效果。其添加量为每吨饲料 500 克。

(4)早期限饲,控制生长　日本、苏格兰等研究证实,早期限饲可有效地减少腹水症和死亡。

(5)遗传选育　试验表明,本病有明显的遗传倾向。生长快、食量大及肺动脉高压等因素,在缺氧情况下易发本病。控制本病根本措施是选育对缺氧或对腹水症或对这二者都有耐受力的品系。

(三十一)维生素 E 硒缺乏症

维生素 E 又称生育酚。能引起小鸡的脑软化症、渗出性素质和肌肉萎缩症;维生素 E 缺乏与硒缺乏同时发生。所以,在用维生素 E 的同时也用硒制剂进行治疗。

【治疗】

(1)混饲法　每千克饲料中加维生素 E 20 单位(或 0.5% 植物油),连用 14 天;或每只雏鸡单独一次口服 300 单位,都有防治作用;若同时在每千克饲料中加入亚硒酸钠 0.2 毫克、蛋氨酸 2~3 克,效果更好;这种病如果不及时治疗,常常造成急性死亡。

(2)注射法　醋酸维生素 E,每支 1 毫升,皮下注射,雏鸡每只 0.1~0.2 毫升,成鸡每只 0.2~0.3 毫升,每日 1 次,连治 2~3 天。维生素 E 仅对轻症脑软化有一定的作用。

【预　防】　鸡饲料内不要含过多的不饱和脂肪酸。贮存饲料应通风,不要受潮、发霉、发热,以防维生素 E 氧化破坏。

(三十二)磺胺类药物中毒

磺胺类药物是广谱抗菌药,如果对鸡使用的量过大,连续用药时间过长(7 天以上)都能引起急性严重中毒,雏鸡表现尤其明显。病鸡主要表现为精神沉郁,全身虚弱,食欲锐减或废绝,呼吸急促,冠髯青紫,可视黏膜黄疸,贫血,翅下有皮疹,粪便呈酱油色,有时呈灰白色,蛋鸡产蛋量急剧下降,出现软壳蛋,部分鸡死亡。

【治疗】　发生磺胺类药物中毒后,应立即停药,尽量多饮水。可服用 0.5%~1% 碳酸氢钠溶液或 5% 葡萄糖溶液,以防引起肾脏尿酸盐沉积。饲料中多种维生素可提高 1~2 倍。如出血严重,可在饲料中添加 0.05% 的维生素 K_3。对于严重病例可肌内注射维生素 B_1。

【预　防】　使用磺胺类药物一定要严格掌握剂量,投药时间不宜过长,一般雏禽 3 天,成年家禽 5 天,然后停药 1~2 天,再使用第二疗程。拌料必须混合均匀,同时供给充足的饮水,溶解度较低的磺胺药配合等量碳酸氢钠同时服用,就能预防中毒的发生。

(三十三)马杜拉霉素中毒

马杜拉霉素是一种新型抗球虫药,在我国广泛使用。由于其抗球虫广谱高效,耐药性小,应用十分广泛,但其用量极小,安全范围非常窄,推荐使用剂量(5毫克/千克饲料)与中毒剂量(6.5毫克/千克饲料)十分接近.生产实践中常因使用不当,造成鸡中毒,经济损失惨重。

【治疗】 一旦发生中毒,立即停喂拌有抗球王和马杜拉霉素的饲料,并用5%葡萄糖和0.1%维生素C混合饮水3天直至好转。

【预防】 使用马杜拉霉素(防治球虫时应特别注意:饲料一定要混合均匀;注意使用的饲料中是否添加马杜拉霉素)及其添加剂量;一定要注意用量,不可随意加量,控制总含量不超过6毫克/千克饲料;有些药物虽药名不同,但成分相同,应注意其有效成分,防止因同时使用同类药物剂量过量而引起中毒,造成不必要的经济损失。

(三十四)黄曲霉毒素中毒

人畜共患病之一。20世纪50年代先在英国发生,至今各国发表论文、专著、综述。我国许多省(自治区)均有报道。

【治疗】 尚无特效办法。

【预防】

(1)不喂发霉饲料 这是关键。对饲料定期做毒素测定,淘汰超标饲料。

(2)防霉 霉败的条件是水分和温度。收粮后要晾干,遭雨淋更应晾晒。水分不应超标。饲料中加入抗霉菌制剂以防发霉。用于谷物和粉料中的药物有4%丙二醇或2%丙酸钙。

（3）去　毒

①挑弃法　挑出霉粒或霉团，废弃之。

②碾轧水洗法　碾轧后，加 3～4 倍清水，搓洗或冲洗。使毒素随水倾出，尤其毒素较集中的谷皮和胚部的毒素，更要去掉。

③解毒法　用石灰水浸泡或碱煮，或漂白粉、氯气、过氧乙酸处理。

④生物解毒法　利用微生物（如无根根霉、米根霉、橙色黄杆菌等）生物转化作用，使其解毒，转变成毒性低的物质。

(三十五)冠　癣

是由毛癣菌引起的皮肤性真菌病。

【治　疗】　①0.2％百毒杀-S 液，对准鸡头上方喷雾，每日 1 次，连喷 3～5 天。可控制传播，使病鸡康复。②对个别严重病鸡，用威力碘原液，涂布；或配制 0.5％福尔马林软膏涂布患处（凡士林加温融化，再加 0.5％福尔马林，振荡均匀，冷却后用）。

【预　防】　应严格执行卫生制度，定期用百毒杀药液喷雾消毒。

(三十六)螺旋体病

是由鸡疏螺旋体引起的禽类的急性热性传染病。新疆、内蒙古、甘肃等省、自治区有其发生。

【治　疗】

(1)土霉素　有高效，治愈率达 96.7％；土霉素还有较好的预防作用。

(2)青霉素　仅有一定效果，治愈率较低，治后血中螺旋体有再现现象。

(3)中药　药敏试验发现，石榴皮能致死螺旋体，其次为大黄和大蒜。

【预　防】

(1)综合措施　加强饲养管理,增强抵抗力,引进鸡时要做检疫。

(2)灭蜱　蜱是该病传播媒介。喷药消灭禽体和舍内外的蜱。

(3)疫苗接种　据新疆报道,自制菌苗,现场应用,注射后 10 天产生抗体,经 7 个月的观察,证明该苗安全有效。

(三十七)传染性滑膜炎

是鸡的一种急性或慢性支原体性传染病,以关节滑膜炎为特征。世界性分布。血清学调查证明。

国内许多地区鸡群中存在本病,有的地区相当严重。

【治　疗】·对病情严重的跛行鸡,治疗并不理想。用于治疗的药物有:金霉素、土霉素,拌料或饮水。对小群个别鸡,可肌内注射链霉素。

【预　防】　本病目前尚无疫苗。其他防治措施与鸡支原体病相同。

(三十八)食盐中毒

食盐是日粮中必需的营养物质,它可满足维持体液渗透压和调节体液容量,增强食欲和适口性。但搭配过多或饮水不足,则可引起中毒。

【治　疗】　①发现中毒,立即停用可疑的饲料和饮水,并送检,改换新的料和水。②对已经中毒的鸡,应逐渐增加供水或淡糖水;如果一次大量饮入水,反而促进食盐吸收扩散,病情加剧,如造成脑水肿,往往预后不良。只要及时治,绝大多数都会痊愈。

【预　防】　严控食盐用量,且要拌匀,盐粒要细,保证供水不间断。

(三十九)有机磷中毒

鸡对有机磷非常敏感,当误食喷有有机磷农药的种子或作物时,往往会引起中毒。用敌百虫给鸡驱虫更易造成中毒。

【治 疗】

(1)迅速排除毒物 采用嗉囊冲洗或切开取出带毒食物;或灌服盐类泻剂。

(2)特效解毒药 肌内注射解磷定 0.2~0.5 毫升或肌内注射硫酸阿托品 0.2~0.5 毫升抑制副交感神经的兴奋性。

(3)强心补液 肌内注射 5%糖盐水,或维生素 C 注射液 5 毫升,可防止因心力衰竭而造成的死亡。

【预 防】 ①防止饲料和饮水被农药污染。②不用有机磷类药给鸡驱虫。

(四十)呋喃类药中毒

呋喃类药属于人工合成的抗菌药。抗革兰氏阴性和阳性细菌。低浓度(5~10 微克/毫升)抑菌,高浓度(20~50 微克/毫升)杀菌;多用于肠道感染、白痢、球虫病;虽有效,但也有毒;以禽和幼畜最敏感。

【治 疗】 发现中毒,立即停药,并试用葡萄糖、维生素 B_1 和维生素 C 等进行辅助治疗。

【预 防】 ①不选呋喃西林作家禽用药,该药已被淘汰(停止生产)。②用其他呋喃类药时:剂量要准,混合要匀(与料),溶解要充分(饮水),用药时间不得超过 2 周。稍不注意就会造成中毒。

(四十一)一氧化碳中毒

是因冬季烧煤取暖通风不良,使舍内一氧化碳过多,鸡吸入体内,而引起的中毒。

【防 治】 检查并及时解决暖炕裂缝、烟囱堵塞、倒烟、无烟囱等问题,舍内要设有风斗或通风孔,保持舍内通风良好。

发现中毒后,立即打开门窗,开动风扇,换进新鲜空气。如有条件,可将中毒鸡群转移到另外的育雏舍或鸡舍中。

(四十二)组织滴虫病

又称盲肠肝炎、黑头病。是由组织滴虫属的火鸡组织滴虫寄生禽类盲肠和肝脏引起的原虫病。多见于雏鸡,成鸡也感染,但病情较轻。异刺线虫卵是其传播媒介:组织滴虫随鸡粪排出体外,对环境适应性较弱,很快死亡,但病鸡一般均患有异刺线虫病,组织滴虫侵入异刺线虫体内,随异刺线虫虫卵排出体外,并存活很长时间。鸡通过吃食、饮水,同时感染异刺线虫和组织滴虫。

【治　疗】

(1)异丙硝咪唑　Ⅰ混料,用7天。

(2)灭滴灵(甲硝哒唑)　按混料,3次/日,连用5天,疗效90%。

(3)二甲基咪唑　混料,用药不得超过5天,正在产蛋的鸡,不能用。

【预　防】　雏鸡与成鸡分开饲养;雏鸡舍应清洁干燥,以免感染此病;对成鸡要定期驱虫。

药物预防用下列药:①二甲基咪唑混料,休药期为5天;②卡巴胂混料,休药期为5天;异丙硝咪唑混料,休药期为4天;③硝苯胂酸混料,休药期为4天。

(四十三)绦 虫 病

寄生在禽小肠中的绦虫有40余种,体长0.4～12～25厘米。赖利绦虫发育中需要蚂蚁和一些甲虫作为中间宿主,戴文绦虫需要蛞蝓作为中间宿主,在中间宿主体内阶段称为似囊尾蚴。鸡吃了含有似囊尾蚴的中间宿主才受感染,25～40日龄的雏鸡发病率和死亡率最高。被粪便污染的鸡舍和运动场是绦虫病的传染源。

【治　疗】　发生绦虫病时,必须立即对全群进行驱虫。

(1)抗蠕敏(丙硫咪唑)　10～20毫克/千克体重,一次口服。

(2)灭绦灵(氯硝柳胺)　50～60毫克/千克体重,一次投服。

(3)吡喹酮　10～15毫克/千克体重,一次投服,可驱除各种绦虫。

(4)硫双二氯酚(别丁)　150～200毫克/千克体重,以1:30的比例混料,一次投服。

【预　防】　①改善环境卫生,将粪便和污物发酵。②定期驱虫,每年进行2～3次,驱出的虫体和粪便要发酵。③雏鸡应放在清洁鸡舍和运动场上饲养;新购买的鸡驱虫后再合群。④鸡舍应定期灭虫,并翻耕运动场。⑤将雏鸡和成鸡分开饲养,对病鸡及时治疗。

(四十四)虱

是常见体外寄生虫,属于食毛目。人们都认识它。

【治　疗】　要进行2次,间隔7～10天。因为药只能杀灭成虫和幼虫,而不能杀死虫卵,需等7～10天,虫卵发育为幼虫时,再用药1次。常用药物有:马拉硫磷、灭蝇胺、胺甲萘(西维因)、毒死蜱、倍硫磷、氰戊菊酯等。

用法:喷雾。切切注意:全身都要喷到。用量:看标签说明。

【预　防】　①不得让野禽或其他鸡混入鸡群。②不能将患有虱的鸡放入鸡群。③定期(每月2次)检查鸡群有无虱子,一旦发现,立即治疗。

(四十五)螨　病

是鸡常见外寄生虫,有4对足。具有角质化程度很高的背甲和腹板,跗节上有爪和肉垫,在皮肤和羽毛上跑得很快。有的钻入皮肤或侵袭内部器官,有的寄生在羽毛上或羽管内。鸡常见的螨病有:鸡刺皮螨、鸡突变膝螨。

【治　疗】

(1)鸡刺皮螨　又称鸡螨,也叫红螨。世界各地都有。人也遭侵袭。夜间爬到鸡体上吸血,白天藏匿在栖架的粪块下、板条下和各个缝隙处。肉眼看似红色或灰黑色的小圆点,常成群聚在一起。

治疗用0.25%敌敌畏乳剂、马拉硫磷、氰戊菊酯、溴氰菊酯等杀虫剂喷雾。喷雾必须极其彻底,螨所能爬到的地方及鸡体都要喷湿,否则效果不会好。用具用开水烫或暴晒。

(2)鸡突变膝螨　又称鳞足螨。常见于大龄鸡,寄生于腿脚无毛处,终生在鸡皮肤内生活,寄部形成皮屑或痂皮。

治疗时先将脚浸入温肥皂水中,泡软并除去痂皮,然后涂20%硫黄软膏或2%石炭酸软膏,隔几天再涂1次;或将脚浸入温的杀螨剂中。

【预　防】　①购鸡时要检疫。检鸡突变膝螨,用植物油泡腿脚刮取样品送检验室镜检。②鸡舍要经常清扫,并用杀螨剂喷雾栖架。③淘汰和隔离病鸡。

(四十六)维生素A缺乏症

因日粮中维生素A不足或吸收障碍所致的营养代谢性疾病。

【治　疗】　除去病因,立即用维生素A治疗。治疗剂量为每日维持量的10～20倍。

鱼肝油,1～2毫升/只·日,投服;雏鸡酌减。大群鸡,每千克饲料中拌入2000～5000单位/千克的维生素A;或给予含有抗氧化剂和高含量维生素A的饲用油,日粮补充约11000单位/千克。大量补维生素A,对急性病例疗效迅速安全,但对慢性病例不可能完全康复。值得注意的是,维生素A不易从机体排出,长期过量使用会引起中毒。

【预　防】

第一,饲料中加入维生素A,并要现用现配,以防氧化而破坏。雏鸡和后备鸡为每千克饲料4500单位,产蛋鸡为每千克饲料

8000 单位,种鸡为每千克饲料 10 000 单位。

第二,防止饲料放置过久,也不要预先将脂溶性维生素 A 掺入到饲料中或存放于油脂中,以免维生素 A 和胡萝卜素遭受破坏或氧化。

(四十七)维生素 B_1 缺乏症

因分子中含有硫和氨基,故又称硫胺素,参与碳水化合物的代谢。

【治　疗】　只要诊断正确,用药后数小时见效。

(1)硫胺素　肌内或皮下注射,也可以口服。口服时应注意对厌食的鸡也要让它吃到。

(2)维生素 B_1　雏鸡1毫克/只·日。注射或口服。

【预　防】　成鸡或放牧鸡,一般不缺乏。幼鸡易缺乏。各类谷物及其加工产品都含有丰富的维生素 B_1,只要饲料多种多样,就可以预防本病。

(四十八)维生素 B_2 缺乏症

维生素 B_2 又称核黄素,是多种氧化还原酶的组成成分,参加许多代谢过程,对鸡的生长和繁殖都有影响。卷趾麻痹是其缺乏的典型症状,故又叫卷趾麻痹症。

【治　疗】　①出现轻症时,用维生素 B_2 治疗,4毫克/千克饲料,连喂1~2周。②当发现出壳率降低时,应给母鸡饲喂7天含核黄素的饲料,出壳率可恢复正常。③病情较重时,可喂盐酸核黄素,雏鸡,2毫克/只·日;成鸡,5~6毫克;但是对趾已卷曲、坐骨神经已经受损的病鸡,治疗无效。④对已发病鸡,20毫克/千克饲料,治疗1~2周。

【预　防】　对雏鸡,一开食,就应喂给标准配合日粮,或核黄素2~3克/吨饲料,都可以预防本病。

(四十九)脱　肛

即泄殖腔翻出肛门之外。是鸡常见多发病。如不及时治疗,多以死亡告终。据统计,此病死亡率占死亡总数的20%,而且多属于高产鸡,故造成损失很大。

【治　疗】

(1)早发现早治疗　温水洗净,并将坏死的肠黏膜去掉。轻的,涂紫药水,撒外用消炎粉;重的,还要做烟包缝合。缝前,取出滞留的蛋,缝处留排粪孔。

(2)内服补中益气丸　轻的,每日服1次15～20粒,连服2～3天;重的,日服2次,每次20粒,连服3～5天;服法:有食欲的,将药丸放料中,任其采食;无食欲的,将药丸放口中,强迫咽下。

【预　防】　在整个育雏育成期,必须严格掌握饲养标准和光照管理程序,实行科学的饲养管理,保证不过肥、不过瘦、不早产、鸡群体质均匀,使之良好地进入产蛋期。勤观察蛋鸡的粪便变化,发现腹泻的鸡只及时检查病因并加以治疗。防止饲喂霉败饲料。

(五十)笼养蛋鸡疲劳症

是产蛋鸡在笼养条件下的一种代谢性疾病。能造成一定的损失。

【治　疗】　发现病鸡,立即从笼中取出,放在地面饲养,同时往饲料补加钙、磷与维生素D_3制剂,一般10天左右即可康复。

【预　防】　①鸡群上笼后,要及时调整日粮中的钙、磷含量。据测试证明,日粮钙含量3%、磷含0.7%,可以预防本病发生。②加强饲养管理,防止饲料发霉,按量添加维生素D_3制剂。③硫酸锰的添加量,以每千克混合料不超过0.2克为宜。

(五十一)恶　癖

单纯的恶癖是一种特殊怪癖,但事实上,人们已将恶癖、啄癖、异食癖合到一起了。因此,各书尽管称谓不同,但基本内容相似。原因涉及代谢紊乱、营养缺乏(维生素、矿物质)、饲养管理不当、环境因素和疾病等。

【防　治】　由于原因复杂,所以要对症治疗。

(1)供给全价日粮　满足对各种氨基酸、维生素和矿物质的需要。应先找出具体原因,再补充之。若暂时搞不清啄羽原因,可在饲料中加 1%～2% 石膏粉,或每鸡每日给 0.5～3 克石膏粉;若因缺铁、维生素 B_2 而啄羽,则应补硫酸亚铁和维生素 B_2;若因缺盐引起恶癖,则在日粮中添加 1%～2% 食盐,供足饮水;恶癖停,盐减量,维持在 0.25%～0.5%,以防中毒;若因缺硫而啄肛,则在料中加 1% 硫酸钠,3 天停啄肛,以后改为 0.1%。总之,只要补充所缺,都可以收到良好效果。

(2)加强饲养管理,消除不良因素或应激的刺激　如疏散密度防止拥挤,通风,调温,调光照(防止强光长时间照射),产蛋箱避免暴光,槽位合适,饲喂时间合理,肉鸡和种鸡饲喂时防止过饱,限饲日也要少量给饲,防止过饥,防外伤。只要认真管理,便可收到效果。

(3)断喙　育雏阶段,采用二次断喙,于 10 日龄左右和 120 日龄各断喙 1 次。

(4)及时治病　外伤和脱肛鸡,被啄伤鸡,螨病和虱病鸡,都要及时隔离治疗。

(五十二)嗉囊阻塞

又名硬嗉症、嗉囊积食。雏鸡多发,治疗不及时,常引起死亡。

【治　疗】　1.5% 碳酸氢钠,灌服,直到膨满,而后倒提鸡,使头朝下,并用手轻压嗉囊,以排出积食。如此反复几次,以排净内容物。无治疗价值的,及时淘汰。

【预　防】　保证饲料良好,定时定量饲喂;注意环境卫生,及时清除异物。

(五十三)痛　风

尿酸盐沉积于内脏器官或关节腔而形成的代谢病。

【治　疗】　①减少喂料量。比平时减少20％，连续5天，同时补充青绿饲料，多饮水，促进尿酸盐排出。②试用别嘌呤醇10～30毫克/只·次，每日2次，口服。

【预　防】　①预防和控制痛风，必须坚持科学的饲养管理制度。不同日龄不同配料，控制高蛋白质和高钙。饲料钙、磷比例要适当，切勿造成高钙条件。②适当增加运动，供给充足的饮水和富含维生素A的饲料，合理使用磺胺类药物。

(五十四)肠毒综合征

造成鸡肠毒综合征的原因有小肠球虫的感染、细菌感染、肠道内的酸碱平衡失调、电解质大量流失、自体中毒、饲料不洁等因素。本病的主要临床表现是采食量下降，增重减慢或体重下降。粪便变稀，不成形，粪中带有没消化的饲料，颜色变为浅黄色、黄白色或鱼肠子样粪便、胡萝卜样粪便。黎明前猝死明显增多或先兴奋不安后瘫软，衰竭死亡。多发于40日龄左右。

【治　疗】　隔离病鸡，淘汰残鸡，消毒，清换垫料。鸡群用肠毒综合灵拌料，1千克/吨饲料，混合均匀，连用2～3天；球必嘉饮水，0.5克/升，每日2次，连用3～5天；利巴韦林饮水，50毫克/升，每日2次，连用3～5天。中午用电解质或速补饮水，以增强抗病能力促进病禽早日康复。

【预　防】　平时要加强鸡舍中的卫生、消毒，保持干燥，勤换垫料，特别是水槽周围的垫料。消毒剂可使用卫康-THN、惠福、奥力等。

及时预防球虫病、减少该病的发病概率，可选用球虫净、盐霉素、球痢灵、莫能菌素进行预防。

(五十五)腺胃炎

鸡传染性腺胃炎在命名上有些分歧,某些地方称其为腺胃性传支,病原也还没明确说法。病鸡在临床上表现出羽毛蓬乱、无精神、翅膀下垂、采食量和饮水量明显减少,鸡有流泪和肿眼症状,并伴有呼吸道症状,排白色或绿色稀便。本病的发病诱因很多,一般来说饲料营养不平衡、蛋白质低、维生素缺乏等都是该病发病的诱因,临床发现眼炎是本病的重要诱因,现在一些垂直传播的病原可能也是该病的诱因,如临床常可发现的网状内皮增生症、鸡贫血因子、马立克氏病等。

【治　疗】　目前,本病病原尚无统一定论,病因复杂,导致该病没有特异性治疗办法。

【预　防】　①平时要加强饲养管理,搞好环境卫生,饲养密度要适宜,注意通风换气。②该病是一种新冠状病毒病,单用抗生素治疗无效,要采取疫苗注射,抗生素配合抗病毒药物、中草药、电解多维等对症治疗的综合防治措施。发现越早,治疗越早,治愈率越高。③10~20日龄,注射鸡腺胃型传染性支气管炎油乳剂灭活苗或组织灭活苗,0.3~0.5毫升/只;产蛋前15~20日再注射1次,每只0.5毫升,能很好预防本病。

(五十六)鸡包涵体肝炎

鸡包涵体肝炎是由腺病毒中的鸡腺病毒引起的急性传染病。本病的特征是肝脏肿大、发炎,严重贫血,黄疸,肝细胞中出现核内包涵体;肌肉出血和死亡率突然升高。主要发生于肉用仔鸡,也可见于青年母鸡和产蛋鸡。

【防　治】　目前对鸡包涵体肝炎尚无有效治疗方法。雏鸡饲料中加入适量抗生素,可减少并发细菌感染,降低死亡率。此外,结合补充维生素(主要是维生素 C 及维生素 K)和微量元素铁、铜和钴合剂,可促进贫血的恢复。

(五十七)弧菌性肝炎

尚无有效疫苗。只有采取综合性防疫措施。

【治　疗】　在饲料饮水中,添加喹诺酮类、金霉素、土霉素、强力霉素、庆大霉素、氟苯尼考、磺胺二甲基嘧啶等药对本病有较好的治疗效果。5天为1个疗程。本病易复发,故治疗时,无论哪种药物,都必须坚持2个疗程以上。

【预　防】　①防止鸡群与其他动物接触,减少弯杆菌传入机会。②对已感染过弯杆菌的鸡舍、鸡笼、用具、垫料等彻底消毒。③加强管理,防止污染饲料,减少和防止昆虫、麻雀等中间媒介污染饲料。

(五十八)锰缺乏症

锰是鸡必需的微量元素。鸡缺锰表现骨骼短粗和滑腱。

【防　治】　①100千克饲料加硫酸锰12~24克,或饮用1:3000高锰酸钾溶液,每日更换2~3次,连用2日,以后再用2日。②糠麸富含锰,每千克约含300毫克,用它做日粮,有良好的预防作用。③检测羽毛中的锰含量,可以监测、预报、预防锰缺乏。低锰日粮雏鸡皮肤和羽毛含锰1.2毫克/千克;而高锰日粮可达11.4毫克/千克。

(五十九)中　暑

炎热潮湿导致热积聚体内,引起中枢神经功能紊乱的病。

【防　治】　①喷水降温,加强通风,改善环境。午后用深井水对鸡群、鸡舍多次喷洒,敞开门窗通风,安装电风扇,在运动场搭建凉棚,舍顶遮荫,房顶喷洒凉水,降低饲养密度。②调整饲料配方,减少能量饲料,增加粗蛋白质1%~2%;适量添加食盐及贝壳粉;供给充足清凉饮水(深井水);躲开高温时间喂食,早、晚凉爽时候,频繁少量上料,以刺激食欲。③确保全天有充足清凉的凉水。水中可加速效暑宁、热暑平、维生素 C,等,以抑制体温升高,提高产蛋率。

(六十)新母鸡病

新母鸡病主要症状为夜间死鸡,死的鸡体表良好,产蛋正常,鸡只死亡后肛门外翻,冠尖发紫,剖检后输卵管内有个软皮或硬皮蛋,一般死亡时间为凌晨 3~4 时,如果鸡群出现以上症状,可确诊为新母鸡病。

【治　疗】　夜间 11~12 时开灯 1 小时,补水、补料,加强通风换气,及时挑出瘫痪鸡只,增加鸡群活动量。大群用防暑降温药,如果死亡严重,建议饲料中添加冰鸡灵。

【预　防】　可在饲料中添加约 1% 豆油,提高能量水平。晚上饮水中加入 1%~2% 醋制品,以中和碱中毒。开产前 2 周用预产饲料,产蛋率达 5%~10% 时换高峰料。

第四章　数学诊断学的理论基础
与方法概要

> 数学就是这样一种东西：她提醒你有无形的灵魂，她赋予她所发现的真理以生命；她唤起心神，澄清智慧；她给我们的内心思想增添光辉；她涤尽我们有生以来的蒙昧与无知。
>
> 普罗克罗（Proclus）

钱学森说："要看得远，一定要有理论。"我认为，理论还管举一反三。平时若说一个人"不懂道理"就是在骂他。我想向您说四条。

第一，你看，我在前言和理论篇的开头都引用普罗克罗的语录，因为我读十几本数学读物，就是他对数学的认识全面而到位！数学是事物的灵魂，"灵魂"二字我也是新认识。我原来说任何事物背后都藏有数学。你看人家说是"灵魂"多好。你看市场很平静，数学在起作用；突然打起来了，你去看看，那里准发生了数学不平衡的问题。以前，把数学神秘化了。其实并不神秘，矛盾呀，愉快呀，所有事情，数学都在起灵魂的作用。

第二，我写本章理论基础，主要含有两部分内容：一是交代定义，我认为定义就是灵魂，而且初中以上的人都能看懂；二是交代数学诊断学怎么用的。穿插有故事，所以你可以像读闲书一样去读。力争让你在不知不觉中就懂得了现代科学原理。如果你能记住书中所引用的大学问家的一条语录，我就觉得你已经有了巨大收获！

第三，当然，我希望你能记住 16 字用法，因为你记住 20 字，你就会使用智能卡诊断疾病。如果还能像读闲书一样，懂得了一些现代科学原理，不但我高兴，你自己恐怕也要蹦起来高兴一番。

第四，知识，在百科全书可以查到，或在因特网百度窗口输几个关键字,就会出来一大堆供你选择。然而一种思想或方法、一门新学科,却不是容易表达或学到的。如果你要想有所创造,就必须认真钻一钻了。所谓创造,都是肯钻肯借鉴他人思想而琢磨出来的新东西。

一、诊断现状

我认为有必要将诊断的现状向读者做个交代。

(一)诊断混沌

古今中外,外行不会诊断,内行诊断不一,人们已经司空见惯,习以为常,我们称之为混沌。

1. 初诊混沌的证明

(1)社会证明 ①约99%外行不会诊病。②约1%内行诊断不一。③尚未找到使之一致的办法。④随机可证。

(2)实例证明 ①报载陈毅元帅重病半年,无病名,会诊是急性盲肠炎,剖腹检查是结肠癌。②央视《实话实说》报道老谢,6家医院诊断胰腺癌,花几万元未愈;第七家诊断是胆石症,几百元治好了。③刘菁在某学会换届大会上宣读1个病例,请大家帮助诊断,无人回答。④某市进口几头种公牛病了,请国内8位专家诊断8个病名。送走专家牛死光。⑤我们课题组成员(教授)之间做过一次试验:读症状互考,结果没有一个人答对。

(3)学者证明 ①蔡永敏主编《常见病中西医误诊误治分析与对策》的前言中这样写道:"每一病被误诊的病种也相当广泛,多者甚至达到十几种、几十种,误诊的原因也多种多样。"②(美)Paul Cutler著《临床诊断的经验与教训》的前言:"就像盲人摸象一样,学生、教师、专业人士和患者各自都以自己的方式看待医学。"(第一段);"每一种都是对的。"(第二段);"每一种又都是错的。"(第三段)。③戚仁铎主编《实用诊断学》1002页:"医学是一种不确定的科学和什么都可能的艺术。"一个医师说:"我们是从正面理解的这句话。"

(4)猜硬币试验证明混沌　1角硬币有两面:"1角"字和花草图案。我借用有人已经做过的统计学试验:抛万次以上,猜对"1角"朝向的可能性接近50%。

我写一条专家语句:如果一个人对一个病组内有几种病及其病名都不知道,那么他猜对的可能就只能接近0%。不信,你就试试。这就是外行不会诊病的数学道理。

2. 老法初诊为什么混沌?　①古今凭症状记忆加经验,给患者诊病。但人脑"记不多、错位和遗忘",这就注定了诊断混沌。②莎士比亚说:1千个人就有1千个哈姆雷特(观众观莎剧哈姆雷特感受不同);我说:学生描写老师的作文也不会有2人相同;国际生理学大会早就做过试验证明描述不一。③英文词典说:"No two people think is a like."(没有两个人的想法是相同的)。

此处的①②③都是毫无疑义的现象。还可举出很多例子。关键在于找出解决诊断混沌的办法。

3. 老法初诊混沌的解决办法　科学史已经证明:"数学是解决多种混沌的核心。"因此,我们认为,"数学也是解决老法初诊混沌的核心"。本篇就是为此而写的。

(二)科技进步使先进的医疗仪器设备与日俱增,但过度"辅检"的做法不可取

毋庸置疑,在应用先进的医疗设备之前,一定要对患者有个初诊病名,再开辅检单。这是正确的操作规程。先开单辅检,甚至过度"辅检"的做法,不可取。因为盲目做"辅检"不但增加了患者的负担,还有可能延误治疗时间,造成不必要的损失。

电脑诊病好用。"美国等先进国家1974年开始研究电脑诊病,结果证明好用,但是不用。阻力有三:医生怕影响地位和收入,患者觉得神秘不敢用,还有法律责任谁负"(李佩珊《20世纪科技史》)。

我们研制智能诊断卡在技术上是完全透明的,人人都可使用,不神秘,也不存在法律责任问题。

(三)从权威人士的论述看医学动向

◇高强(原卫生部领导)2008 年在全国政协会议说:"看病难看病贵目前尚无灵丹妙药。"

◇丹尼尔·卡拉汉:"所有国家或早或迟都会发生一场医疗系统的危机。"

以上所述就是诊断的现状。核心是医疗机构过度诊疗,乱收费。

二、公 理

(一)公理定义

是经过人类长期反复实践的考验,不需要再加证明的句子(命题)。

(二)阐 释

中国科学院院士杨叔子说:"科学知识是讲道理的,但是作为现代科学体系的公理化体系,其前提与基础就是'公理',即所谓'不证自明'的知识,'不证自明'就是讲不出道理,也就是不讲道理,非承认不可。"

现代科学发展特别快。尤其是电脑的进步,日新月异。电脑书店,2 个月不去,就有换茬之感。搞科研,尤其是搞电脑诊病的科研,不紧追赶不行。即使追赶,也是追不上。

1985 年,大学里电脑也很少或没有。鉴定我们的第一个成果——马腹痛电脑诊疗系统时,有的鉴定委员说:那是个机器,还比我的脑袋好使?现在普及率高了,没有人再怀疑它好使了。

这里仅摘录我们收集到的现代科学公理化体系中的一小部分。目的是在说,你不要怀疑了,它们已经是公理了。这些公理,就是数学诊断的基础。

(三)数学诊断学映射的公理

◎ 伽利略说:"按照给出的方法与步骤,在同等试验条件下能得出同样结果的才能称之为科学。"

◎ 科学文明的显著特征之一是定量。

◎ 电脑能代替人脑的机械思维。

◎ 技术的发展趋势:手工操作→机械化→自动化→智能化。

◎ 马克思说:"一门科学只有在其中成功地运用了数学才是真正发展了的。"

◎ 康德:在任何特定的理论中,只有其中包含数学的部分才是真正的科学。

◎ "一门科学从定性的描述到定量的分析与计算,是这门科学达到成熟阶段的标志。"

◎ 只有按一定方式组织起来的数据才有意义。

◎ 不经过加工处理的数据只是一堆材料,对人类产生不了决策作用。

◎ 数据库是在计算机上,以一定的结构方式存储的数据集合,能存取和处理。

◎ 数诊学成果可以代表不在现场的医生会诊,还可以实现远程诊疗。

◎ "科学是最高意义的革命力量",是社会物质文明与精神文明的基石。

◎ 科学技术是第一生产力!

◎ 创新就要反对权威;创新就要反对功利;创新就要反对封闭。

读者朋友,建议你记住伽利略的话,它是防骗的试金石。

三、数学是数学诊断学之魂

（一）数学之重要

古今中外诊病不用数学，故外行不会诊病，内行诊断不一。我们在学习前人和同辈数学论文的基础上，创立了数学诊断学，而且要让农民去诊病，推广阻力不言而喻。因此，我们只有拿伟人和科学大师们对数学的重要性的论述，来证明用数学诊病不是封建迷信，而是现代高科技。我相信农民兄弟能理解。限于篇幅，仅摘录20余段，也未注引文出处，请作者谅解。

◎ 达·芬奇："数学是真理的标志；""凡是不能用一门数学科学的地方，在那里科学也就没有任何可靠性"。

◎ 伽利略："自然之书以数学特征写成。"

◎ 钱学森："所谓科学理论，就是要把规律用数学的形式表达出来，最后要能上计算机去算。"

◎ 钱学森："定性定量相结合的综合集成方法却是真正的综合分析。"

◎ 霍维逊：数学是智能一种形式，利用这种形式，我们可以把现象世界的种种对象，置于数量概念的控制下。

◎ 汤姆逊：实际上，数学正是常识的精微化。

◎ 德莫林斯·波尔达斯：既无哲学又无数学，则就不能认识任何事物。

◎ 科姆特："只有通过数学，我们才能彻底了解科学的精髓。""任何问题最终都要归结到数的问题。"

◎ 黑尔巴特：把数学应用于心理学不仅是可能的，而且是必需的。理由在于没有任何工具能使我们达到思考最终目的——信服。

◎ 怀特：只有将数学应用于社会科学的研究之后，才能使得文明社会的发展成为可控制的现实。

◎ 怀特："一门科学从定性的描述到定量的分析与计算,是这门科学达到成熟阶段的标志。"

◎ 那种不用数学为自己服务的人,将来会发现数学被别人用来反对自己。

◎ 恩格斯说,18世纪对数学的应用等于"0";19世纪,首先是物理,接着才是化学;20世纪,才有心理学,相继应用了数学。

◎ 爱因斯坦说:"为什么数学比其他一切科学受到特殊尊重,一个理由是它的命题是绝对可靠的,无可争辩的,而其他一切科学的命题在某种程度上都是可争辩的,并且经常处于会被新发现的事实推翻的危险之中。""数学之所以有较高声誉,还有另外一个理由,那就是数学给予精密自然科学以某种程度的可靠性,没有数学,这些科学是达不到这种可靠性的"。(爱因斯坦文集,商务印书馆,1977)。

◎ 张楚廷:"在现今这个技术发达的社会里,扫除'数学盲'的任务已经替代了昔日扫除'文盲'的任务而成为当今教育的重大目标。人们可以把数学对我们社会的贡献比喻为空气和食物对生命的作用。"

◎ (美)数学家格里森说:"数学是关于事物秩序的科学——它的目的就在于探索、描述并理解隐藏在复杂现象背后的秩序。"

◎ 笛卡尔:"一切问题都可以化成数学问题。"

◎有一位数学家预言:"只要文明不断进步,在下一个两千年里,人类思想中压倒一切的新事物,将是数学理智的统治。"

俗话说:"吃不穷、穿不穷,算计不到就受穷"! 算计就是在用数学。诊病不用数学,只能任人摆布,因病致贫,怨谁呢!

(二)初等数学

本来"数学无处不在",但却有人将数学诊病与封建迷信的算命相提并论。我们认为,再陌生,初等数学是大家学过的,也是留有记忆的。所以,我们首先复习初中学过的初等数学,希望勾起回忆,也为学新东西,做好铺垫。当然,内容以点到为止,做个提醒。数诊学诞生不是空穴来风,它就是从你所熟知的初等数学中诞生的。

数诊所运用的初等数学的知识有:代数、函数、矩阵、合并同类项、提取公因式等。

1. 函数 有两个数 x 和 y,y 依赖于 x。如果对于 x 的每一个确定的值,按照某个对应关系 f,y 都有唯一的值和它对应,那么,y 就称为 x 的函数,x 称为自变量,y 称为应变量,记为 $y=f(x)$。

例:美国的总统选举,选票统计用数学公式表示就是 $Y=f(x)$

设 $X=\sum(x_1 \cdots x_n)$,$x_1,x_2,x_3 \cdots \cdots$。$x_n$ 代表 1 至 n 个选票号。那么

$Y_i = x_1 + x_2 + x_3 + \cdots \cdots + x_n$ 设 $Y_1 =$ 布什,设 $Y_2 =$ 克里

$Y_1 = x_1 + x_2 + x_3 + \cdots \cdots + x_{530}$ $Y_2 = x_1 + x_2 + x_3 + \cdots \cdots + x_{530}$

(530 是选票数)

注意哪个选民投了哪个候选人,他的票号值就是 1,对于没投的候选人,就是 0。最后看 Y_1 和 Y_2 谁的选票多就选上了谁。选班组长也是同理。

如果用 $Y_1,Y_2,Y_3 \cdots \cdots Y_m$ 代表疾病的序号,用 $x_1,x_2,x_3 \cdots \cdots x_n$ 代表症状序号,利用多元函数就可计算出所患的病。所有的诊卡,都是算式,都是 $Y_i = x_1 + x_2 + x_3 + \cdots \cdots + x_n$ 计算过程。

2. 矩阵 由 $m \times n$ 个数 a_{in} 所排列的一个 m 行 n 列的表

$$A = \begin{cases} a_{11}\ a_{12} \cdots \cdots a_{1n} \\ a_{21}\ a_{22} \cdots \cdots a_{2n} \\ \cdots \cdots \\ a_{m1}\ a_{m2} \cdots \cdots a_{mn} \end{cases}$$

称为"m 行 n 列矩阵"。

教室、礼堂的座位就是矩阵。

用智卡诊病,是我们发明的矩阵表示法,纵的是列,代表疾病,横的是行,代表症状。因为与教科书上的矩阵加法不同,请注意"发明"是带引号的。

智卡表面看不出有数学,其实都是数学,而且是函数、是矩阵;每一项内容都是函数、矩阵中的因子。

(三)模糊数学

对全新的模糊数学,我想多说几句,因为它是数诊学的最核心原理。

1. 精确数学遇到了麻烦

●把电视机调得更清楚一点。这对小孩子并不难,但要让计算机做就困难了;婴儿认妈也是同理。

●请给1000个小女孩的漂亮程度打分。二值逻辑(1,0)的精确数学,根本是无能为力的。

●诊病,精确数学至今没大量解决(论文有了)。因为复杂的东西和事物难以精确化,只能用模糊数学。

●模糊逻辑摒弃的不是精确,而是无意义的精确。

2. 模糊数学定义 模糊数学是对模糊事物求得精确数学解的一门数学。

3. 查德创立模糊数学 1965年,(美)加利福尼亚大学教授,控制论专家查德写了一篇论文"模糊集",开始用数学的观点来划分模糊事物,标志模糊数学的诞生。但是人们不理解,惹来麻烦,遭到嘲笑和攻击好多年。1974年英国工程师马丹尼却把它成功地应用到工业控制上。此控制,就似过去孩子调电视——左旋,右旋,就可以看了。而不是用精确数学——左旋多少度,再右旋多少度。自此以后,数学已经进入到模糊数学阶段。

4. 隶属度是模糊数学的核心 模糊逻辑是通过模仿人的思维方式来表示和分析不确定不精确信息的方法和工具。模糊数学用多值逻辑(1～0)表示。1和0之间其实可含无穷多的数,所有隶属度的数都可以表示出来。

例1,漂亮。即使有万名女孩,若要为她们的漂亮程度打分,1个也不会有意见,因为都能恰如其分地表示出其漂亮程度。而精确数学做不到这一点。

例2,年老。说某某"老"了(模糊),容易对;说某某72岁(精确),容易错。某某不说话,你怎么知道72?

例3,身高。可把1.8米定为高个子,把1.69米定为中等个子或平均身高。如果张三1.74米,就说:"张三个子比较高"。在二值逻辑中就无法表达像"比较高"这样的不精确的含糊信息;而在模糊逻辑中,则可说张三46%属于高个子,54%属于中等个子。

例4,说"小明是学生"。只容许是真(1)或假(0)。可是说"小明的性格稳重"就模糊了,不能用1或0表示。只能用0～1之间的一个实数去度量它。这个数就叫"隶属度",如0.8(或8)。请注意,0.8(8),不是统计来的,是主观给定的;很精确吗? 不精确。能行吗? 肯定行。老师给学生评语,就用此法。

5. 模糊逻辑带来的好处 给出的是模糊概念,得到的却是精确的结果。

模糊逻辑本身并不模糊,并不是"模糊的"逻辑,而是用来对"模糊"进行处理以达到消除模糊的逻辑。

可以加快开发周期。模糊逻辑只需较少信息便可开发,并不断优化;模糊推理的各种成分都是独立的对函数进行处理,所以系统可以容易地修改。比如,可以不改变整体设计的情况下,增减规则和输入的数目;而对常规系统做同样的修改往往要对表格或者控制方程做完全的重新设计。用模糊逻辑去实现控制应用系统,只要关心功能目标而不是数学,那就有更多的时间去改进和更新系统,这样就可以加快产品上市。

我们相信读者能诊病就是基于对模糊数学的信任。模糊数学能使人花较少的精力而获得较大成绩。

钱学森说："而思维科学与模糊数学有关。活就是模糊，模糊了才能活。要用模糊数学解决思维科学问题。"

(四)离散数学

1.离散数学定义　是研究离散结构的数学。电脑对问题的描述局限于非连续性的范围。因此，它对电脑特别重要。事实上它对外行诊病也非常重要。电脑现在还没有思维（像外行），接受信息，纯属机械动作——打点或不打点。但是，只有将症状离散之后，才可以做到这一点。

2.将症状离散的好处之一　使症状信息明确。比如，某患者"皮肤上见有鲜红椭圆突起斑"。这是书上描述疾病症状最常见的句子。事实上，患者来诊，很少表现如书所写那样的症状。往往缺少1项或2项，用老办法或用电脑就不好利用这些症状了。这也是医生在临床上争论不休的问题。

但是，如果用离散数学的原理，将引号内的症状，分解成以下几个症状：皮肤有斑①；斑色鲜红②；斑形椭圆③；斑性突起④。

由原来的1个模糊的电脑（含外行）无法区分的症状，就变成了4个。人和电脑都能清楚地区分症状，即使其中缺少1或2项，人和电脑也照判无误。这样处理之后，就谁都能准确诊病了。

我们认为，这样表达信息或知识，可能是解决"知识表达的瓶颈问题"（即电脑诊病难点）的办法之一。

再如，甲病"头昏沉而胀痛"；乙病"头昏沉"。如不离散，医生也懵懂；离散了，外行人都会取舍。

3.将症状离散的好处之二　增加症状数。利用离散数学的原理，还可以解决聋哑人和动、植物症状少的老大难问题，用离散数学处理症状后，就可以增加症状：

如有2症(a,b)可变成，$2^2 = 4$个症状。即，$\{\varphi\}$，$\{a\}$，$\{b\}$，$\{ab\}$ 4个症状；

如有3症(a,b,c)可以变成 $2^3 = 8$个症状，即，$\{\varphi\}$，$\{a\}$，

{b},{c},{ab},{ac},{bc},{abc} 8个症状。

即,有几个症状,就可以变成几次方的症状。以此类推。

注1:φ为(空集.必有),因为有了它,才可以构成几次方的公式;注2:a,b,c可以代表任意症状,如a可以代表体温升高,b代表精神沉郁,c可以代表食欲减少,{ab}代表{体温升高∧精神沉郁},等等。

离散数学前一条好处是使症状表述清晰,这一条好处是增加症状个数,这对医学科技人员太重要了。

(五)逻辑代数

临床医生争论不休的还有一个问题,比如教科书写:"某病有体温升高,精神沉郁,食欲废绝……",现在患者只有其一或其二,怎么办呢?是不是该病呢,很无奈。1989年学了逻辑代数,才解决了此争论。

逻辑代数说:"无论自变量的不同取值有多少种,对应的函数F的取值只有0和1两种。这是与普通函数大不相同的地方。"就是说逻辑代数只算两个数,1和0。

逻辑代数只有三个运算符"∨"、"∧"、"—"(分别读作或、与、非。也就是进行"或"、"与"、"非"运算)。

"∨"运算:体温升高∨精神沉郁,∨含意是:有前者打点;有后者也可以打点;两者都有还可以打点;

"∧"运算:体温升高∧精神沉郁,∧含意是:必须两症同时都有才可以打点,只有其一不能打点。

"—"运算:如表示"口不干",要求在"口干"二字上边画一道杠杠"—"。这样做非常难看。我们遵从逻辑代数的含义,也遵从汉语表达习惯,而写成了"口不干"或"不口干"等形式。

我认为,用符号"∨"、"∧"、"—"表示症状之间的关系,显得十分清楚,不会引起争论。

这样表达症状信息,就克服了大长句子表达信息,到临床使用时的尴尬。因为长句子中,有的症状并不出现或不同时出现。即使出现,因为医生和患者接触时间短而不能观察到。

信息在系统中是有能量的。在特定系统里,每个信息都有自己的能量。比如,在交通系统,红灯停、绿灯行,遵守它,交通秩序良好。不遵守就要出事故。实验室的各种设备,红灯行(加热),绿灯停(维持)。

某种生物的病症矩阵中,每个信息都有自己的能量。

(六)描述与矩阵

1. 描述 就是形象地叙述或描写。有人说,医学是描述的。显然症状更是描述。钱学森说,当今科学都是描述性的。

对诸多现代科学的学习和理解,使我认为,老法诊病依靠的是对症状描述的记忆,因为记不住,故诊断准确率低是必然的;因为能回忆起来的描述的症状信息量少。

如果用矩阵上证据性的症状做诊断,因为矩阵上的信息能量大,就必然导致诊断正确。

笔者琢磨了症状描述有 5 个专有名词:患者的描述叫主诉,医生的描述叫病志,参考书作者的描述叫编写,老师们集体描述的叫教材,研究者描述叫专著。明眼人一看就能知道这 5 个名词的利弊了。

难怪我们的第一个课题——马腹痛电脑诊疗系统研究,6 病 6 人用 4 年——因为用的是主诉和病志;

难怪第二个课题——猪疾病电脑诊疗系统研究,127 病 12 人用 8 年——因为用的是 20 本参考书。

教材应该是最好选择,但教材上讲的疾病不全,但症状描写比较真实。

只是到了 2004 年才认识到专著的优点——病全、真实、精炼。

理论的成熟＋专著作素材 ＝ 电脑诊病科研才走上了高速路。而描述不一致＋不能计算＋人记不住 ＝ 导致了老法诊病容易混沌。

2. **矩阵**　对诊病而言,矩阵是较好的工具。其原因是矩阵上病全、症全、交叉明确,是证据性的症状,摆在那里就是算式。将症状代入就可以计算,从而知道诊断结果。

四、发现与定理

所谓发现,就是经过研究、探索等,看到或找到前人没有看到的事物或规律。而发明,则是创造新事物或方法。丘成栋说发现是在过程中。

33 年电脑诊病科研,我们也有 9 点发现。在这 9 点中,有 4 点是发现;有 3 点是发明;有 2 点不是我们的发现或发明,如数学模型、矩阵,我们只是将它们运用于数学智能卡诊断中。下面分别介绍。

(一)关于九点发现

1. **症状＝现象＝属性＝判点＝1**　本质与现象的关系是:事物的质是内在的,是看不到摸不着的。事物的质是通过事物的属性来表现的。人感到的是事物的属性,并通过属性来认识和把握事物的质。所谓属性,就是一个事物与其他事物联系时表现出来的质。属性从某一方面表现事物,而质则给予我们整个事物的观念。比如,黄色、延性、展性和金的其他属性,均是金的属性而不是金的质;而金的质则是由这些属性的总和规定的。

疾病是本质,症状是现象。疾病＝疾病名称＝症状属性之和。多年认为的看得见摸得着的病理变化是本质,实际是不对的。

上边引文是(马克思主义)哲学常识。但是在没有电脑之前,引文中标注下划线的"某一"与"总和",绝对与数学、与数字、与"1"联系不起来。因此,也就不能用数学、电脑或智能卡计算事物,计算疾病。现在用"1"、用数字将它们联系起来了,就能计算了。

引入了"1"就引入数学。这个"1"特别重要:既表示定性,又表示定量。

"1"表示定性。点名时,点到张三,答:到。到=有=在=1;若未到,则:未到=无=不在=0(二值逻辑)。

症状的有无也是同理。如动物发热,发热=有=1。定性的"1"表示有。

发热=有=1,"1"表示定量。但发热还有程度的差异,发烧=0.7;或发热=7。因为有了定性的"1",才可以进一步定量,变成0.7 或7。"1"是定性和定量两者的媒介。

每一种疾病(事物)都要顽强地表现它自己,因此它的属性个数(症状数,即判点数),就必然要多于类似疾病(事物)的属性个数。统计判点数的根据就在于此。在统计判点时,1 个分值的位置算作1 个判点。

统计判点数是定性,求判点的分值和是定量。定性定量结合诊病,才是真正的综合分析,当然更准。

这一点发现非同凡响。它可使临床诊断的初诊由经验升华为数学诊断。同理,有些自然科学和社会科学尚没有量化的理论都可以借鉴,从而就能走向数学化。须知,不能数学化的理论是难以服人的。

2. 发现临时信宿　宇宙有三大属性:物质、能量和信息。任何信息都有信源、信道和信宿(三信),而且相通。

症状作为疾病信息,也有信源、信道和信宿,且相通。信源是患者,收集症状手段是信道,人脑是(最终的)信宿。浩如烟海、错综复杂的诊病知识,仅凭"记不多、错位、遗忘"的人脑分析,难免误诊。

用电脑和智卡做诊断时,矩阵上的症状和分值是信道,矩阵的上表头病名是信宿。因为三信相通,故结论正确。不这样做,而将患者的症状,直接交给人脑信宿去分析,因为1 人1 脑(装的知识不同),必将导致诊断错误。

3. 发现用智卡矩阵是表达病组内病—症的最好形式　用矩阵表达病组内的病—症信息，不但病全、症全，而且具有追溯和预测症状的功能；还能实现正向（由症开始）和逆向（由病开始）的双向推理诊病。

4. 收集症状必须用"携检表"　将智卡左侧的症状单独打印出来叫"携检表"。秦伯益院士说："将来凭证据，就不会你诊断出来，他诊断不出来。"用"携检表"收集症状，其症状是证据性的症状。

5. 症状面前病病平等　不少人主张采用高信息量分值，即1个症状出现在多种疾病上，他们主张给各个疾病打不同的分，而且分值差距越大越好。但是，在老年人185个病502个症状的特大矩阵上，回顾性验证发生24例错误。本着"在法律面前人人平等"的原则，采取"在症状面前病病平等"的原则，即每个症状都作为1个判点，就纠正了24例错误，达到100％正确。

6. 发现诊病的数学模型　传统诊断误诊的根本原因是未用数学。我们用公式 $Y = f(X)$ 的多元函数作为数学模型，解决了误诊问题。用数学处理事物，做到了由笼统的定性分析转变为系统的量化分析。

7. 发现把关方法　以往诊断没有定量的把关方法。用数学诊病，必然要设定量的把关方法。16个字用法中"找大"就是定量的把关方法。即，在"统计"的基础上，依据判点多少，做出1～5诊断的病名，判点数最多的病（尤其当第一诊断比第二诊断多2个以上的判点时）就应该是患者所患的疾病。

8. 发现回顾验证症状呈常态分布　如果不是故意搞错（如，诊甲病，却故意说乙病的症状），那么，正确的症状在诊断中，充分发挥作用，表现坐标轴上的判点数或分值和的柱子就高——正态分布；而不正确症状却呈离散分布，即，不正确症状，分散到其他几个病上。

9. 发现传统诊断法收集症状缺少近半内容　尤其是医患的

初次接触,患者凭"主观"、"感觉"诉说症状,认识论上缺少了一半——"客观"、"未觉"的症状;医生凭"直观"、"直觉"收集症状,缺少"间观"、"间觉"才能收集到的症状。法律断案时1个证据不实就可能导致错案。诊病时,缺症近半,后果肯定有很大出入。故初步确诊病名后,我们强调用"逆诊法"收集症状。

(二)诊病原理

如果按系统将疾病的病名和症状等信息制成用分值相连接的矩阵,那么人人通过定性定量地计算都能做出初步诊断。如果给这条原理起个名字,可以叫疾病数学诊断原理。

五、问　答

(一)常识部分

1. 何谓疾病　疾病就是病。植物上叫病害。

2. 何谓症状?　"症"是病的意思,"状"是状态的意思。"症状"就是病的状态。病的状态,实际上大家是知道或了解的,如咳嗽、腹泻、体温升高、疼痛等。

3. 何谓诊断?　用(美)A. M. 哈维定义:当"诊断"一词前面没有形容词时,其含义是:通过对疾病表现的分析来识别疾病。

近年,有人撰文,按把握程度将诊断分四等:100％把握叫确诊,75％把握叫初诊,50％把握叫疑诊,25％把握叫待除外诊断。哈维就是模糊叫的"诊断"。本书讲的初诊,也是说辅检之前应该有个诊断,以便为辅检提供根据和方向。我在大学就是这么教的。而且叮嘱学生必须有这个初诊,否则,人家化验室和物理检验室根本就无法给你做辅检。现在为了赚辅检钱,不惜把基本程序搞乱,70％的辅检,都是不必要做的。

4. 何谓经验诊断(老法诊断、传统诊断)有何特点?　自古至今沿用的诊断,叫传统诊断或经验诊断或老法诊断。特点如下。

(1)诊断方便　对于极常见疾病的诊断是便捷的。

(2)收集症状不全　问诊时,患者凭"感觉"、"主观"诉说症状,在认识论上是有漏洞的,缺少了"未觉"、"客观"的症状;医生凭"直观"、"直觉"收集症状,缺少了"间观"、"间觉"的症状,加上疾病与症状联系的扭曲,严重影响诊断的正确性。

(3)凭经验凭记忆诊病　患者愿意找老大夫,因为他们经验丰富。可是,大脑"记不多、错位和遗忘"是无法克服的。所以,对一起病例,即使症状是共识的,几个人诊断,结论也不一致;甚至同一医生,在不同的时间地点,诊断结论也不一致。总之,老法诊病,外行不会,内行不一。

5. 为什么叫智能诊卡或智卡?　所谓智能诊卡是申报专利时起的名字。实际上,等同于诊卡、智卡、矩阵、表等名字。相当于同物异名,本质无任何区别,只是称呼上不同。

应当说,时至今天,电脑的全部智慧,都是人输进去的。叫智卡,是因为它也有智慧。

第一,诊卡是将某组的全部疾病及其全部症状(个别除外)用分值联系起来排成了矩阵。纵向看是文章,即每种病都有哪些症状,横向看也是文章,即每种症状都有哪些疾病。并用分值(表示症状对诊断意义的大小)将疾病与症状联系起来。这样组织诊病资料,就解决了动物医生亘古至今存在的:想病名难和鉴别难的两难问题。

第二,从头至尾问症状,是对该卡内疾病,实行恰到好处、不多不少的症状检查,这比空泛地要求"全面检查",要具体而有针对性。

第三,诊卡具有正向推理与逆向推理的功能。医生和患者初次接触的诊断活动,是正向推理(由症状推断病名);有了病名,再问该病名的未打点的症状,就属于逆向推理,一起病例只有经过"正向与逆向"双向推理,才能使诊断更趋近正确。这符合人工智能的双向推理过程。诊卡暗含这种道理，局外人是无法知道的。

第四，诊卡中暗含许多专家系统的"如果……那么……"语句；不用告诉，用者也在用。

第五，诊卡利用了电脑的基本特征，记忆量大且精确，不会错位和遗忘。

第六，用诊卡诊病，恰似顺藤摸瓜。

第七，使用者在自觉不自觉中使用数学模型。

第八，诊卡中含有许多公理，以及现代科学中的许多原理。

6. 数学诊断卡与唯物辩证法有什么关系？ 诊断卡是唯物的。因为诊断卡是人类诊断疾病知识的真实记录；说它是辩证的，因为它符合辩证法。辩证法有两个核心，普遍联系和永恒运动。某项症状，它的横向看（普遍联系）是有这种症状的病名；而病名下的所有分值，是该病的全部症状，包含早期、中期和晚期的全部症状（病的"永恒运动"），通过诊卡都可了解到。如果没有长期的临床经验以及直接经验的局限性，仅凭大脑记忆进行思维，要达到智卡诊断的水平是较难的。

7. 数学诊断与临床诊断学有何关系？ 临床诊断学是医生的必修课。但因内容丰富，存在应用时想不起、记不住的问题。数学诊断学将其中描写的症状量化、系统化和矩阵智能卡化，既可应用计算机，也可应用智卡诊断疾病。克服了人脑记不住、容易遗忘的不足。

8. 不用数学不也诊病几千年了吗？ 数学无处不在而且是每个事物的灵魂。即使婴儿认识妈妈，也是有"几个"条件符合他的想象，他才认。这"几个"的组合就是数学。符合，他欢迎微笑；不符合，他就哭闹。雪花飘，量子动，"灵魂"是数学。平时说"谢谢"，"别客气"就是数学。总之，办对事是数学；办错事也是数学。对错都是数学。聪明的人主动用数学将事办好。

诊病几千年，诊对和诊错，也都用了数学，只是有自觉和不自觉之分。

不信,问他不过 3 个问题,他就得承认是在运用数学。比如,肺炎和气管炎的鉴别:①问,咳嗽声音二病有何区别? 他会说,肺炎咳嗽声音低,气管炎不低;②问,体温有没有区别? 他会说,肺炎体温高,气管炎不高。这两个问答,表面看,没有数学。其实,数学就在其中:咳嗽声音低是 1,不低是 0;体温高是 1,不高是 0。他为什么诊断为肺炎而不诊断为气管炎呢? 因为他认为肺炎有这两个症状,而气管炎没有这两项症状。他的话用数学表达,就是:肺炎=1+1=2,气管炎=0+0=0 2>0。这就是他内心的根据。哑巴吃饺子,心里有数。他自觉不自觉地应用了数学。

9. 为什么以前叫《数值诊断》,现在叫《数学诊断》或数诊学?

1997 年,我们曾将电脑诊病文档整理出版了几本书,称《数值诊断》。因为当时研究者们都这样叫。

后期,学了许多知识,发现叫数值诊断欠妥。因为数值就是数字 1,2,3……没有别的含义。

而数学的定义"是研究现实世界的空间形式和数量关系的科学。"现在连小学生、学前班孩子们的课本也都叫数学了。

病症矩阵就是疾病与症状的关系,而且用隶属度分值表示这种关系。显然,应该叫数学诊断。叫一门学科,大致有如下几点理由:

第一,笛卡儿说:"世上一切问题都是数学问题。"别人不信,他首先将力学变成数学,以后才是物理学、化学。

第二,因为该法诊病的"前、中、后"都在用数学。前,研究阶段用数学;中,公式和算式等你代入数据;后,用数据报告诊断结果。此诊断活动处处、时时都用了数学,还不可以叫数学诊断学吗!

第三,医学里有诊断学。现在,诊病用上了数学,自然也应该叫数学诊断学。

第四,李宏伟:我国古代发明了火药却没有化学;发明了指南针却没有磁学。强于"术"而弱于"学"。吴大猷指出:"一般言之,我们民族的传统,是偏重于实用的。我们有发明、有技术,而没有科学。"

我们有四大发明,但没有上升"学"的高度。西方是升了"学"的高度才有工业化,才强大。我们没升"学",就受欺。

我们研究马腹痛 6 病 6 人花 4 年,研究猪 127 病 12 人花 8 年,都获得了大奖。但都是探索,没有升到"学"的高度。2004 年总结提高升华叫《数学诊断学》了,1 个人 60 天将姚乃礼主编的《中医症状鉴别诊断学》623 个病组 2481 种病研究完了;并用 2 年时间研究完成含千病的《美国医学专家临床会诊》和含 3700 多病的《临床症状鉴别诊断学》。不升华到"学"的认识高度,是根本做不到的。

10. 描述诊断与证据诊断的区别? 诊病=断案。断案凭证据,诊病也必须凭证据。近年来,产生了循证医学、证据医学、替代医疗,但还未普及。

自古至今,大家知道的都是描述性的症状,难学、难记、诊病时遗忘或联系扭曲,往往还是要查书。

矩阵上内容,都是将描述性的症状,变成诊点(证据)与分值。有人在证据医学中说有"芝麻大的证据可以抱来大西瓜"。

院士秦伯益说:"在疾病诊断上,过去是以经验为基础,今后将以证据为基础。过去凭经验,老中医一看就明白,你就看不明白。""诊断凭客观证据,谁都可以诊断,就不会你看不出来,他看得出来"。

我们认为秦院士的观点非常正确。但是遗憾的是,秦院士所指的证据是 CT,B 超,MR 之类,而不是指症状证据。

我们认为,证据不但包括 CT,B 超,MR,血清学反应、基因缺陷等,症状也是证据(比如出血、骨折、沉郁等)都是证据。

以前,人们在竭力查找和记忆具有特异症状(证据)来诊病。遗憾的是这样的症状只有几个。然而用矩阵表示症状就不同了。可以说,凡是"统"字下的 1,都表示此症状只有 1 种病才出现。

11. 关于"1 症诊病" 应从数学和诊断学两个角度回答。数学答题有几得几,传统诊断无法以1症诊病。用病组的病症矩阵回答,应该是题中之意,稍加解释如下。

(1)"1症诊病"含义之一是"1症始诊" 患者给1个症状,就以此症到目录中去找病组,开始为他做诊断,这是20字用法的前提。如果他告诉两个以上的症状,反而要权衡比较应该选择进哪组了。现在他就告诉1个症状,直接找组取卡诊断就是了。问诊肯定能问出较多症状来。

(2)"无病无症状,有病必有症状" 有症就能做诊断,这是病症矩阵的特点。

(3)比喻解释 病组约等于一个家庭。在家庭里,1个信息如"穿童鞋"就可以定是某人;在诊卡里也是这样。

12. 何谓三"神"保佑? 世上无"神"、也无"灵魂",只是比喻。我这里所说三"神"是指哲学、数学和系统学。

很显然,一门科学如果没有这三"神"做灵魂,很难说明已经成熟了。

数学诊断学的实体和灵魂就是这三"神"的体现。

(二)实践部分

13."病组"是怎么建的? 在电脑上,因为Excel 2007功能非常强大,横向可容6万多病,纵向可容100多万行。人类的1.8万种疾病,全都可以装下。我们已经建立6个大或特大矩阵。使用非常方便。但是还有许多农村读者尚无电脑,还得用纸作载体,特别要求用大32开本的书做载体。这样,就得分病组了。

大多数生物病少,1卡能容下就不必分组;少数生物病多,1张卡容不下,需要分成若干病组。病组的建法:①按症状建组;②按年龄建组;③按身体部位建组。用电脑建立病症矩阵,分病组,研制智卡等,所有操作都十分快捷。

14. 症状提示的作用是什么? 大家知道,每种病症状很多,每种动物的病多,症状就更多了。如果将所有症状都建立病组,书就会变厚,携带不便。因此,对许多只出现在 1 病或 2 病上的症状,就未建病组,而设立"症状提示"。它的作用是很大的。你可以顺藤摸瓜,很快能诊断出来。

15. 症状的分值是怎样确定的 33 年电脑诊病科研,近 1/2 的时间在琢磨给每个病的症状评分打分,即将症状对诊病意义的大小用分值表示谓之症状量化,以便于人和电脑计算。

将症状量化的方法很多,仅模糊数学的权数确定方法就有 6 种:专家估测法、频数统计法、指标值法、层次分析法、因子分析法、模糊逆方程法。离散数学写了 7 种:①例证法;②统计法;③可变模型法;④相对选择法;⑤子集比较法;⑥蕴含解析法;⑦滤波函数法。其中 1 例证法讲了几页,我将其概括为 1 行:如身高,真定 1 分,大致真 0.75,似真又假 0.5,大致假 0.25,假 0。也可以灵活改成:

真定 10 分,大致真 8,似真又假 5,大致假 3,假 0。心算都很快。

本书我们创立"四等 5 分法",即 0,5,10,15,四等;每个分又都与 5 有关。

(1)根据之一 依据权威专著所写症状前边的形容词、副词和数词等修饰词或修饰语,如"常常"、"多数"、"有时"、"偶尔"、"个别"、"特别重要"给不同的分。

0 分,就是无分,空白单元格,就是 0 分;

10 分,就是有肯定。如口干,前后没有形容词、副词等修饰语;

5 分,就是有弱化"口干"的形容词或副词;如有时口干、少数口干等;

15 分,就是有强化"口干"的形容词或副词;如"以口干为特征",甚或可以确定诊断时,也可以评 35 分。

(注:15 是权值,就是特别重要的症状,给以加权 15 分;而对示病症状,还可加权给 35 分或 50 分)。

(2)根据之二 五分制 1,2,3,4,5;四级制甲乙丙丁制;优、良、及格、不及格制；A,B,C,D制。

"四等 5 分法"的优点：①包容，就是打分不够准确，也不影响诊断结果，因为有判点数把关；②明朗、易理解和好掌握，分值间距大，四等 5 分制与人脑潜在的四等法不谋而合。

16. 怎么快速找到智卡？找错了诊卡怎么办？ 在目录中按患病鸡症状找。多读几遍目录，找卡不困难。如果熟悉病组像熟悉钥匙板那样找卡更快。

找卡遵照原则：①主要症状与次要症状；②多数症状与少数症状；③发病中期症状与早、晚期症状；④固有症状与偶然症状。均以前者去找。这是各内科书都提到的。我又给加了 1 条，特殊症状与一般症状，也以前者去找。

卡找对了，诊病既准又快。找错了也没关系，再找就是了。关键是怎么知道找错了卡？统计判点时，一、二诊判点都不高，或者拉不开档次。比如"打点"8 个，而一、二诊判点才是 3 或 4，就属于判点不高；一、二诊判点相等，或仅差 1，属于拉不开档次。另找就是了。

17. 症状少或不明显怎么办？ 数学诊断有一个特点——1症诊病，包括 1 症"始"诊。患者告诉的 1 症，说明是主要症状。就按此 1 症在目录找病组，然后开始问诊。有了较多的症状，诊断就可以步步逼近"是"了。"是"是正确诊断，逼近"是"就是逼近了正确诊断。

如果问到最后还是只有 1 症，那就看此 1 症所对应的疾病数，即"统"下边的数字。如果此 1 症"统"字下是 3，就应该对 3 病进行逆诊。如果"统"下只有"1"，那就找到"1"所对应的病，它就是该做出的诊断病名。把握不大的诊断，习惯做法是隔离观察，待症状出现的多些后，再做诊断；如果患者本人或家属，坚决要求治疗，就可以进行"治疗性试验"或"诊断性治疗"。请注意"1"症诊病是理论问题。世上不存在只有"1"症的病。笔者分析了 1 万多种病，只有肥胖症，在一本书上只写 2 个症状，这是最少的。

18. 为何一、二诊判点拉不开档次？ 如果第一和第二诊断的病名判点数相差 2 以上，就算拉开了档次。而且一诊往往就是以后正确的诊断。如果相差 0 或 1，就算拉不开档次。拉不开档次的原因有：①疾病初期症状不明显或症状太少；②如果症状明显或症状较多，还是拉不开档次，但判点都较多，那是同时合并或并发两病或多病，或是疾病后期症状复杂化的结果；③笔者的体会，未用"携检表"收集症状，往往拉不开档次。所以，特别强调必须用"携检表"收集症状。

19. 老师为什么对读者诊病有那么大的信心？ 其实，这个问题是颠倒过的。许多读者来信，说如何好使，如何诊对了。说本意，笔者当初是为基层技术人员研究的。可是他们有包袱爱面子不用，而那些外行读者，反正也没有包袱，他们就拿出卡来对患病动物进行诊断，对了，直至今天无一反例。这个事实的背后就不简单了，说明人们的创新观念多么重要。本课题组的研究者多是教授，求实地说，如果凭个人经验和记忆诊病，他们自己也信心不足。可是如果用数学诊断法诊病，就一点也不担心了。因为矩阵上病全症全，分值联系紧密，就不会诊错了。其灵魂就是哲学、数学和系统学这"三神"。

20. 什么是"携检表"？为什么"携检表"特别重要？ "携检表"就是诊卡上症状的有序集合。首先它是电脑排序的结果，再加上业务知识——解剖系统和临床知识，还有系统学思想。实际上，症状要全而不重复。"携检表"上的症状，1 项不多，1 项不少，恰到好处——表示每种疾病的症状集合，也是全部疾病的症状集合。用它收集症状，当然全面准确快捷。

我还要特别强调"携检表"。人类认识是不会统一的，因为认识是由大脑完成的，一个人一个大脑，决定了不会有两个人的思想相同，也就决定认识事物不会两个人是相同的，对于 1 个病例也是一样。但是，有了"携检表"就会取得一致或近乎一致的认识。笔者做过一个试验：把纸笔分给 3 人，笔者翻患者眼睛，让 3 人同时看结膜色彩，并记录下来。结果：甲写红，乙写白，丙写黄。在另外一个场合做同样试验，但笔者事先将结膜3种标准颜色画好，当笔者翻开患者结膜后，请3人将看到的结膜与标准颜色做对比，而后写出来。结果：3人写的就完全一样了。

笔者还做过一个试验：将鸭和鹅的外形给某人看，然后只将其中一个脖子的局部还让这个人看，结果他答得很对。

笔者做过另外一个试验：将一只趴在地上病鸡，让人看并问他，此鸡怎么了？他答：病了。笔者又说：此鸡趴着的姿势是劈叉吗？

他答：是劈叉。笔者做此试验的头一问，实际上白问，他说出鸡有病，答得对，但没用。二问是劈叉吗？答是。这个点打上就意味着给马立克氏病打上点了。

这3个试验使笔者充分认识到"携检表"的重大作用。笔者甚至把它作为10点发现之一。人们现在已经理解"描述"绝对不会统一，"携检表"就是统一法。

附录　鸡病症状判定标准

一、一般检查

(一)营养状况

营养状况是根据肌肉的丰满程度而判定,可分为营养良好、营养不良、营养中等和恶病质。

1. 营养良好　表现为肌肉丰满,特别是胸、腿部肌肉轮廓丰圆,骨不显露,被毛光滑。

2. 营养不良　表现为骨骼显露,特别是胸骨轮廓突出呈刀状,被毛粗糙无光。

3. 营养中等　介于上述两者之间。

4. 恶病质　体重严重损耗,呈皮包骨状。

(二)发育情况

1. 正常(或良好)　身高体重符合品种标准要求,全身各部结构匀称,肌肉结实,表现健康活泼。

2. 生长缓慢(或不良)　体格发育不良,身体矮小,体高体重均低于品种标准,表现虚弱无力,精神差。

3. 消瘦　由营养不良或发病引起。可分为急剧消瘦(多见于高热性传染病和剧烈腹泻等)和缓慢消瘦(多见于长期饲料不足、营养不足和慢性消耗性疾病)。

(三)精神状况

1. 正常　健康活泼,食欲旺盛,具有活力。

2. 沉郁 呆立不动,反应迟钝,无食欲或拒食。

3. 不振(或委靡) 介于正常和沉郁之间。

4. 昏迷 呈沉睡状态,强刺激才可能有感觉,反应极为迟钝,甚至无意识反应。

5. 兴奋不安 活动性增强,容易惊恐发出尖叫声,乱飞乱跳。

(四)体温情况

测体温方法:由助手或自己把鸡抱住,事先把温度计的水银柱甩到 35℃以下,小心地把温度计插入鸡泄殖腔内,固定温度计 3～5 分钟后即可。鸡正常体温为 40.5℃～42℃。

(五)热型

按体温曲线分型,可分为稽留热、间歇热、弛张热、不定型热。

1. 稽留热 高热持续 3 天以上或更长,每日的温差在 1℃以内。

2. 间歇热 以短的发热期与无热期交替出现为其特点。

3. 弛张热 体温在一昼夜内变动 1℃～2℃,或 2℃以上,而又不下降到正常体温为其特点。

4. 不定型热 热曲线的波形没有上述三种那样规则,发热的持续时间不定,变动也无规律,而且体温的日差有时极其有限,有时则出现大的波动。

(六)呼吸情况

检查呼吸数须在安静或适当休息后进行,观察胸腹部起伏运动。胸腹壁的一起一伏,即为一次呼吸。鸡正常呼吸次数为每分钟 22～25 次。

(七)脉搏次数

检查脉搏次数须在安静状态下进行,借助听诊器听诊心脏的方法来代替。先计算半分钟的心跳次数,然后乘 2,即为 1 分钟的脉搏数。

二、消化系统检查

(一)采　食

1. **采食困难**　吃食时由口流出,吞咽时摇头伸颈,表现出吃不进。

2. **食欲减少(不振)**　吃食量明显减少。

3. **食欲废绝**　食欲完全丧失,拒绝采食。

4. **异嗜**　采食平常不吃的物体,如煤渣、垫草等。

5. **饮欲减少或拒饮**　饮水量少或拒绝饮水。

6. **口渴**　饮欲旺盛,饮水量多。

7. **剧渴**　饮水不止,见水即饮。

8. **流涎**　从口角流出黏性或白色泡沫样液体。

(二)口腔变化情况

1. **口腔有伪膜**　指口腔黏膜上有干酪样物质。

2. **口腔溃疡**　口腔黏膜有损伤并有炎性变化。

3. **舌苔**　舌面上有苔样物质。

(三)粪便情况

指排粪次数少,粪量也少,粪上常覆多量黏液。

2. **停止**　不见排粪。

3. **增加**　排粪次数增多,不断排出粥样液状或水样稀便。

4. **带色稀便**　粪呈粥状,有的呈白色,有的呈黄绿色等。

5. **水样稀粪**　粪稀如水。

6. **粪中带血**　粪呈褐色或暗红色或有鲜红色血。

7. 粪带黏液　粪表面被覆有黏液。

8. 粪带气泡　粪稀薄并含有气泡。

9. 粪便气味　恶臭腥臭,有令人非常不愉快的气味。次于恶臭为稍臭。

三、呼吸系统检查

(一)呼吸节律

1. 浅表　呼吸浅而快。

2. 促迫　呼吸加快,并出现呼吸困难。

3. 加深　吸深而长,并出现呼气延长或吸气延长或断续性呼吸。呼气延长即呼气时间长;吸气延长即吸气的时间长;断续性呼吸即在呼气和吸气过程中,出现多次短的间断。

4. 呼吸困难　张口进行呼吸,呼吸动作加强,次数改变,有时呼吸节律与呼吸式也发生变化。

5. 吸气性呼吸困难　呼吸时,吸气用力,时间延长,常听到类似口哨声的狭窄音。

6. 呼气性呼吸困难　呼吸时,呼气用力,时间延长。

7. 混合性呼吸困难　在呼气和吸气时几乎表现出同等程度的困难,常伴有呼吸次数增加。

8. 咳嗽　这是一种保护性反射动作。咳嗽能将积聚在呼吸道内的炎性产物和异物(痰、尘埃、细菌、分泌物等)排出体外。

9. 干咳　咳嗽的声音干而短,是呼吸道内无渗出液或有少量黏稠渗出液时所发生的咳嗽。

10. 湿嗽　咳嗽的声音湿而长,是呼吸道内有大量的稀薄渗出液时所发生的咳嗽。

11. 单咳　单声咳嗽。

12. 连咳(颇咳)　连续性的咳嗽。

13. 痛咳　咳嗽的声音短而弱,咳嗽时伸颈摇头;表现有疼痛。

14. 痰咳　咳嗽时咳出黏液。

(二)肺部听诊

1. 干啰音　类似笛声或咝咝声或鼾声,呼气与吸气时都能听到。

2. 湿啰音(水泡音)　类似含漱、沸腾或水泡破裂的声音。

(三)口鼻分泌物

1. 浆液性物　无色透明水样。

2. 黏性物　为灰白色半透明的黏液。

3. 脓性物　为灰白色或黄白色不透明的脓性黏液。

4. 泡沫物　口鼻分泌物中含有泡沫。

5. 带血物　口鼻分泌物呈红色或含血。

四、冠、髯、眼的检查

(一)冠、髯

注意观察鸡冠、髯的颜色,并进行检查。

1. 正常　指大小正常呈粉红色。

2. 苍白　指颜色变淡,呈灰白色、黄白色,有时表现为瓷白色。

3. 潮红　指颜色加深呈深红或暗红色。

4. 发绀　指颜色呈蓝紫色。

5. 肿胀　冠的全部或部分,髯的单侧或两侧潮红充盈,体积增大并有一定硬度,用手摸感到发热。

6. 萎缩　与肿胀相反,冠、髯色淡,松软,体积缩小,边缘常有坏死。

(二)眼的变化

1. 结膜出血点 结膜上有小点状出血。

2. 结膜出血斑 结膜上有块状出血。

3. 眼睑肿胀 单侧或双侧眼睑充盈变厚、突出,上、下眼睑闭合不易张开,结膜潮红,可能有分泌物。

4. 眼分泌物 可分为浆性、黏性和脓性。浆性即无色透明水样;黏性即呈灰白色半透明黏液;脓性即呈灰白色或黄白色不透明的脓黏物。

5. 瞳孔 由助手用手指将上、下眼睑打开,用手电筒照射瞳孔,观察其大小、颜色、边缘整齐度。

6. 眼盲 单侧或两侧视力极弱或完全失明,对眼前刺激无反应。眼盲往往伴有某些病变。

7. 头肿 头的局部或全部体积增大,知觉减退,有的触之有热痛,有的冷而坚实,有的有波动感。

五、运动系统检查

(一)运动情况

1. 跛行 患肢提举困难或落地负重时出现异常或功能障碍。

2. 步态不稳 指站立或行走期间姿势不稳。

3. 步态蹒跚 运步不稳,摇晃不定,方向不准。

4. 运动失调 站立时头部摇晃,体躯偏斜,容易跌倒。运步时,步样不稳,肢高抬,着地用力,如涉水状动作。

5. 翅、腿麻痹 翅、腿部肌肉和腱的运动功能减退或丧失。翅表现迟缓无力,丧失保持自动收缩和伸展的能力。运步时患腿出现关节过度伸展或偏斜等异常表现,局部或全部腿知觉迟钝或丧失,针刺痛觉减弱或消失,腱反射减退等,并出现肌肉萎缩现象。

（二）站立情况

1. 不愿站　能站而不站，强行驱赶时能短时间站立。

2. 不能站　想站而站不起来，强行驱赶时也站不起来。

3. 关节肿　关节局部增大，有的触之有热痛，强迫运动时有疼痛反应，站立时关节屈曲，运动时出现跛行。

六、羽毛和皮肤检查

（一）羽毛情况

1. 正常　羽毛平滑、干净有光泽，生长牢固。

2. 粗糙无光　羽毛粗乱、蓬松、逆立，带有污物，缺乏光泽。

3. 易脱　非换羽期大片或成块脱毛。

（二）皮肤状况

1. 水疱　多在无羽毛部皮肤长出内含透明液体的小疱，因内容物性质不同，可呈浅黄色、浅红色或褐色。

2. 出血斑（点）　是弥散性皮肤充血和出血的结果，表现在皮肤上有大小不等形状不整的红色、暗红色、紫色斑（点）。指压褪色者为充血，不褪色为出血。

3. 痂皮　皮肤变厚变硬，触之坚实，局部知觉迟钝。

4. 发痒　表现患部脱毛、皮厚、啄咬或摩擦患部，有时引起出血。

（三）其他

1. 虚脱　由于血管张力（原发性的）突然降低或，心脏功能的急剧减弱，引起机体一切功能迅速降低。

2. 坏死　机体内局部细胞、组织死亡。

3. 坏疽　坏死加腐败。

4. 溃疡　坏死组织与健康组织分离后,局部留下一较大而深的创面。

5. 糜烂　坏死组织脱落后,在局部留下较小而浅的创面。

6. 卡他性炎症　以黏膜渗出和黏膜上皮细胞变性为主的炎症。

7. 纤维素性炎症　以纤维蛋白渗出为主的炎症。

8. 炎症　红肿热痛,机能障碍。

七、肌肉和神经系统检查

(一)肌肉反应

1. 痉挛(抽搐)　肌肉不随意的急剧收缩。强直性痉挛即指持续性痉挛。

2. 震颤　肌肉连续性且是小的阵挛性地迅速收缩。

3. 麻痹　骨骼肌的随意运动障碍,即发生麻痹。表现知觉迟钝或丧失,如针刺感觉消失,出现肌肉萎缩。

4. 角弓反张　由于肌肉痉挛性收缩,致使动物头向后仰,四肢伸直。

(二)神经反应

1. 正常　动作敏锐,反应灵活。

2. 迟钝　低头,眼半闭,不注意周围事物。

3. 敏感　对轻微的刺激即表现出强烈的反应。

4. 癫痫　脑病症状之一。突然发作的大脑功能紊乱,表现意识丧失和抽动。

5. 意识障碍　指视力减退且流涎、对外界刺激无反应等精神异常。

6. 圆圈运动 按一定方向做圆圈运动,圆圈的直径不变或逐渐缩小。

7. 叫声 嘶哑,尖叫是指发出不正常的声音,如刺耳的沙哑声,响亮而高的尖叫声。

8. 应激 受不良因素刺激引起的应答性反应。

八、流行病学调查

(一)发病时间和发病率

1. 发病时间 指从鸡发病到就诊这段时间。

2. 病程 指鸡从发病至痊愈或死亡的这段时间。

3. 发病率 疫情调查时疫病在鸡群中散播程度的一种统计方法,用百分率表示。

$$发病率 = \frac{发病鸡数}{同群总鸡数} \times 100\%$$

$$死亡率 = \frac{死亡鸡数}{同群总鸡数} \times 100\%$$

(二)直接死亡原因(方式)

1. 衰竭而死 是指心肺功能不全致心、肺衰弱而引起的死亡。

2. 抽搐而死 是指大脑皮质受刺激而过度兴奋引起死亡,表现肌肉不随意的急剧收缩。

3. 窒息而死 是指呼吸中枢衰竭,致使呼吸停止而引起的死亡。

4. 昏迷而死 病鸡倒地,昏迷不醒,意识完全丧失,反射消失,心肺机能失常,而导致死亡。

5. 败血而死 是由病毒或细菌感染,造成机体严重全身中毒而引起的死亡。

6. 突然而死 死前未见任何症状,突然死去。

(三)流行方式

1. 个别发生 在鸡群中长时间内仅有个别发病。

2. 散发 发病数量不多,在较长时间内,只有零星地散在发生。

3. 暴发 是指在某一地区,或某一单位,或某一大鸡群,在较短时间内突然发生很多病例。

4. 地方性流行 发病数量较多,传播范围局限于一定区域内。

5. 大流行(广泛流行) 发病数量很大,传播范围很广,可传播一国或数国甚至全球。

九、鸡的生理常数

体温(T,肛门温度):40.5℃~42℃

心跳频率(P,次/分):150~200

呼吸频率(R,次/分):22~25

血红蛋白平均数(Hb,克/100毫升):公鸡11.76,母鸡9.11

红细胞平均数(RBC,百万个/毫米^3):公鸡3.23 母鸡2.27

白细胞数(WBC,千个/毫米^3):20~30

白细胞分类(%):嗜酸性细胞3~8,嗜碱性细胞1~4,

嗜异性细胞225~30,淋巴细胞55~60,单核细胞10

参 考 文 献

鸡病防治类

[1]　贾幼陵. 简明禽病防治技术手册[M]. 北京:中国农业出版社,2005.

[2]　张耀武. 高效养鸡与鸡病防治关键技术实用手册[M]. 北京:科学技术出版社,2007.

[3]　马海利,郑明学,等. 图说鸡病防治新技术[M]. 北京:科学出版社,1999.

[4]　叶岐山,崔力兵. 鸡病防治实用手册(第3版)[M]. 合肥:安徽科学技术出版社,2008.

[5]　牛钟相. 鸡场兽医师手册[M]. 北京:金盾出版社,2008.

数学-哲学类

[1]　王庆人译. 数学家谈数学本质[M]. 北京:北京大学出版社,1973.

[2]　王树和. 数学志异[M]. 科学出版社,2008.

[3]　胡家齐,武自顺. 中学数学词典[M]. 西安:陕西科学技术出版社,1984.

[4]　章士嵘. 科学发现的逻辑[M]. 人民出版社,1986.

[5]　莨　垆. 实用模糊数学[M]. 北京:科学技术文献出版社,1989.

[6]　陆善功. 马克思主义哲学基础知识[M]. 北京:中央广播电视大学出版社,1989-04.

[7]　陶　涛. 离散数学[M]. 北京:北京理工大学出版社,1989.

[8]　段新生. 证据决策[M]. 经济科学出版社,1996.

[9]　（美）克莱因．数学——确定性的丧失[M]．长沙：湖南科学技术出版社，1997.

[10]　郑毓信．数学教育哲学[M]．成都：四川教育出版社，2001.

[11]　林夏水．数学哲学[M]．北京：商务印书馆，2003.

[12]　蒋泽军．模糊数学教程[M]．北京：国防工业出版社，2004.

[13]　武　杰，周玉萍．创新、创造与思维方法[M]．兵器工业出版社，2004.

[14]　吴伯田．科学哲学问题新探[M]．知识产权出版社，2005.

[15]　张楚廷·数学与创造[M]．大连：大连理工大学出版社，2008.

[16]　徐宗本．从大学数学走向现代数学[M]．北京：科学出版社，2007.

[17]　王青建．数学史简编[M]．北京：科学出版社，2004.

[18]　方延明．数学文化[M]．北京：清华大学出版社，2007.

[19]　王兆文，刘金来．经济数学基础[M]．北京：清华大学出版社，2006.

现代科学及人文科学类

[1]　魏继周，蒋白桦．医学信息计算机方法[M]．长春：吉林科学技术出版社，1986.

[2]　王信领．自然辩证法[M]．人民出版社，2000.

[3]　卢泰宏．信息分析方法[M]．广州：中山大学出版社，1992.

[4]　邵富春．医疗信息工程[M]．天津：天津大学出版社，1993.

[5]　窦振中．模糊逻辑控制技术及其应用[M]．北京：北京

航空航天大学出版社,1995.

[6]　蔡自兴,徐光佑.人工智能及其应用[M].北京:清华大学出版社1996.

[7]　十万个为什么丛书编辑委员会编著.人工智能[M].北京:清华大学出版社,1998.

[8]　十万个为什么丛书编辑委员会编著.数据库与信息检索[M].北京:清华大学出版社,1998.

[9]　周美立.相似工程学[M].北京:机械工业出版社,1998.

[10]　成思危.复杂性科学探索[M].民主与建设出版社,1999.

[11]　欧阳维诚.数学是科学与人文的共同基因[M].长沙:湖南师范大学出版社,2000.

[12]　王万森.人工智能原理及其应用[M].电子工业出版社,2000.

[13]　高春梅.创造力开发[M].北京:中国社会科学出版社,2001.

[14]　李佩珊.20世纪科学技术史[M].北京:科学出版社,2002.

[15]　秦伯益.从医学科学的进展看生物高技术的前景[R].北京:CETV1学术报告厅,2003.

[16]　王续琨·交叉科学结构论[M].大连:大连理工大学出版社,2003.

[17]　杨叔子.科学人文不同而和[R].北京:CETV1学术报告厅,2003.

[18]　钱学森.智慧的钥匙——论系统科学[M].上海:上海交通大学出版社,2005.

[19]　钱学森,创建系统学[M].上海:上海交通大学出版社,2007.

［20］　钱学森．钱学森讲谈录［M］．九州出版社，2009．

［21］　中国科学院．2007 科学发展报告［M］．北京：科学出版社，2007．

［22］　陈世俊，等．科学技术论与方法论［M］．天津：天津大学出版社，1994．

［23］　高隆昌．系统学原理［M］．北京：科学出版社，2006．

［24］　常绍舜．系统科学与管理［M］．北京：中国政法大学出版社，1998．

电脑类

［1］　马挺光．微计算机临床应用实践［M］．西安：陕西科学技术出版社，1986．

［2］　陈志良，明德．数字化潮——数字化与人类未来［M］．北京：科学普及出版社，1999．

［3］　熊范纶．农业专家系统及开发工具［M］．北京：清华大学出版社，1999．

［4］　陈幼松．数字化浪潮［M］．北京：中国青年出版社，1999．

［5］　尼葛洛庞帝著．胡泳，范海燕译．数字化生存［M］．海口：海南出版社，2000．

［6］　王诚君，王鸿．Excel2003 应用教程［M］．北京：清华大学出版社，2008．

［7］　杨晶．计算机文化［M］．北京：科学出版社 2005．

跋

科学有 5 000 多年的历史了,近代科学 300 年,现代科学还不到 100 年。

"古代巫、医连属并称"。现代汉语词典也有这个"毉"字。直至今日,人们还称诊断为经验诊断。

钱学森在《钱学森讲谈录》71 页说过这样一句话:"研究学问就是一个人认识客观事物的过程"。研究数学更是一个人苦钻的过程。而研究数学诊病却是由许多同行共同参与完成的。特别是赵国防教授,她主持的果树病害的数学诊断就获得天津市两个二等奖。

用数学诊病,诊对了,本也无话可说。就像 $1+2+3+4+5+6+7+8+9=45$,没什么好解释的。然而,如果和"$\neq 45$",却需要很多很多解释。

不需要解释的,却洋洋洒洒写了 3 万余字的理论基础。何故?张楚廷说:"在现今这个技术发达的社会里,扫除'数学盲'的任务已经替代了昔日扫除'文盲'的任务而成为当今教育的重大目标。人们可以把数学对我们社会的贡献比喻为空气和食物对生命的作用。"

事实上,每个人都学了许多数学,所用时间仅比语文少些。但如果对人说教用数学方法能够诊断疾病,人们就很难接受。因此,不得不花大气力反复说明:我们是怎么往数学上想的,数学是怎样起作用的……

33 年的功夫没有白费。笔者的研究成果有金盾出版社出版发行,距离老百姓对常见病可自己诊断的日子不会太远了。也窃喜,李时珍没有看到《本草纲目》,笔者却看到了数学诊断法要进农户了。虽然知道美国一位数学家说的:下两千年才是数学理智的统治时期。

联合国教科文组织指出:"没有科学知识的传播就不会有经济的持续发展"。知识差距是穷富差距的原因。但是"承认真理比发现真理还要难"。

世界卫生组织 2010 年 11 月 22 日发布报告,每年超过 1 亿人因病致贫。我国公民也受着看病难看病贵和因病致贫的困扰。采用数诊学诊病,做到自病自诊,可减少 30% 的过度诊疗的医疗费用。

笔者经 33 年的研究,今天有这样的自信:全国每村有 1 套数学诊断学丛书(或 1 台电脑)加 1 位热心为民的高中或大专毕业生,就可以做到人和动物常见病的诊断与治疗不出村。

为便于读者联系,笔者的通信地址:天津市河西区吴家窑大街 13 号森淼公寓 21 门 4b;邮政编码:300774;

手机:15002287069; 座机:022-23358391;

Emailzx193781@163.com

张　信

2012 年 2 月

金盾版图书,科学实用, 通俗易懂,物美价廉,欢迎选购

　　以上图书由全国各地新华书店经销。凡向本社邮购图书或音像制品，可通过邮局汇款，在汇单"附言"栏填写所购书目，邮购图书均可享受9折优惠。购书30元(按打折后实款计算)以上的免收邮挂费，购书不足30元的按邮局资费标准收取3元挂号费，邮寄费由我社承担。邮购地址：北京市丰台区晓月中路29号，邮政编码：100072，联系人：金友，电话：(010)83210681、83210682、83219215、83219217(传真)。